JN116723

自動車産業の
パラダイムシフトと地域

折橋伸哉［編著］

創 成 社

はしがき

目代武史氏，村山貴俊氏と共に『東北地方と自動車産業：トヨタ国内第3の拠点をめぐって』を上梓してから，はや7年が経過した。東北地方においてはこの間に，トヨタ自動車系の自動車部品メーカーの工場進出が散見できた一方で，輸送性の良い高付加価値部品や小部品を中心に中部地方など域外からの部品供給が依然として続いている。そのため，域内に立地しているトヨタ自動車東日本の完成車工場への納入元ベースの「公称の現地調達率」はともかく「真水の現地調達率」は依然としてそれほど高まってはいないのが実態であり，トヨタ自動車子会社の自動車組立工場の誘致による経済波及効果を限定的なものにしている。

ただ，それでも経済産業省の工業統計データについて2010年と2018年とを比較すると明らかな通り，1960年代以降の東北地方の雇用を支えてきた電気・電子産業と入れ替わる形で，東北地方における自動車産業の比率は格段に高まり，地域経済に占めるウエイトは増してきている[1)]。そうした中で自動車産業では，まさにパラダイムシフトともいえる動きが急ピッチで進みつつある。その動向によっては，短期的にはともかく，中長期的には大きな影響を受けることは避けられそうにない。

そこで，本書では，現在進行しつつある自動車産業のパラダイムシフトが地域にもたらすインパクトについて，多角的に分析を試みた。前著に引き続き，分析対象地域には，多くの関連書籍が扱っている，パラダイムシフトを主導している担い手のお膝元は同様の理由からあえて選ばなかった。

本書の構成は以下のとおりである。

第1章では折橋が，自動車産業が現在直面しているパラダイムシフトについて概観した上で，それに伴って企業経営がいかなる影響を受けつつあるのかについて概観した。その上で，東北地方を例にとって，自動車産業における変化が地域経済や地場産業に対してどのような影響を与え，その変化に伴う恩恵を享受しうる可能性があるか否かについて考察を試みた。

第2章では村山貴俊氏が，東北地方の自動車産業が抱える問題を析出した上で，その原因を探り，東北の地場企業や行政組織が取り組むべき課題を明らかにした。そして，宮城県と岩手県での次世代自動車プロジェクトを取り上げ，その狙いや取り組みを概観すると共に，東北地方の自動車産業が抱える問題や課題に対して，どのような意義あるいは限界があるかを考察した。

第3章では秋池篤氏と吉岡（小林）徹氏が，消費者の自動車への需要を喚起する上で重要な役割を果たすデザイン創出活動について「地域」という視点で検討した。すなわち，自動車の意匠に記載された創作者および出願者の住所に注目して，デザイン創出の状況を記述統計的に分析した。

第4章では目代武史氏と岩城富士大氏が，自動車産業におけるパラダイムシフトとしてパワートレインの電動化をとりあげ，地方の自動車産業へ与える影響について分析した。電動化をめぐる主要完成車メーカーの戦略を踏まえ，九州の自動車産業が目指すべき方向として，電動化に直接関連した領域への取り組みと，電動化から派生する機会の模索が重要であることを議論している。

第5章では岩城富士大氏が，48V マイルドハイブリッドとその中国地方に与える影響について，最新の業界の動向を紹介しつつ詳述した。その上で，マツダ株式会社でキャリアを重ねた筆者自身が，同社退職後に中核メンバーとなって取り組んできた中国地方における自動車産業支援の取り組みについて，広島県を中心に最近20年余りの歩みを振り返った。中核メンバーでなければ書けない，含蓄のある内容となっている。本章は，図表がやや多くなっているが，本書が主題としている自動車産業が直面しているパラダイムシフトを象徴的に表している図もあるうえに，その他の図表についても他では入手困難なものがあって資料的な価値が高いと判断して，厳選した上で掲載することにした。なお，本書に掲載しきれなかった図表，写真については，創成社 HP（https://www.books-sosei.com/）に掲載している。

第6章では折橋が，新興国・後発開発途上国におけるモビリティの実態および自動車産業のパラダイムシフトに向けた取り組みを，それぞれを代表する事例といえるタイおよびミャンマーの事例について概観した。さらに，東南アジアにおいて独特なビジネスモデルで急成長を遂げている MaaS の担い手について，その事業展開のあらましや特徴，強みなどについて概観した。その上で，そうした事例が東北地方など，日本国内における「自動車産業後進地域」が採るべき方策に与える示唆について考察を試みた。

最後に，本書の出版にあたっては，出版事情厳しき折にもかかわらず，前著に引き続き本書の刊行をご快諾くださった創成社の塚田社長ならびに編集担当の西田様に大変お世話になった。この場を借りて感謝申し上げる。

2020 年初秋，仙台の研究室にて

折橋伸哉

【注】

1）東北経済産業局「平成 30 年東北地域の工業（速報）」2020 年 3 月 30 日の 18 ページ参照。自動車関連産業を指しているとみられる「輸送用機械器具製造業」の製造品出荷額について 2010 年と 2018 年のデータを比較すると，出荷額は 67.1％増加し，東北地方の工業製造品出荷額総額に占める構成比も 7.4％から 10.8％へと上昇している。この間に，旧・セントラル自動車（現・トヨタ自動車東日本宮城大衡工場）の宮城県への移転，そしてトヨタ自動車東日本宮城大和工場におけるエンジン組立工程新設があったことが大きく寄与していると考えられる。

目　次

第1章

自動車産業のパラダイムシフトと東北[1)]

折橋伸哉

1. はじめに

自動車産業は，実は今まさに漸進的なパラダイムシフトに直面しているといっても決して過言ではない。今日，自動車と呼ばれている工業製品は藤本(2001) が指摘しているように，19 世紀後半から 20 世紀初頭にかけて繰り広げられた動力発生装置などをめぐる激しい規格間競争の末，20 世紀初頭に，動力発生装置として内燃機関を採用してそれを車両の前方に配置する現在の形にドミナント・デザインが概ね固まって以来，製品全体の基本設計様式は変わってはこなかった[2)3)]。しかし，現在では電気自動車をはじめとして種々の動力発生装置を有した自動車が提案されており，化石燃料の有限性を勘案すると，いずれは内燃機関自動車以外へと移行していくのは確実であろう。ただ，一足飛びに非内燃機関自動車へと移行することは考えにくく，2，30 年程度の長い期間をかけて段階的に移行していく他ない。さらに自動車のドミナント・デザインの行方だけではなく，情報技術や経営技術の発達などに伴い，主役が有形なものから無形なものへと移行しつつあるなど，「産業」の在り方も大きく変化してきていることも，自動車産業が直面しているパラダイムシフトをより複雑化させている[4)]。

そこで，本章では，現在自動車産業がどういった変化に直面しており，それが関連する企業の経営にどのような影響をもたらしつつあるかを垣間見た上で，さらに地域経済や地場産業に対していかなるインパクトをもたらすと考えられるのかについても考えていきたい。

まず，第２節では，現在進行形で漸進的に進行している自動車産業におけるパラダイムシフトに伴うさまざまな変化，そしてそれに伴って企業経営がどういった影響を受けつつあるのかについて，近年の各種報道・諸研究や筆者自身の観察に基づいて概観していきたい。

それを受けて第３節では，筆者が居住している東北地方を例にとって，第２節において概観した自動車産業における変化が地域経済や地場産業に対してどのような影響を与え，その変化に伴う恩恵を地域が享受しうる可能性があるか否かについて考察を試みる。

２．自動車産業のパラダイムシフトに向けた変化

自動車産業のパラダイムシフトについて語る際には，CASEがしばしばキーワードとしてあげられている。CASEとは，C：コネクティッド（Connected），A：自動運転（Autonomous），S：シェア＆サービス（Shared & Services），E：電動化（Electric）のそれぞれの頭文字をとった造語である[5)]。2016年のパリ・モーターショーにおいて，ドイツのダイムラー社のツェッチェCEOが発表した同社の中長期戦略の中で初めて使った。ただ，この造語には，現在進行形で取り組みがいろいろ進んでいる課題と，自動車産業のパラダイムシフトをもたらそうとしている技術の潮流とを，十把一絡げで論じてしまっているという問題点がある。

CASEの提起よりも前の2015年２月に，ドイツに本拠を置くコンサルティング会社であるローランド・ベルガー社の米国法人はRoland Berger (2015) を発表し，その中で自動車と情報技術が融合することで「コネクティッド」，「自動運転」，「シェアサービス」といった３つの技術革新が生まれつつあることを指摘し，それを第４世代の自動車産業（オートモーティブ4.0）と名付けた。彼らが考える自動車産業の進化過程を表１－１にまとめた。後述するように，CASEのうち電動化はすでに随分前から段階的に進行してきていることから，オートモーティブ4.0は，自動車産業のパラダイムシフトに向けた変化をより

表1－1　ローランド・ベルガー社が考える自動車産業の進化過程

	産業構造	技術
オートモーティブ 1.0	垂直統合した完成車メーカー（Vertically integrated OEMs）	大量生産，ローテク（Mass produced, low technology）
オートモーティブ 2.0	主要サプライヤーが形成（Major automotive suppliers are formed）	より高速かつ高性能な自動車（Faster and better automobiles）
オートモーティブ 3.0	完成車メーカーおよびサプライヤーの多国籍展開（Globalization of OEMs and suppliers）	システムの電子化，安全性の向上，効率性の進歩（System electrification, improved safety and efficiency advancement）
オートモーティブ 4.0	自動車と情報技術の融合（Convergence of automotive, tech and telecom）	自動運転，コネクティッド，シェアサービス（Automated driving, connectivity and shared mobility）

（出所）Roland Berger（2015）の記述を基に筆者作成。英語表現はRoland Berger（2015）での表現，日本語表現は筆者による訳。

的確に表した概念といえるかもしれない。つまり，一連の変化は，自動車産業におけるDX（デジタルトランスフォーメーション）への動きなのである[6]。

以下では，CASEのそれぞれについて，各社の取り組みを概観していく。

（1）コネクティッド（Connected）

自動車がインターネットと常時接続されるようになることを指している。これに伴って実にさまざまな影響がもたらされることが想定される。車の状態や周囲の道路状況などをインターネットに常時接続している車両から収集することによってビッグデータを生み出し，それを蓄積・分析することによって，新しい価値を創造することが期待されるからである。この分野については，自動車メーカーはもちろんのこと，いわゆるメガ・サプライヤーと呼ばれる大手自動車部品メーカー，GAFAと呼ばれているGoogleやAppleなどのIT大手，そして通信会社など，多くの企業が関心を示し，それぞれが積極的に研究開発を進めている[7]。既に実用化されている要素技術も数多くあり，今後2020年代において，段階的に幅広く普及していこうとしているのではないだろうか。以下ではまず，自動車がインターネットに常時接続することによって可能になる主なサービスについてみていく。

① 車載ソフトウエアの随時アップデート

スマートフォンやパソコンなどではすっかりお馴染みの機能であるが，車載のソフトウエアについても移動体通信の高速化の進展などによって，インターネット経由で随時アップデートすることが可能になってきている。既に，アメリカの電気自動車ベンチャー・テスラ（Tesla）社はこれを実践に移しているし，トヨタ自動車も後述するモビリティサービス・プラットフォームを通じて同様のサービスの提供を開始している（図１－１参照)。

② 適時のメンテナンス実施

車両がインターネットに常時接続することにより，接続している車両の状態を常時遠隔でモニターし，不具合を検知した際にはドライバーや運行管理者に伝えるとともに修理の手配も行うといったサービスも可能となる。なお，これに類したサービスは，アメリカ・ゼネラルエレクトリック社（GE）が航空機エンジン事業においてかねてより提供している。自社製航空機エンジン全てにエンジンの状態を測定するセンサーを搭載し，そのセンサーが収集したデータをインターネット経由で常時受信・蓄積・分析することで，航空会社に適切なメンテナンス時期を知らせ，そのことによって機材故障による遅延の防止や燃費の劇的な改善などをもたらしているのである（同社はこうした取り組みを「インダストリアル・インターネット」と呼んでいる)。こうしたサービスの提供は，ユーザーである航空会社にとってその収益性の劇的な改善に寄与することから，航空機エンジンでのゼネラルエレクトリック社の市場占有率を高めるのに大いに寄与している。

以下では，自動車業界において既にサービスを開始している実践例を紹介する。

商用車大手のいすゞ自動車は，自社製トラックの新車（一部非搭載車種有）に車両コンディションの自己診断機能を搭載している。そして，いすゞ自動車が日本全国に展開している販売・サービス会社において，そのデータを活用して適時に必要なメンテナンスを効率よく行う「プレイズム」を提供している[8)]。

すなわち，まず故障に至る前の予兆データを検知した段階で予兆・予防整備を実施することで，車両データを活かして高い精度で故障の芽を摘むことが可能となり，故障を抑制できるという。さらに，車両データの事前把握により，入庫前に整備内容をある程度予測できるため，整備効率・精度が高められ，整備時間を短縮することも可能であるという。

③　安全運転支援

5Gをはじめとする高速化した移動体通信とV2X（Vehicle-to-Everything）通信，さらには狭域通信（DSRC）技術を組み合わせることによって，他の車両やインフラ，クラウドと直接通信して最新の交通情報や路上の危険情報などをリアルタイムで交換できるようになり，安全性や効率性を向上させることができると考えられており，国内外の企業が研究開発にしのぎを削っている[9]。センサーやカメラだけで全ての道路上の危険を把握するのは困難であるため，次項でふれる自動運転を支える基幹技術としても大きな期待を集めている。

④　インターネット常時接続や情報化そのものによるリスク

インターネットに車両を常時接続させることによって，前目までいくつか紹介してきたように画期的な新しいサービスが実現可能になる。ただ，世界中でハッカーが暗躍している現状においては，インターネットに接続していることは即ちハッキングの脅威に常時晒されていることを意味しており，その脅威からの完璧な防御を担保するという命題は必ず達成しなければならない。さらに，ソフトウエアに元来つきものであるバグへの対処も欠かせない。これらだけではなく，克服しなければならない課題はまだ極めて多い。

⑤　トヨタ自動車による取り組み

トヨタ自動車は，「全ての車をコネクティッド化」「ビッグデータの活用」「新たなモビリティサービスの創出」の3つの取り組みによってコネクティッド戦略を推進するとしている[10]。そして，子会社であるトヨタコネクティッド株式会社を通じて，既に自前のコネクティッド技術を磨いている。2020年初頭

図1－1 トヨタ自動車が展開しているコネクティッドサービス

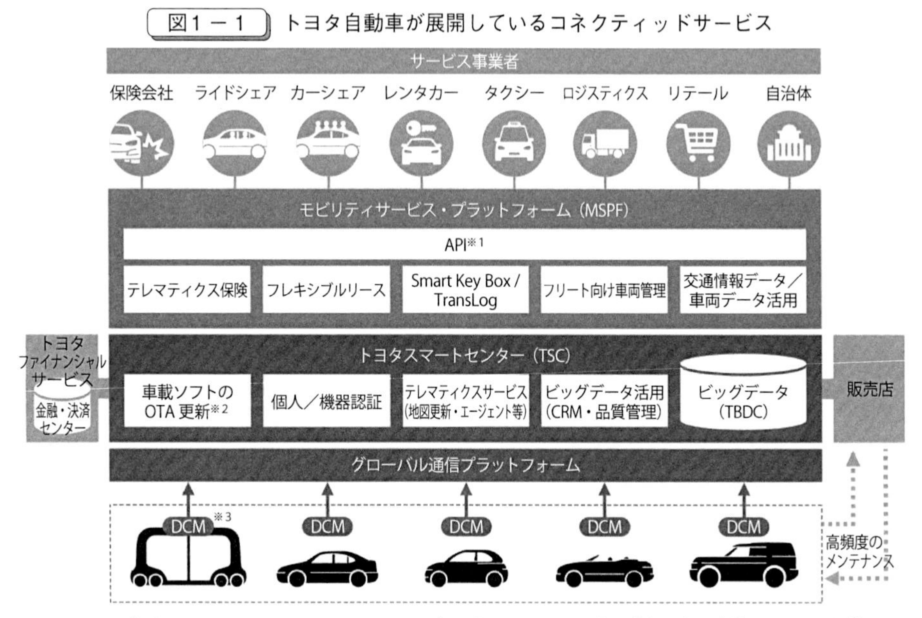

※1 API とは：Application Program Interface の略。プログラミングの際に使用できる関数。それらの関数を呼び出すだけで機能を利用できる。
※2 OTA とは：Over The Air の略。無線通信を経由して，ソフトウエアの更新を行うこと。
※3 DCM とは：Data Communication Module の略。データ通信のための専用通信機。
（出所）トヨタコネクティッド株式会社ホームページから引用（注釈も含む）[11]。

時点では約 100 万台のトヨタ車に車載通信モジュールが搭載されて図1－1のシステムとつながっているというが，今後は新車に同モジュールを標準搭載する方針であることから，年 150 万台のペースで増えていくという[12]。2020 年中には日本国内に加えてアメリカ，中国で販売されるほぼすべての乗用車に搭載し，今後他地域にも順次展開していくのだという[13]。連結子会社であるダイハツ工業や日野自動車，そして資本提携先であるマツダやスバルのサービスも請け負う可能性もあることを考えるとデータの精度はさらに高まり，信頼性も一層増すことが期待できる。

そして，図1－1のように，コネクティッド自動車との接点となるクラウドの上位にモビリティサービス・プラットフォームを構築し，これを介してあらゆる事業者やサービスとオープンに連携して，新たなモビリティ社会の創造に貢献するとしている[14]。

コラム1－1　トヨタ自動車が実証都市建設を通じて狙うこと※1

トヨタ自動車の豊田章男社長は，2020年1月にアメリカ・ラスベガスで開催されたCESにおいて，「Woven City」と名付けられた，人々の暮らしを支えるあらゆるモノやサービスがつながる実証都市「コネクティッド・シティ」建設の構想を発表した※2。トヨタ自動車の構想は，トヨタ自動車東日本の東富士工場（静岡県裾野市）が2020年末にその生産を東北地方に2箇所ある同社の完成車組立工場などに移転した上で閉鎖した跡地を活用して，2021年初頭からパナソニックやNTTなどと協力しながら一からそうした街づくりを進めて行くものである。私有地であるので，日本の複雑な許認可制度や規制に縛られることなく，自由に新しい取り組みを行うことができる。トヨタ自動車は，「人々が生活を送るリアルな環境のもと，自動運転，モビリティ・アズ・ア・サービス（MaaS），パーソナルモビリティ，ロボット，スマートホーム技術，人工知能（AI）技術などを導入・検証できる実証都市を新たに作るものです。プロジェクトの狙いは，人々の暮らしを支えるあらゆるモノ，サービスが情報でつながっていく時代を見据え，この街で技術やサービスの開発と実証のサイクルを素早く回すことで，新たな価値やビジネスモデルを生み出し続けることです。」と説明している※3。

図1－2に示されているように，現実の実証都市のみならず，仮想空間にも対に

図1－2　トヨタ自動車とNTTが共同で進めるスマートシティプラットフォーム開発

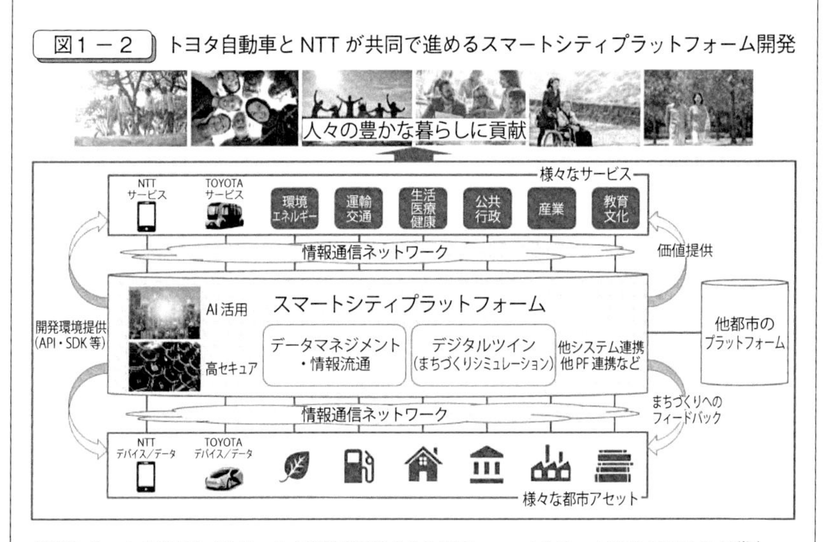

（出所）トヨタ自動車株式会社・日本電信電話株式会社共同ニュースリリース2020年3月24日※4。

なる街（デジタルツイン）を用意し，独自のデジタル OS の開発を目指すという[※5]。現実の実証都市ではセンサーをあらゆる端末（車も含む）やインフラに埋め込んでデータを収集・集積する。一連の実証実験を通じて，街から収集したデータから価値を生みだす「スマートシティプラットフォーム」の構築・運営を目指し，さらには国内外の多様な街に連鎖的に展開していくことを目指しているという[※6]。つまり，データ事業を新たな収益源として育て上げることによって，パラダイムシフトした後の自動車関連ビジネスで存続・成長を目指していると理解できる。

※1　本項は，「CASE が問う次の 100 年：技術・ビジネスモデルの大転換」，『日経 Automotive』2020 年 4 月号，日経 BP 社参照。
※2　CES とは，コンシューマー・エレクトリック・ショー（家電見本市）の略であったが，現在は CES が正式名称となっている。
※3　カッコ内は，トヨタ自動車株式会社ニュースリリース「トヨタ，「コネクティッド・シティ」プロジェクトを CES で発表」，2020 年 1 月 7 日より引用。
※4　トヨタ自動車株式会社・日本電信電話株式会社共同ニュースリリース「NTT とトヨタ自動車，業務資本提携に合意」2020 年 3 月 24 日。
※5　デジタルツイン（まちづくりシミュレーション）とは，実在する街をリアルタイムに仮想空間で再現し，試行結果をフィードバックする機能を持つ（後述のトヨタ・NTT 共同プレスリリースより引用）。
※6　トヨタ自動車株式会社「第 116 回定時株主総会招集ご通知」24 ページ参照。

（2）自動運転（Autonomous）

①　自動運転のレベル

自動運転のレベルについては表 1 － 2 に示したように，レベル 1 からレベル 5 まであるとされている。これに，運転者が全ての動的運転タスクを担うレベル 0 を加え，6 つのレベルに分類されている。自動車メーカー各社や Google などがしのぎを削っており，例えば自動ブレーキについては新車には既にかなり採用されているように，レベル 1 やレベル 2 に相当する技術を搭載した自動車は，既に発売されている。そして自動運転の実現のためにはソフトウエアの開発も多岐にわたり，したがって開発者や予算の確保が課題になってくる。これもまた，先にも言及した GAFA をはじめとするグローバル IT 企業や，日本の電機メーカーなども積極的な取り組みを進めており，中には彼らがむしろ

表1－2　運転自動化レベルの定義

レベル	概要	操縦の主体
運転者が一部又は全ての動的運転タスクを実行		
レベル0 運転自動化無し	運転者が全ての動的運転タスクを実行	運転者
レベル1 運転支援	システムが縦方向又は横方向のいずれかの車両運動制御のサブタスクを限定領域において実行	運転者
レベル2 部分運転自動化	システムが縦方向及び横方向両方の車両運動	運転者
自動運転システムが（作動時は）全ての動的運転タスクを実行		
レベル3 条件付運転自動化	・システムが全ての動的運転タスクを限定領域において実行 ・作業継続が困難な場合は，システムの介入要求等に適切に応答	システム （作動継続が困難な場合は運転者）
レベル4 高度運転自動化	システムが全ての動的運転タスク及び作動継続が困難な場合への応答を限定領域において実行	システム
レベル5 完全運転自動化	システムが全ての動的運転タスク及び作動継続が困難な場合への応答を無制限に（すなわち，限定領域内ではない）実行	システム

（出所）官民ITS構想・ロードマップ2019。

先行している分野もある。

②　自動運転の実現可能性について

一部の企業は2020年代には完全自動運転車の市場投入を目指しているとしているが，筆者はその実現性については懐疑的である。実際には，その実現には相当の時間を要するのではないだろうか。アメリカ・カリフォルニア州のシリコンバレーなどでは所定の手続きを経て合法的に公道実験が行われていたり，中国でも国家主導で自動運転の実験都市・地区を指定して官民挙げてその研究・開発に取り組んでいたり，日本でも国土交通省が各地の道の駅を舞台に実証実験を行ったりしているが，これを実際の街の中で，どこでも恒常的に行えるのかというと，まだ高いハードルが残されているのではないか。

というのは，まず運転者の性格は千差万別である。実際の道路交通においては，そういった運転者が操る既存車両や，運動能力は多様で，しかも不規則な動きをする歩行者，さらには自転車やオートバイなどの多様な軽車両も混在している。であるので，そういった中で自動運転の車両が事故を起こさないようにするためには，あらゆるシチュエーションを想定してセンサーを多く付ける必要がある。そうなると自ずと，各センサーから逐次送られてくる膨大な情報を瞬時に処理して的確な判断を下すために，車載コンピューターやソフトも，格段に高度化しなければならない。当然，それはかなりのコストアップ要因となって車両価格の大幅な上昇へとつながり，その普及を図っていく上での大きな障害となっていくだろう。

また，この自動運転を実現するためには，高精度な地図を作成しなければならない。これにも莫大なコストと手間を要する。日本ではゼンリンなどの地図メーカーが高精度地図の作成に向けて努力をしている。その一方で，5G通信網や狭域通信技術を使った車両間通信などを活用することで高精度地図なしに自動運転を可能にする技術が，ドイツ・コンチネンタル社など一部の企業によって追究されている[15)]。

さらに，折橋（2019）においてミャンマーの事例を基に考察を試みたが，新興国や後発開発途上国などにおいては，インフラ整備が遅れているのみならず，道路法規の順守の徹底さえも進んでいない国も多い。世界中には，何百という国があるわけだが，道路交通や自動車の利活用について抱えている事情は実にさまざまである。自動車は今後共まさにグローバルに利用される工業製品であるので，当然のことながら自動運転機能を具備した自動車のドミナント・デザインは世界中で共有可能なスタンダードにのっとっていなければなるまい。

こうした諸事情を考慮すると，自動運転機能を具備した自動車のドミナント・デザインの確立には，かなりの困難が伴うのではないだろうか。こうした事情を背景に『日経 Automotive』2019年11月号は，メガ・サプライヤーの一角を占めるドイツのコンチネンタル社が，レベル3以上の普及は予想よりも遅れ，レベル2の「高度運転支援」が，2020年代には普及するのではないかと予測しているという見解を示し，それを前提とした戦略的な対応を，既にコンチネンタル社はとっていると報じていた。

コラム1－2 「自動運転装置」の在り方についての論説への見解

柴田友厚教授は，自動車における自動運転装置について，工作機械の本体とCNC装置（補完材）との関係に似ているのではないかと指摘した。そして，1990年代の工作機械産業の事例から得られた教訓から，自動車メーカーがとかくこだわりがちな特定車種への最適化よりも，転用性に優れた標準的な自動運転装置を開発して，自動車本体との間で相互促進的に価値を高め合う仕組み（同教授は「共進化サイクル」と呼んでいる）をつくり出すことが肝要だと指摘した[※1]。確かに今日，自動運転装置が将来的に担うであろう機能を，筆者自身を含めた運転者が担っているわけで，加齢に伴う認知機能の低下を考慮に入れなければ運転経験が豊富なほど的確な運転操作ができる。同様に，自動運転装置の中枢を担う人工知能（AI）は，より多くの車両に搭載されることによって収集される，さらに豊富なビッグデータを投入して深層学習を進めた方が，一層的確な判断を下せるようになるだろう。そして，より優れたシステムを構築できた企業が，当然大きな果実を得られるだろう。このように考えると，柴田教授の言う「自動運転装置」を，標準化しても車両としてのインテグリティを損なわない形で定義できた場合，同教授の説はかなり説得力があると考える。全ての車両が直面する道路交通状況は当然のことながら共通であるため，少なくとも中枢を担う人工知能（AI）は標準化されても支障ないはずだからだ。ただ，将来的に全ての人々が自動車を単なる移動手段と割り切るようになるのであればともかく，そうでない場合は一定のまとまりの良さ（高い統合度）やデザイン性などが引き続き要求される。したがって，統合度を損なわない範囲をいかに巧みに見出し，定義できるかが自動運転装置の標準化の成否を分けることになるだろう。

そうなると，あくまでも自動運転装置として標準化する範囲を車両全体の高い統合度を損なわないように定義できた場合という条件付きであるが，このままではGoogleの戦略が勝る可能性が高い。日本の自動車業界は，自動運転システムについて，業界横断的な共同開発に踏み出すなど，抜本的な戦略の練り直しが今後必要になってくるのではないか。ただ，少なくともトヨタ自動車は別途述べた通り，より壮大な将来戦略を描きつつあるようにも見えるが。

※1　『革新迫られる自動車産業（上）「最適化のわな」に陥るな』，『日本経済新聞電子版』2019年10月28日。

③　自動運転社会に向けた模索

では，自動運転を比較的短期間に実現させるためにはどうすればいいのか。先述の理由から，更地に一から自動運転車のみが走ることを前提とした街を作り，そこに順次移住していく方法しか，筆者には考えられない。そうした取り組みの一例としては，先にもふれたトヨタ自動車の豊田章男社長が2020年1月にアメリカ・ラスベガスで開催されたCESで発表した，「Woven City」と名付けられた，人々の暮らしを支えるあらゆるモノやサービスがつながる実証都市「コネクティッド・シティ」建設の構想がある。また，中国が自動運転車のみ走る実験都市を既に建設したとも聞く。

トヨタ自動車の構想の中で自動運転にかかわる部分としてはまず，街を通る道を3つに分類し，それらの道が網の目のように織り込まれた街を作るとしている[16)]。すなわち，

第一に，スピードが速い車両専用の道として，「e-Palette」など，完全自動運転かつゼロエミッションのモビリティのみが走行する道。

第二に，歩行者とスピードが遅いパーソナルモビリティが共存するプロムナードのような道。

第三に，歩行者専用の公園内歩道のような道。

やはり，自動運転で一定以上の高速度で走行する自動車と，歩行者や二輪車などとを同じ道路を通行させるのは困難で，道を分けて通行させるという方向性を示しているといえる。筆者もトヨタ自動車が示した方向性に同意するが，だからこそ全世界の津々浦々にそうしたインフラを整備するのは非現実的であると考える。「中高速の自動運転車専用道路」の距離当たりの整備・維持コストは鉄道の線路および各種保安設備を整備・保守するコストよりははるかに安く済むものの，イメージとしては鉄道インフラのような輸送路を四方八方に張り巡らせることになるからである。東日本大震災による津波などで大規模被災したために運行形態をBRTに転換したJR気仙沼線（宮城県・柳津駅～同・気仙沼駅）およびJR大船渡線（宮城県・気仙沼駅～岩手県・盛駅）のBRT専用路区間を想起いただくと，読者のうち東北地方在住の皆様にはここでいう「中高速の自動運転車専用道路」をイメージしやすいかと思う[17)]。

なお，2019 年秋の東京モーターショーにおいて，その「東京 2020 仕様」が展示されるとともにデモ走行が披露された完全自動運転自動車「e-Palette」について，人の輸送やモノの配達に加えて，移動用店舗としても使われるなど，街の様々な場所で活躍させるとしている。

④　自動運転実現による可能性・波及効果

前段で述べた通り少なくとも短期的には実現不可能であると考えるが，もし世の中を走行する自動車が全て自動運転車という「完全自動運転」が実現すれば，移動時間や車両内部の空間を活用した，新たな付加価値を提供するサービスの登場が想定される。実際，2019 年の東京モーターショーでは自動車メーカーだけでなく，大手自動車部品メーカーや大手家電メーカーなど数多くの企業が，同じような箱型のコンセプト車を出展して，移動中に会議ができたり，車内からネット経由で飲食物の注文をして，その配達を受けつつ宴会のようなこともできたり，といった夢物語を盛んに描いていた。確かに，空間の居住性を良くするという側面では，自動車メーカーよりも家電メーカーの方が一定の優位性があるだろう。そして，運転者の人件費が不要になるということで，それによるメリットを生かした，車両を利用した移動・物流サービス市場が拡大することが考えられる。さらに，事故が無くなることによって，衝突安全性にかけてきたコストが低減され，車両の製造コストが格段に低下することもメリットとして考えられる。

（3）シェア＆サービス

①　MaaS（Mobility as a Service）に伴う変化

3つの領域の技術革新が加速する中で，サービス化は待ったなしで進んで，新しい担い手も続々と参入してくると考えられる。背景には，顧客の移動手段の選択が MaaS によって変化しつつあることがある。MaaS とは，MaaS Alliance の定義によると，「the integration of various forms of transport services into a single mobility service accessible on demand（様々な形態の交通サービスを統合した，オンデマンドでアクセス可能な単一のモビリティサービス）」

である[18)]。また，MaaS Allianceは上記の定義に続けて，MaaSの目的を，「The aim of MaaS is to provide an alternative to the use of the private car that may be as convenient, more sustainable, help to reduce congestion and constraints in transport capacity, and can be even cheaper.（自家用車利用よりも便利で，かつより持続可能で，混雑やキャパシティによる制約を緩和し，しかもより低廉な代替案を提供すること）」と述べている[19)]。MaaSに伴う自動車の変化としては，自ら所有するのではなくて，必要な時に都度利用する形態へと次第に変化していくことが予想されている。その根拠の1つとして佐伯（2018）は，デロイトトーマツコンサルティングによる2016年の試算結果を基に，一般ユーザーが自動車購入の意思決定をする際に，毎月1,000キロメートル走行するかどうかが経済性から所有と共有の分岐点になると指摘し，日本の自家用車の平均走行距離はそれを下回っていることを挙げている[20)]。となると，稼働率の向上に重きを置いた，モビリティ提供サービスの出現・充実が期待できる。それに伴って，車両の所有者が各個人からサービスの提供者へと移行していく。そうなると，その利用者，所有者，サービス提供者，そしてインフラとをつなぐマッチングサービスやプラットフォームの重要性が飛躍的に高まることが考えられる。また車両（ハードウェア），駐車場，エネルギーなど多くの分野で共有が進み，資産効率が向上することも期待できる。そうなると，事業者にとっては収益が得られるポイントが変化することが考えられる。すなわち，これまでは車両の製造や販売，アフターサービスを提供することによって収益が得られていたが，車両の企画およびモビリティサービスの提供などに，収益を得られるポイントがシフトするのではないかと考えられる。

② 車両のシェア化の越えなければならない課題

車両のシェア化が定着するためにはまず，自己所有のモノと同様に共有物を丁寧に扱うモラルが定着することが欠かせないのではないだろうか。というのは，中国においてシェア自転車が一時期爆発的に普及したが，周知のとおり，大半の企業が既に哀れな末路をたどった。利用者の多くが丁寧に扱わず，中には課金を逃れることを目的として課金するために搭載している電子機器を破壊したり河川や湖沼に投棄したりする不届き者まで出て，その結果として多くのシェア自転車が導入後短期間のうちに使用不能に陥って廃棄されていった。その結果，自転車のシェアリング事業を展開したスタートアップ企業は，自転車の導入やシステム構築に投じた初期投資を回収できずに続々と倒産したのである。

自転車だから，とおっしゃる向きもあるかもしれないが，実はフランスでも電気自動車のシェア自動車のサービスが始まっており，パリに出向いたときにその車両を街角で見かける機会があったが，お世辞にも丁寧に扱われているとは思えなかった。かなりあちこちがへこんだままの自動車が，シェア電気自動車のデポに置いてあるのをしばしば目にした。フランスといえば世界を代表する先進国の１つで，一定の道徳心が定着していると一般には考えられているわけだが，自分のモノではなく共有のものということで，やや乱雑に扱う傾向があるからなのかもしれない。自己所有のモノと同様に共有物も丁寧に扱う道徳心，モラルが定着するということが，自動車を含むハードウェアのシェアリングが本格的に普及する上では欠かせないのではないか。

また，モビリティ（移動）のシェアサービスにおいては，利用者の総数を拡大していくだけでなく，いかに移動ニーズのベクトルを常時均衡に近づけていくかというのも成功の鍵になってこよう。例えば，筆者が居住している宮城県仙台市では，NTT ドコモのシステムを活用したコミュニティサイクルサービス「DATE BIKE（ダテバイク）」が展開されている[21)]。この DATE BIKE で課題になっているのが，人々の移動ニーズが時間帯によって偏っていることである。例えば，朝は郊外から中心部への移動ニーズが多く，夕方になると逆方向が多いといったように。となると，そのまま放っておいたら，自転車が偏ってしまう。そのため，偏ってしまった自転車をトラックに載せて，その時々の人々の移動ニーズに合うように移動させており，コストアップ要因になっている。当然，自転車を移動させるためには，それを担う人員にかかる人件費が要るし，自転車を運ぶトラックも用意しなければならないからである。移動ニーズが偏っているのは，仙台市もご多分に漏れずに，市の中心部に官公署や商店，事業所などの主要な都市機能が一極集中しているためである。つまり，多様な属性の利用者を増やすとともに，都市計画や産業政策も駆使しつつ，全ての時間帯について移動ニーズのベクトルをいかにして均衡へと近づけていくかが，モビリティのシェアサービスが本格的に離陸する上ではまさに肝要なのではないかと考える。もっともこの問題は，道路交通，鉄道，バス，航空などあらゆる交通手段が古来抱えてきた問題でもあるのだが。

③ 新型コロナウイルスのパンデミックが与える影響について

2020年初頭からの新型コロナウイルス（COVID-19）のパンデミックが，新型コロナウイルスを媒介しかねないモノをシェアするというシェアリング・エコノミーの普及にいかなる影響をもたらすかについても注視していく必要があるだろう。ハードウェアの稼働時間の空きをシェアするライドシェアについては，モノに加えてそれ以上に新型コロナウイルスを媒介するリスクが高い人間（運転手）の存在が問題視されている。そのため現に，2020年4月には，ライドシェア世界最大手のアメリカ・ウーバーテクノロジーズの稼働率は著しく低下し，全世界で80％減を記録したという[22]。その結果，2020年8月に発表された同社の2020年第二四半期（4月～6月）決算でも，ライドシェア事業を核とするモビリティ部門の売上高が前年同期比で67％減少して約7億9千万ドルとなった[23]。

同社の2020年第二四半期決算ではその一方で，飲食店のデリバリーを請け負う事業（ウーバー・イーツ）を含む配達部門は急成長し，103％増加と，2倍強の12億110万ドルとなったことが明らかにされた。ただし，大幅な減収を記録したモビリティ部門が辛うじて5,000万ドルの黒字を確保したのに対し，配達部門は大幅な増収にもかかわらず黒字転換を達成できず，前年同期比19％改善したものの依然として2億3,200万ドルの巨額赤字が続いている。モビリティ部門の回復は少なくとも短期的には見込めない状況を受けて，ウーバーの経営陣は配達部門に経営の主軸をシフトする方針であるが，配達事業はすでに競合がひしめいていて後発のウーバーにとってはレッドオーシャンである可能性が高く，少なくともしばらくは多難な経営状況が続きそうだ。

ところで，ウーバーのビジネスモデルでは「個人事業主」と位置付けられているライドシェア運転手についてであるが，彼らのようなギグ・エコノミー（gig economy）の担い手であるギグ労働者（gig worker）は，コロナショックによって著しい苦境に陥っている。アメリカ・カリフォルニア州はコロナショック直前の2020年1月に，インターネットを通じて単発や短期の仕事を請け負う「ギグワーカー」の権利を守るために施行後も法案時の名称である「California Assembly Bill 5 (AB5)」と呼ばれている新しい州法を施行したばかりであったが，この事態を踏まえてカリフォルニア州司法長官，ロサンゼルス市，サンフランシスコ市そしてサンディエゴ市はウーバーとライドシェア全米2位のリフトに対し，両社のライドシェア事業を支える運転手を個人事業主ではなくフルタイム労働者として処遇するように求める訴訟を起こした[24)]。そして，2020年8月にカリフォルニア州上級裁判所は両社に対してライドシェア運転手を個人事業主として扱わないように命じる仮命令を出した。両社はカリフォルニア州の労働長官からもライドシェア運転手を不当に個人事業主に分類して本来支払うべき賃金を支払っていないなどとして提訴されている[25)]。訴訟の結果次第では，ウーバー・イーツも含め，ギグ・エコノミーを前提としたビジネスモデルの根本的な転換を促される可能性がある[26)]。というのは，現在ウーバーは自社を，移動したい人と自家用車で人を乗せて収入を得たい人とをマッチングさせるアプリの開発を行うテクノロジー企業であるとし，運転手・乗客共に自社の開発したアプリのユーザーであると主張している。そのため，運転手らを自社のアプリを活用して起業した個人事業主として扱い，最低賃金の保証や時間外手当の支払い，病気有給休暇や身体障害保険，失業保険の受給権利の付与をしていないのであるが，州政府の主張が認められて敗訴した場合には巨額の罰金とともに雇用契約の締結が求められ，コストの大幅な上昇が避けられなくなるからである。ただ，2020年11月3日に，アメリカ大統領選挙と同時にカリフォルニア州で実施された住民投票で，待遇改善策と引き換えに，ライドシェア運転手らを独立した個人事業主と定める住民立法案「プロポジション22」が賛成多数で承認された[27)]。これにより，今後もせめぎあいが続く可能性は高いものの，少なくとも当面は，ウーバーのビジネスモデルは継続可能となった。この例に限らず，いわゆる「コロナショック」は人々の働き方にも大きな影響をもたらすのは確実である。ただ，その命題については本章ではこれ以上扱わず，人事労務管理あるいは人的資源管理の専門家による分析・研究に委ねたい。

新型コロナウイルスのパンデミックは，CASEのSを含むシェアリング・エコノミーの拡大に急ブレーキをかけた格好であり，再び拡大軌道に戻るのは，パンデミックの収束を待つほかないように思われる。

（4）電動化

①　これまでの電動化に向けた動き

電動化はCASとは違い，21世紀に入ってから本格的に始まった動きでは決してなく，かねてより内燃機関自動車の車載電装品の搭載は増大してきていた。加えて1990年代には，それまでは摩擦ブレーキを使用することで熱エネルギーとして大気中に放出してきた減速時の運動エネルギーの減少分を，モーターを発電機として回転させることで電気エネルギーへと変換するという，いわゆる減速回生技術が自動車に搭載できるようになった[28)]。そして，減速回生によって得られた電力を自動車の動力の一部として活用すべく，搭載した大容量のバッテリーなどにためて，その電力で動かすモーターを内燃機関と併用することで，内燃機関の自動車の燃費を飛躍的に向上させるハイブリッド自動車が登場した。現在では，いわゆるマイルド・ハイブリッドやストロング・ハイブリッドなど，その多様なバリエーションが一定程度普及している。こうしたハイブリッド自動車の登場に伴い，自動車の電動化はさらに一層進行した。このように，電動化はCASよりも早い時期から漸進的に進行してきた一連の動きであると捉えるのが正確なのである。

②　電動車のいろいろ

必ずしも全量でないとしても電力を動力として活用する自動車を総称して，「電動車」と呼ぶことが増えてきた。現在商品化されているものでは，ハイブリッド自動車，プラグインハイブリッド自動車，電気自動車，燃料電池自動車が電動車には含まれる。電動車が今後，自動車の主役となっていくことが，事実上業界のコンセンサスとなっている。

電動車の技術的な構成については，トヨタ自動車が筆者を含む技術に疎い文系人間にも分かりやすいように定義・説明してくれているので，それを参考にしつつ，整理・紹介していきたい[29)]。

トヨタ自動車は，モーター，バッテリー，パワーコントロールユニットの3つの技術を電動化コア技術と呼んでいる。そして，それらに類型ごとに固有のユニットを加えることで，燃料電池自動車（FCV），電気自動車（BEV），プラグインハイブリッド自動車（PHEV），ハイブリッド自動車（HEV）と様々な電動車になると説明している。このうち，燃料電池自動車は，電動化コア技術に電力発生装置となるFCスタックと燃料となる水素を貯蔵する高圧水素タンクとを組み合わせることで動く[30)]。電気自動車は充電器を，プラグインハイブリッド自動車は充電器とエンジンを，ハイブリッド自動車はエンジンをそれぞれ電動化コア技術と組み合わせることで動く。これらに，乗り心地の良さや衝突安全性などを担保するプラットフォームをまとまり良く組み合わせることで自動車になる。

③　電気自動車の可能性と課題

最近では化石燃料の有限性や地球温暖化についての問題意識の高まりなどを背景に，20世紀初頭に自動車のドミナント・デザインをめぐる争いで敗れた電気自動車が，次世代自動車，すなわち電動車のドミナント・デザインの最有力候補として再浮上してきており，活発な開発競争が展開されている。

ただ，かつて内燃機関自動車に敗れた要因の1つとなった電池が，現代において自動車のドミナント・デザインの座を内燃機関自動車から奪う上で，やはり最大の障害になっていると考える。充電に要する時間の長さや航続距離など，その競争劣位は未だに克服できていない。さらにそもそも，自動車が真に環境に優しいかどうかを判断する上では，「Tank to Wheel」（燃料タンクから車輪まで）ではなく，「Well To Wheel」（油井から車輪まで）の環境負荷を考慮しなければならない（ライフサイクルアセスメント[31)]）。そうなると，日本のように原子力発電所の再稼働が進まずに火力発電に多くを依存している国では発電プロセスで大量の二酸化炭素を排出していること，そしてリチウムイオン電池の製造過程でも大量の二酸化炭素を排出していることなども考慮に入れなければならなくなる。また，当初は間違いなく高くつくだろう電気自動車の製造コストを世界中の全ての国々で普及させることができる水準にまで下げるには相当の時間を要するだろう。以上の諸要素を勘案すると，比較的所得水準が高く，しかも豊富な水力や風力など再生可能エネルギーの資源に恵まれているノルウェーなど，例外的に再生可能エネルギーによる発電コストが極めて安いところでは「Well To Wheel」を考慮しても優位性のある電気自動車が既に比重を高めてきているが，そうしたごく一部の例外を除くと，現時点においてはモーターと内燃機関とを併用する各種のハイブリッド自動車が最適解であると考える。

このように，電気自動車は「究極のエコカー」では必ずしもない。むしろトヨタ自動車などが引き続き研究・開発を進めている燃料電池自動車こそ，本格的な実用化にこぎつけることができればその名にふさわしいだろう。ただ，水素の生成に係るコスト及び環境負荷の低減や，水素の貯蔵，補給方法など他の技術的課題については目途がある程度立ちつつある一方で，依然として普及への高い障害となっているのが触媒として必要な白金（プラチナ）の希少性と高コストである。その白金に代わる低コストの触媒が発見・実用化された場合，燃料電池自動車が一気に主役へと躍り出るという展開も十分にありうると考える。また，ドイツを中心に研究が進められている e-fuel（水素と二酸化炭素の合成燃料）の自動車燃料への活用に向けた研究など，FCEV 以外の水素活用に向けた取り組みも進んでいる。

ちなみに，トヨタ自動車は近距離，小型宅配車両などは電気自動車，乗用車はハイブリッド自動車，プラグインハイブリッド自動車および燃料電池自動車，そして長距離トラック，バス，宅配トラックなどは燃料電池自動車が適しているとしており，多様な動力発生装置を備えた車両によるモビリティ社会の実現を目指している。

電気自動車への完全移行があるとすれば，低コストかつ高効率の電池の発明，そして給電方式および再生可能エネルギーでの発電方式の高効率化を待つという展開ではないだろうか。一部のマスコミが喧伝しているように，販売される新車が電気自動車に一足飛びに移行するなどということはありえない。加えて，現に走行している内燃機関自動車が完全に電気自動車に置換されるまでにはさらにかなりの時間を要するだろう。

したがって，実現するとしてもまだかなり先の話になるであろうが，世の中を走る全ての自動車が完全に電気自動車へと移行し，かつ完全自動運転も実現した暁には，自動車の製品アーキテクチャがモジュラーアーキテクチャ寄りに大きく変化するといった大きなインパクトをもたらすことも十分に考えられる。燃焼系，排気系，駆動系，保安関係（事故が無くなるため）などにおいて不要となる部品が多く，それらを生産してきた企業や地域は，転換を迫られることになる。加えて新たに動力源となる電力の発電および供給を行うインフラの拡充・整備も必要であるし，ガソリンスタンドをはじめとする既存インフラの廃棄・転換や担ってきた企業・労働者の事業転換・再就職先確保といったことも，取り組まなければならない課題になってくる。

（5）小　括

化石燃料に限りが見えてきている上に，地球温暖化に伴う様々な弊害が表面化してきていることから，これまでのモビリティはもはや持続可能ではなくなってきている。ただその一方で，自動車を使えば気軽に移動したり大量に物資を輸送したりできることを知ってしまった現代人は，もはや自動車発明以前の生活に戻ることは出来ない。したがって，化石燃料に依存しない，持続可能かつ環境に優しいモビリティへの転換を実現することがまさに喫緊の課題となっているといえる。

主な検討課題としては，まず自動車の動力を発生させる装置の形態をどうするかということがある。現在考えられているようにそれがモーターであるとしても，それを動かす上で必要となる電力の発電方法によっては反って環境負荷を増してしまう。さらに電気自動車の場合，一度の充電で走行できる航続距離や充電に要する時間，バッテリーの重量やその冷却方法（熱暴走のリスクがあるリチウムイオン電池の場合には，絶え間ない冷却が必須である）など，克服することが難しい課題が山積している。

それからコストを抑制していく必要がある。搭載されるセンサーやソフトウエアの増加，原材料コストや人件費などの高騰など，現代においては自動車というハードウェアの製造にはコストアップ要因がまさに満載である。個人所有からライドシェアに移行して稼働率をアップさせることで，利用者のコスト負担を一定程度軽減することが可能だと考えられるが，先述のようにモビリティにおけるシェアリング・エコノミーを離陸させる上では克服しなければならない課題がやはり同様に満載である。しかも，先進国だけでなく，全世界で普及可能なものにしていかなければならないことも決して忘れてはならない（この命題については，第6章において改めて考察したい）。

そして，自動車産業におけるパラダイムシフトの企業の経営戦略へのインパクトは，当然のことながら極めて大きいものになる。利益を得られるポイントがシフトしていく中で，いかに持続可能なビジネスモデルを構築するかということが課題になる。

経営学の立場からは，自動車関連企業にとって，このパラダイムシフトはチャンスなのか，それとも脅威なのかということについて考える必要がある。もちろん，採る戦略によって，そのいずれにもなりうる。

では，パラダイムシフトをチャンスとするためには，どのような戦略を採ればモノにできる可能性があるのか？

佐伯（2018）が指摘している通り，ボッシュやコンチネンタルなど欧州のメガ・サプライヤーは，戦略的に自動車産業でのプラットフォーマーの地位を虎視眈々と狙っており，自動車メーカーと云えども決して安泰ではない。また，自動車産業のパラダイムシフトが進行していく中での主導権争いの過程で，業界を超えた連携が生まれつつある。これまでの自動車産業では，自動車メーカーが扇の要に存在して主導し，しばしばピラミッドに形容されるように，垂直統合的にビジネスを展開してきたわけだが，もはや自動車メーカーと自動車部品メーカーだけではなく，通信会社，IT 企業，スタートアップ等の「他産業」も仲間として取り込み，業種を超えたオープンイノベーションを進めていかないと，グローバル競争を勝ち抜けなくなってきているのではないだろうか[32]。トヨタ自動車が静岡県に建設する実証都市の狙いは，トヨタ自動車が自動車産業において優位性と信頼を確保しているうちに，それを梃子にして他分野の一流企業の参画を得て次世代の都市プラットフォームづくり（＝次世代の利益の源泉）に向けての壮大な実験を主導し，その成果を武器にIT業界におけるGAFAのような「プラットフォーマー」として君臨することで利益の源泉を引き続き確保していくことにあるのだろう。

3．自動車産業のパラダイムシフトと東北地方

東北地方の経済の活性化に，自動車産業が一定程度寄与しているのは間違いない。宮城県および岩手県においてトヨタ自動車の子会社であるトヨタ自動車東日本が完成車工場およびユニット工場を展開しているのをはじめ，数はまだ多くはないもののトヨタ自動車系列の1次サプライヤーが生産拠点を設けたのに加え，トヨタ自動車東日本の前身である関東自動車工業が1990年代前半に進出してくる以前から立地している日産自動車系，本田技研系，そして独立系のサプライヤーも引き続き生産を続けているなど，一定の集積を形成して雇用を創出している（表1－3および図1－3を参照)。ただ，ハイブリッド自動車及びその電池の生産など，電動化（E）にかかわる生産活動も行われてはいるものの，東北地方において行われているのは，基本的には内燃機関自動車関係の仕事である。

では，第2節で述べてきた通り，自動車産業のパラダイムが大きくシフトしつつある中で東北地方はどう関わっていけるのか，といった命題について少し考えてみたい。

表1－3　トヨタ自動車東日本株式会社の東北地方における生産拠点

	岩手工場	宮城大衡工場	宮城大和工場
稼動開始	1993年3月 第2ライン 2005年11月	2011年1月	1998年7月 エンジン組立 2012年12月
年間車両生産能力	35万台	12万台	
生産車種・品目	C－HR アクア ヤリス	シエンタ カローラアクシオ カローラフィールダー	エンジン 制御ブレーキアクチュエータ サスペンション，など

（出所）折橋（2013）表1－2をアップデートするとともにトヨタ自動車東日本ホームページ参照（2020年8月30日アクセス)。

図1－3　東北における主な自動車関連メーカーの状況

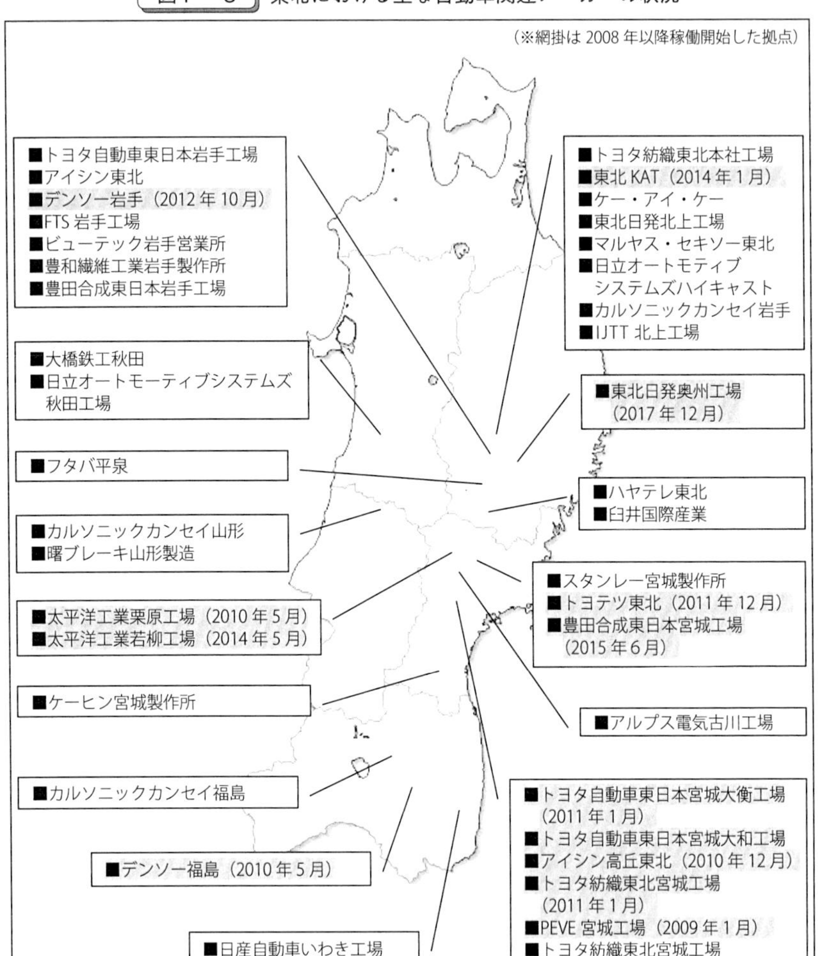

（出所）岩手県（2019）。

（1）自動車関連メーカーについて

本節冒頭でふれた東北地方で自動車関連の生産活動に従事している企業群について考えてみる。完成車を組立生産しているトヨタ自動車東日本はもちろんのこと，トヨタ自動車東日本に部品を納入している企業の大半が「進出企業」の生産部門に属しており，パラダイムシフトの先の世界について検討・研究を行っているいわば頭脳部分にあたる開発機能を備えている企業・工場は皆無に等しい。トヨタ自動車系以外の「進出企業」のうち，宮城県内に立地しているケーヒンとアルプスアルパインのアルプス部門については一定の開発機能を宮城県内にも備えているが，同時に創業の地であり本社所在地でもある関東地方にも開発拠点を構えており，先端分野の研究・開発に宮城県内の拠点がどの程度対応しているかについては過大な期待は禁物である[33)]。地場企業は，そうした進出企業に小部品を納めたり，一部加工業務の委託を受けたりしている2次・3次サプライヤーにしか過ぎず，村山（2013）が指摘したとおり，生産技術面において優れている企業は一部あるものの，進出企業と同様に充実した開発機能を備えた企業は皆無に等しい。

（2）地域の研究機関について

東北大学工学部など地域の研究機関について考えてみる。所属している研究者の一部は，CASEに関連する研究を確かに進めてはいる。その具体的な研究・取り組み内容については，第2章において村山貴俊教授が詳述されているのでそちらを参照いただきたい。ただ，そうした地域の研究機関・研究者と協働してCASEのうちの何かを担いうるだけの技術力・企業体力を兼ね備えた地場企業が東北地方に存在するかというと，残念ながらやはり皆無に等しいのが実態である。したがって，東北地方の研究者の研究成果が実用化されるためには，内燃機関自動車の際と同様に，域外の担い手となりうる企業との協働に拠らざるを得まい。

（3）東北地方が担いうる役割についての一考察

前項まで述べてきた現状認識を踏まえて，東北地方が何らかの形で自動車産業のパラダイムシフトの中で一翼を担い，地域経済の振興の一助とすることはできないのだろうか，というテーマについて以下では考察してみる。

東北地方は世界的に見ても，少子高齢化がいち早く進んでいる「先進地」の1つであることは間違いない。さらに今後，先進諸国や中国，そして東南アジアのシンガポールやタイなどにおいても，少子高齢化が急速に進行するのは確実である。すなわち，世界各地が今後相次いで直面する課題を，まさに先取りして経験しているといえる。

であるので，著しく高齢化が進んだ過疎地域に合った，低コストかつ高齢者など交通弱者にも優しいモビリティ社会に向けた実験場（いわば，トヨタ自動車の「Woven City」の少子高齢化・過疎に悩む中山間地域版）として，東北の地に研究機関や企業を誘致し，そこに地場企業も可能なところで参画させてもらいながら，研究を進められないだろうか。もちろん現代はネット全盛の時代である。製品開発においても，通信回線を介したグローバルな連携がかねてより多用されており，加えて新型コロナウイルスのパンデミックに伴う移動制限などへの対応を通じて，インターネット経由でのテレワークへの移行がさらに一層進んだのは間違いない。その一方で，バーチャルな連携の限界も浮き彫りになったことも確かにいえるのではないだろうか。すなわち，方向性がある程度定まっていれば，あとの作業はルーチン的なものが多いためにバーチャルな連携で足りることが多いのだが，次世代のモビリティビジネスの在り方については，確固たる方向性が未だ定まってはいない点が多い。こうした，いわば「ドミナント・デザイン」が定まっていない場合においては，バーチャルなアプローチだけではイノベーションは完結せず，「現場」との物理的な近接性が一定の優位性をもたらすのではないだろうか。換言すれば，有識者が必要に応じて「場」を共有しつつ，現地現物での試行錯誤や合議を重ねながら検討を進めていく必要があるのではないだろうか。その「場」を提供し，そこに地場企業や地元人材も懇篤な指導を受けながら参画させてもらえる場合にこそ，東北地方が次世代モビリティ産業に対して何らかの貢献をしてその果実を享受できる唯一で，一縷の望みがあるのではないだろうか。

【注】

1） 本章の原案は2019年10月31日に，東北学院大学土樋キャンパスにて開催した，東北学院大学経営研究所研究フォーラム「次世代の自動車産業と地域経済」における筆者の研究報告であり，その口述記録が折橋（2020）である。

2） この時期の自動車産業の歴史については，藤本（2001）50ページから57ページ参照。

3） ドミナント・デザインの概念は，Abernathy and Utterback（1978）が初めて提唱したものである。
4） 日経電子版「無形経済の道，ソニー走る　車産業を「軽く」する」2020年8月22日参照。
5） CASEのそれぞれがどの英単語の頭文字かについては実は諸説あるのだが，本章ではダイムラー社が使用しているものを採用した。https://www.daimler.com/innovation/case-2.html（2020年3月26日参照）
6） DXの定義は，経済産業省によると次の通りである。「企業がビジネス環境の激しい変化に対応し，データとデジタル技術を活用して，顧客や社会のニーズを基に，製品やサービス，ビジネスモデルを変革するとともに，業務そのものや，組織，プロセス，企業文化・風土を変革し，競争上の優位性を確立すること。」（経済産業省「デジタルトランスフォーメーションを推進するためのガイドライン Ver. 1.0」平成30年12月より引用）
7） GAFAとは，アメリカのIT業界を代表するプラットフォーマーであるGoogle（グーグル），Apple（アップル），Facebook（フェイスブック），Amazon（アマゾン）の4社の頭文字を取った総称である。
8） いすゞ自動車株式会社ホームページ参照。https://www.isuzu.co.jp/product/preism/index.html#5（2020年7月26日アクセス）
9） コンチネンタル社ホームページ参照。https://www.continental-automotive.com/ja-JP/Passenger-Cars/Autonomous-Mobility/Functions/V2X-Communication（2020年8月17日アクセス）
10） トヨタ自動車株式会社「第116回定時株主総会招集ご通知」26ページより引用。
11） トヨタコネクティッド株式会社ホームページ https://www.toyotaconnected.co.jp/service/connectedplatform.html から引用（2020年7月27日アクセス）。
12） 日経BP社『日経ビジネス』2020年2月24日号45ページ参照。
13） トヨタ自動車株式会社「第116回定時株主総会招集ご通知」26ページ参照。
14） トヨタ自動車株式会社「第116回定時株主総会招集ご通知」26ページより引用。
15） コンチネンタル社ホームページ参照。https://www.continental-automotive.com/ja-JP/Passenger-Cars/Autonomous-Mobility/Functions/V2X-Communication（2020年8月17日アクセス）
16） トヨタ自動車株式会社ニュースリリース「トヨタ，「コネクティッド・シティ」プロジェクトをCESで発表」，2020年1月7日を参照しつつ，一部改変。
17） BRTとは，Bus Rapid Transitの略。
18） MaaS Alliance ホームページ https://maas-alliance.eu/homepage/what-is-maas/（2020年8月24日アクセス）より引用（英文のみ，邦訳は筆者作成）。
19） MaaS Alliance ホームページ https://maas-alliance.eu/homepage/what-is-maas/（2020年8月24日アクセス）より引用（英文のみ，邦訳は筆者作成）。
20） もちろん，「自家用車 or MaaS」の選択には，MaaSのサービスへのアクセシビリティも，さらにいえば自己所有へのこだわりの強弱など客観化しづらい要素もやはり影響してくる。

21) 株式会社 NTT ドコモニュースリリース『仙台市とコミュニティサイクルサービス「DATE BIKE（ダテバイク）」を開始』2013 年 2 月 27 日参照。

22) アメリカ・ウーバーの 2020 年第一四半期決算発表を報じる Yahoo finance 記事「Uber eats $2.9B loss, Eats is a bright spot, offloads bikes and scooters」参照。https://finance.yahoo.com/news/uber-eats-2-9b-loss-120700868.html（2020 年 5 月 8 日アクセス）

23) Uber Technologies, Inc., "Uber Announces Results for Second Quarter 2020". ウーバー・テクノロジーズホームページ https://investor.uber.com/news-events/news/press-release-details/2020/Uber-Announces-Results-for-Second-Quarter-2020/default.aspx（2020 年 8 月 15 日アクセス）

24) アメリカ・エール大学ロースクールのホームページの 2020 年 5 月 5 日付け記事「SFALP Clinic Files Suit Against Uber and Lyft」を参照。https://law.yale.edu/yls-today/news/sfalp-clinic-files-suit-against-uber-and-lyft（2020 年 5 月 8 日アクセス）および，日本経済新聞電子版「ライドシェアの運転手は「従業員」 米上級裁が仮命令」2020 年 8 月 12 日参照。

25) https://www.dir.ca.gov/DIRNews/2020/2020-65.html（2020 年 8 月 15 日アクセス）「Systemic Wage Theft」＝体系的賃金泥棒などという表現さえも使われている。

26) この問題については，コロナウイルスのパンデミック以前から，州政府とライドシェア業者側で争われていたことは指摘しておかなければならない。

27) 待遇改善策には以下が含まれる。

1．走行時間（待機時間は含まれない）あたり最低賃金の 120％の報酬を保証。
2．走行距離 1 マイルあたり 30 セントの経費を支払う（2021 年以降は，左記金額はインフレーションにより変動）。
3．四半期毎に，平均で週 15 時間以上走行した運転手には医療保険の保険料を補助する。15 時間以上 25 時間未満の運転手には 50％以上の補助を行い，25 時間以上の運転手には 100％以上の補助を行う。
4．業務中の事故に対する労災保険。
5．業務中の自動車事故について損害賠償保険の保証。
6．差別やセクシャルハラスメントからの保護。

参考資料：カリフォルニア州ホームページ https://vig.cdn.sos.ca.gov/2020/general/pdf/topl-prop22.pdf（2020 年 11 月 8 日アクセス）および
日経電子版「ライドシェア運転手は事業主　カリフォルニア一転承認：住民投票で州法見直し」2020 年 11 月 4 日付。

28) 回生技術の基本的な仕組みについては，TDK 株式会社のホームページを参照した。https://www.jp.tdk.com/techmag/inductive/201211/index2.htm（2020 年 3 月 31 日参照）

29) トヨタ自動車株式会社ホームページ https://global.toyota/jp/newsroom/corporate/28416855.html（2020年7月28日アクセス）

30) FC（燃料電池）は，水素を燃やさずに酸素との化学反応により電気を直接取り出すため，排出するのは水のみである。水素の持つエネルギーの83%を理論的には電気エネルギーに変えることができ，高効率である。燃料電池にはいくつかの種類があるが，自動車に活用されようとしているのは，固体高分子形燃料電池である。電解質に高分子イオン交換膜を使用。作動温度は80℃～100℃と低く，小型化しても出力効率が良いのが特長だという。1枚のセルでは出力が限られるため，燃料電池として活用する際には，必要な出力を得るために多くのセルを重ねる。セルを重ねて1つのパッケージにしたものをFCスタックと呼ぶ。日本自動車研究所・水素燃料電池実証プロジェクトホームページ参照。http://www.jari.or.jp/Portals/0/jhfc/beginner/about_fc/index.html（2020年7月28日アクセス）

31) ライフサイクルアセスメントについては，加藤（2001）参照。

32) オープンイノベーションという概念は，Chesbrough, H.M. et al.（2006）において初めて提唱された。佐伯（2018）は，アメリカ・テスラの急成長の背景には，社内外の技術や知識を導入したり，逆に自社の技術等を他社に開放したりといったオープンイノベーションを活用したことがあると指摘している。トヨタが，電動車関連のコア技術の特許を無償公開しているのも，自社を中心とするオープンイノベーションのきっかけになれば，とのねらいによるものとみられる。

33) ケーヒンについては，2019年10月に同じく本田技研工業系の主要サプライヤーであるショーワと日信工業と共に，日立製作所傘下の日立オートモティブシステムズと合併することが発表され，今後は宮城県内の研究開発機能の機能縮小が予想される。株式会社日立製作所他プレスリリース「日立オートモティブシステムズ株式会社，株式会社ケーヒン，株式会社ショーワ及び日信工業株式会社の経営統合に関するお知らせ」2019年10月30日参照。

参考文献

Abernathy, W. J., and J. M. Utterback（1978）, "Patterns of Industrial Innovation," *Technology Review*, 80(7), pp.40-47.

Chesbrough, H.M., W. Vanhaverbeke and J. West（2006）, "Open Innovation: Researching a New Paradigm", Oxford University Press.（邦訳：長尾高弘訳『オープンイノベーション：組織を越えたネットワークが成長を加速する』英治出版，2008年。）

Roland Berger（2015）, "Think Act Automotive 4.0".

岩手県（2019）「岩手県自動車関連産業ビジョン」。

折橋伸哉（2013）「東北地方における自動車産業の現状」，折橋伸哉・目代武史・村山貴俊（2013）『東北地方と自動車産業―トヨタ国内第3の拠点をめぐって』創成社，

第 1 章。
折橋伸哉（2019）「後発開発途上国における自動車産業振興の可能性について：ミャンマーの事例を通じて考える」,『東北学院大学経営学論集』第 12 号, 1 ～ 11 ページ。
折橋伸哉（2020）「次世代自動車産業に向けた変化と東北地方」,『東北学院大学　経営・会計研究』, 第 25 号, 5 ページ～ 13 ページ。
加藤博和（2001）「交通分野へのライフサイクルアセスメント適用」,『国際交通安全学会誌』Vol.26, No.3, 55 ～ 62 ページ。
佐伯靖雄（2018）『自動車電動化時代の企業経営』晃洋書房。
藤本隆宏（2001）『生産マネジメント入門Ⅰ　生産システム編』日本経済新聞社。
村山貴俊（2013）「宮城県の地場企業と自動車関連産業への参入条件」, 折橋伸哉・目代武史・村山貴俊『東北地方と自動車産業：トヨタ国内第 3 の拠点をめぐって』創成社, 第 3 章。

第2章

東北自動車産業と次世代自動車プロジェクト

村山貴俊

1．はじめに[1)]

本章の狙いは，東北地方の宮城県と岩手県で展開された次世代自動車プロジェクトの内容を明らかにすることである。それら次世代自動車プロジェクトの意義と限界をより深く理解するためには，東北の自動車産業の歴史や構造の中にそれらプロジェクトを埋め込んだうえで，その取り組みや成果を分析していく必要があろう。

そのために，本章では，まず東北の自動車産業が抱える課題の析出を試みる。折橋ほか（2013）公刊以降にも我々が継続してきた秋田県や山形市，広島県や岡山県および中京圏・東海地方[2)]での行政組織や企業への訪問調査，ならびに他の組織や研究者が公刊した資料や論文などを基に，東北の自動車産業の実状と，そこに潜む問題を明らかにする。そのうえで，それら問題を生み出す原因を探ることで，東北の自動車産業が取り組むべき課題を析出する。

次いで，近時の東北の自動車産業の特筆すべき動きである２つの次世代自動車プロジェクトに目を向ける。それらプロジェクトは，工学・情報・医学系の大学研究者，行政関連組織そして自動車産業の実務家らの知恵を結集し，震災後の東北地方さらには現代の自動車産業が抱える問題に立ち向かう試みと位置づけられた（中塚，2015）。筆者は，それらプロジェクトの報告会，研究会などに出来る限り参加し，報告内容の記録ならびに会場で配布された資料の収集に努めてきた。それらプロジェクトの内容を明らかにすると共に，先述したように東北地方の自動車産業という文脈に埋め込みながらプロジェクトの意義と限界を検討する。

本稿の構成は，以下の通りである。まず2節では，東北の自動車産業が抱える問題に目を向ける。ここでは，東北経済産業局がホームページ上で公表した調査報告書の中に示されたトヨタ自動車東日本(株)（以下，必要に応じてTMEJと略記）を中心とする東北地方での現地調達率（以下，現調率と略記）のデータを基に，東北域内での1次サプライヤーと2次サプライヤーの間の現調率が低いという問題に着目する。加えて，東北地方の1次サプライヤーの多くが大手部品メーカーの生産拠点や地域子会社であることも指摘し，1次および2次の各層で東北の地場中小企業の参入が進んでいない実状を明らかにする。

3節では，そのような問題を生み出す原因を探り，東北の地場企業や行政組織が取り組むべき課題を析出する。それら原因として，自動車産業先進地域の2次サプライヤー群と東北の地場企業との競合関係，ならびに東北地方における部品調達権限の不在を指摘する。そのうえで，それら原因を克服する方策として，生産技術革新の推進および中京圏・東海地方に集中する部品調達権限への接近の必要性を指摘する。

4節では，東北地方での自動車産業発展に向けた近時の取り組みの1つとして，2012年に文部科学省の補助事業として立ち上がった宮城県と岩手県での次世代自動車プロジェクトを取り上げる。そこでは，同プロジェクトの狙いや取り組みを概観すると共に，東北の自動車産業が抱える問題や課題に対して，どのような意義あるいは限界が認められるかを考察する。

2. 東北の自動車産業が抱える問題

(1) 産業とは

東北の自動車産業が抱える問題を論じる前に，そもそも「産業」とは何か，という点を簡単に考察しておきたい。ここでは経済学や経営学に依拠した学術的定義ではなく，より一般的な観点から産業の意味を捉える。産業は，英語で“industry”である。研究社『新英和大辞典』（第6版）によれば，その原義は「*indu* = in + *struere* = to build up」，すなわち「building up within」である。すなわち「中に築くこと」という意味である。

また，『日本国語大辞典』（*JapanKnowledge Lib* 所収）により，日本語の「産業」を調べると，701年『続日本紀』の中に既にその表記が見られるという。同辞書によると，元々は「生活を営むための仕事。さまざまな職業。なりわい。生業。さんごう。資産，財産」という意味であった。現代的な意味，すなわち「近代における生産を目的とする事業」という意味合いで使われ始めたのは，1800年代後半と比較的新しいという。日本語の産業の元々の意味は，生活のための仕事，職業，生業である。

さて，上述の英語と日本語の意味を基にして，東北の自動車産業とは何か，あるいは，どうあるべきか，という問いを発してみると，次のように考えることができよう。すなわち，東北という地域の中に，自動車の製造や販売に関わる様々な仕事を生み出し，その結果として，東北の企業の経営そして東北の人々の生活が営める状態になることである。このような状態になって，初めて東北地方に自動車産業が形成されたといえるのかもしれない。

次項以下では，現調率のデータに着目することで，東北地方の地場中小企業の参入が十分に進んでいない，言い換えれば東北での自動車生産は，まだ「産業＝中に築く」という状態になっていない現況を浮き彫りにする。

（2）現地調達率の実状

図2－1は，東北経済産業局がホームページで公表していた資料『平成25年度東北地域の自動車関連企業における立地動向調査』（2014年2月）（調査実施機関：みずほ総合研究所(株)）[3]に基づき，東北におけるトヨタ自動車東日本を中心としたサプライチェーン内の各段階の現調率を示したものである。現調率の計算には様々な方法（域内付加価値額あるいは総部品点数や総部品購入価格に占める域内調達部品の比率）があるが[4]，残念ながら上掲の資料にはその計算の方法や基準が注記されていない。またその数字の根拠となる出典（いつ，どこで，だれにインタビューしたものか。どの資料に依拠しているのか）も明確に示されていな

図2－1　東北のサプライチェーンと現地調達率

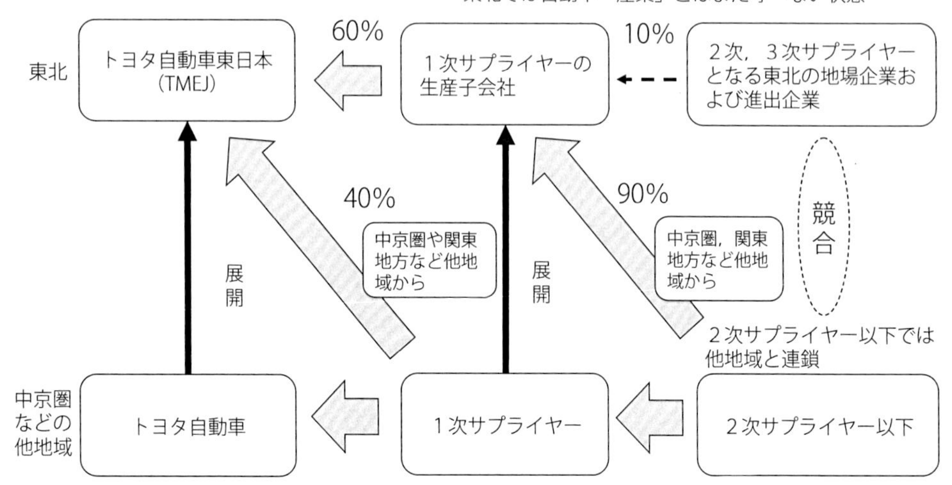

（注1）％は現調率を意味する。現調率の数値は東北経済産業局『平成25年度東北地域の自動車関連企業における立地動向調査』による推定値に依拠。調査実施機関は，みずほ総合研究所（株）となっている。ただし，根拠や主典が細かく表記されていない調査報告書であり，数値および分析の信頼性に不安が残ると言わざるを得ない。また，資料内の作図がやや難解で，理解が難しい部分が残る。

（注2）上掲の東北経済産業局の調査報告書では，Tier（層）と記されているが，本章では一般にも分かりやすいように，Tier1を1次サプライヤー，Tier2・3を2次，3次サプライヤーと表記した。

（注3）上掲の東北経済産業局の調査報告書では，Tier1＝1次とTier2・3＝2次・3次との間に「ハードル」があると記されているが，Tier2がTier1になるための障害を意味するのか，それとも現調率が低いことを意味するのかが，やや不明である。

（出所）東北経済産業局『平成25年度東北地域の自動車関連企業における立地動向調査』およびその資料を基に作成した村山（2016a），2ページの図を一部修正のうえ転載。

い。さらには，何を対象に現調化率を計算したのか，すなわち，部品，治工具，資材，その他サービスのうち，どの範囲を対象としているのかも不明である。このように数字の内容や根拠にやや不安な点があるが，東北経済産業局が公表している資料であることから，その数字には一定の信頼性があると考えられる。

①　TMEJと1次サプライヤーとの関係

同資料によれば，TMEJの東北域内からの現調率は60％程度であり，（どの地域を比較対象にするかにもよるが）それほど低い数字ではない。さらには，2次・3次サプライヤーを基盤として現調率を80％にするという目標値まで示されている（ただし，誰の目標値であるかは不明）。

また2019年4月に筆者が参加したTMEJへの訪問調査[5)]では，TMEJの域内仕入先の拠点数が，2011年＝100社から2018年＝150社へと5年間で50社増えたとの説明があった。ただし，これら仕入先が，部品や治工具だけなのか，ユニフォーム，事務用品，社屋メンテナンス，社員食堂の食材などTMEJが域内から仕入れる全てのモノとサービスを含んでいるのかは不明である。ただし『日本経済新聞 電子版』（2019年9月13日付）の記事には[6)]，2019年3月時点で，TMEJが，東北の地場のプレス部品や内装部品の主要取引先を設立当初の1.5倍の150社に拡大し，2,300人の雇用を生み出したと明記されている。一方で，同記事には，地場からの調達が増えたが，「まだ中部の部品メーカーからの調達も目立つ」とも記されている。また，同記事の中の東北の地場＝150社が，我々が確認した2018年＝150社と同じものを指すのかははっきり分からない。我々が調査した際には，地場の部品サプライヤーの数であるという明確な説明はなかったと思われ，あくまでも域内での仕入先数として提示されていたのではないかと考えられる。

さらに我々の調査時には，TMEJ協力会東北部会への参加企業が250社であるとの説明も受けた。ただし，これら250社に関しても，既に取引がある企業なのか，これから取引を目指す企業も含まれるのか，東北域内に拠点をおく企業なのか，東北の地場の企業なのか，あるいは中京圏や関東地方など他地域の企業群も含まれているのか，という点は不明であった。すなわち，TMEJの東北域内での調達活動に関連するいくつかの数字や動向は確認できるが，それら数字や動向が意味する内容および実態は正確につかめていない。

ちなみに村山（2013b）では，岩手県の提供資料などに依拠して，関東自動車工業岩手工場の現調率の推移を明らかにした。関東自動車工業岩手工場は1993年に操業を開始した。同工場の1993～97年頃の現調率は18％，1998～2003年頃の現調率は34～35％程度，2004年以降は42％になった。この間，岩手工場の生産規模は拡大しており，2000年頃に10万台から15万台に，2005年に岩手工場第2ラインが完成して30万台になった。そして，TMEJ発足時2012年の同社の生産数量は約53万台であった（東北経済産業局，2014）。

拙稿では，生産規模の拡大，そして新車や新モデル投入のタイミングに合わせて，現調率が徐々に上昇してきたと分析された。

さらに，2012年に旧・トヨタ自動車東北にあたるTMEJ宮城大和工場で，エンジン組立が始まった。そこで組み上げられたエンジンがTMEJの岩手工場と宮城大衡工場に供給されることで現調率が45％から60％程度に一気に跳ね上がるとも以前から言われていた（村山，2013a，31ページ）。宮城大和工場から岩手工場や宮城大衡工場へのエンジン供給はTMEJの企業内取引に相当するため，その取引が上述の現調率の数字に含まれているのかは正確に把握できないが，このエンジン組立の開始が60％という現調率に大きく寄与した可能性がある。とすれば，このエンジンに組付けられる部品に域内企業が参入できていなければ，域内からの調達が，それほど伸びているわけではないと考えることもできる。もちろん宮城大和工場でのエンジン組立それ自体は，宮城県内の域内付加価値の上昇ならびに雇用創出にも資するので，地域経済にプラス効果をもたらすことはいうまでもない。

② 1次サプライヤーと2次・3次サプライヤーとの関係

もう1つ下の層，すなわち1次サプライヤーと2次・3次サプライヤーとの関係に目を転じると，現調率が10％程度にまで一気に低下する。なお，東北経済産業局の資料では，2次と3次が区別されておらず，「2次・3次」とまとめて表記されている。すなわち，2次以下の層という扱いになっていると考えられる。

同資料の10％という数字の信憑性を確認する狙いで，2019年4月のTMEJへの訪問調査において同社関係者に，東北域内での1次サプライヤーと2次・3次サプライヤーの間の現地調達率の状況を尋ねてみたが，残念ながら，TMEJ自体は2次・3次サプライヤーと直接取引をしていないため，状況を把握していないとの回答しか得られなかった[7)]。このことから，やはり東北経済産業局がホームページで公表していた10％という数字を前提に議論を進めるしかないだろう。

では，東北域内の1次サプライヤーによる東北域内からの現調率が10％であるとすれば，1次サプライヤーが調達する部品や治工具などの大半（90%）は，どこから来るのか。それらは，トヨタ系の自動車産業関連企業群が集積する中京圏・東海地方，あるいは旧・セントラル自動車や旧・関東自動車工業の生産拠点があった関東地方などから運ばれてきている，と考えられよう。要するに，東北に生産拠点を置く1次サプライヤーが他地域（＝東北域外）から運ばれてくる部品や治工具を用いて部品を組み上げ，それをTMEJに供給しているという構図が自ずと浮かび上がってくる。

やや古い事例ではあるが，2008年時点で旧・トヨタ自動車東北（現，TMEJ宮城大和工場）が用いる約800点の部品の大半は，愛知県のトヨタ上郷物流センターで集約され，そこで一日あたりトラック5〜6台分に相当するコンテナに積載され，一日1回のコンテナ船で仙台港まで運ばれてきていた。仙台港に運ばれた部品は，港からトラックで3時間おきに大和町の旧・トヨタ自動車東北の工場内ストックヤードに陸送されていた。この間の日数は，物流倉庫での滞留を含めて4日であった。一方，旧・トヨタ自動車東北で組み上げられた部品は，旧・関東自動車工業岩手工場，さらに北海道や中京・東海地方のトヨタの工場に向けて出荷され，足回りの大型部品などに組付けられていた（村山，2013a，30ページ）。ここでユニット製造会社の旧・トヨタ自動車東北を東北域内の1次サプライヤーに準えると，まさに1次サプライヤーに相当する旧・トヨタ自動車東北が中京圏から運ばれてくる部品を組み上げ，ボデーメーカーの旧・関東自動車工業岩手工場に供給していくという構図になっていた。

また，愛知県のボデー金型を手掛ける中小企業への聞き取り調査の中で，同社会長は，東北で必要とされるトヨタの部品や治具は「全部，名古屋から送っている」と述べていた[8)]。もちろん既にみたように，TMEJと1次サプライヤーの現調率は約60%であるため，「全部」というのはやや言い過ぎである。また後ほど述べるが，旧・トヨタ自動車東北でも，トルクコンバーターの部品や生産設備関連で地場中小企業が参入できていたため，全ての部品が他地域から運ばれてきていたわけではない。

しかし，1次と2次以下の間の現調化率＝10%という現況は，上述の経営者の「全部」という表現に近いともいえなくはない。そのほか，愛知県の自動車用ランプ金型を手掛ける中小企業への聞き取り調査でも，関東の大手ランプメーカー経由で東北の企業に部品加工が委託される際，そこで使われる金型を同社が愛知県から供給しているという（村山，2019）。さらに，東北にも生産拠点を擁するトヨタ系サプライヤー・太平洋工業にも部品を供給している中京圏の中小プレスメーカーの経営者も，2020年2月の調査時点で，中京圏から東北に多くの部品を送っているのが実状であろうと述べていた[9]。もちろん，これら事例は単なる傍証にしか過ぎないが，東北におけるトヨタの自動車生産は，他地域，とりわけ中京圏・東海地方の企業群にかなり依存していると考えた方が良いだろう。

以上の分析によれば，東北のTMEJを中心とする部品調達とサプライチェーンは，東北に生産拠点を擁する1次サプライヤーが，中京圏・東海地方や関東地方など他地域から運ばれてくる部品や治工具を使って部品に組み上げ，それらをTMEJに供給するという構造になっている。そのため，TMEJと1次サプライヤーとの間の現調率は60%にまで上昇しているが，その下の層の現調率は10%と低く止まっている。先に，産業には「中に築くこと = building up within」という原義があると述べたが，東北域内においてサプライチェーンの連鎖が完結していないため，東北の自動車産業は未だ「産業」と呼べる状況になっていないといえる。

（3）東北の1次サプライヤー群とは

TMEJと1次サプライヤーとの間の現調率は60%となっていたが，TMEJに部品を供給する東北域内に生産拠点を擁する1次サプライヤーとは，どのような企業群であろうか。それら企業の多くは，他地域に本社がある大手部品メーカーの生産拠点あるいは生産子会社であると推察される。

繰り返し述べるが，2007年頃に旧・セントラル自動車は，本社工場を宮城県大衡村に移転し，2010年10月の操業開始を予定していると発表した。なお同工場の実際の稼働は，リーマンショックの影響で2011年1月にずれ込んだ。この旧・セントラル自動車の移転計画の発表に伴い，トヨタ系大手部品サプライヤーが東北に新たな生産拠点を設立する計画を次々と発表した。例えば，

2007～08年には，ブレーキ，エンジン部品，鋳造部品を製造するアイシン高丘が宮城県大衡村に，パナソニックとトヨタの共同出資会社でありHV用ニッケル水素電池を手掛けていた旧・パナソニックEVエナジー（現，プライムアースEVエナジー）が大衡村に隣接する大和町に，シートなどの内装品を生産するトヨタ紡織が大衡村に，カーエアコンを生産するデンソーが福島県に，それぞれ生産拠点を設置する計画があると発表した。

その後も，自動車ボデーのセンターピラーを生産するトヨテツ東北が宮城県登米市に，HV用バッテリー鉄板カバーを生産する太平洋工業が宮城県栗原市に，デンソーが福島県に加えてデンソー岩手を岩手県に，センサーハーネスを生産するジーエスエレテック東北が宮城県角田市に，エンジンカバーやメーターカバーを生産する共伸プラスチックが宮城県大崎市に，ホイールを生産する中央精機東北が大衡村に，シート・ドア部品を生産するシロキ工業がトヨタ紡織東北宮城工場内に，浅井鉄工がトヨテツ東北の敷地内にそれぞれ拠点を設置した。以上で見たように，セントラル自動車による本社工場移転とその後のトヨタ自動車による東北での国内第3の生産拠点化という動きが，トヨタ系大手部品サプライヤーの東北への進出を促した。さらに浅井鉄工，シロキ工業のように取引先の大手サプライヤーの進出に追随し，東北への進出を決定した2次サプライヤーもあった。

また折橋（2013）は，これら進出企業群は，上述の旧・セントラル自動車の宮城県への移転計画を契機に進出を決定した企業と，旧・関東自動車工業岩手工場向けに比較的早い時期から進出していた企業とに分けられると指摘した。時間の順序が逆になるが，後者のグループにも目を向けておきたい。例えば，関東自動車工業岩手工場の開設に合わせて操業を開始した岩手県金ヶ崎町のアイシン東北，同県平泉町のフタバ平泉，同県北上市のトヨタ紡織東北などである。折橋（2013）によれば，旧・関東自動車工業岩手工場が調達する部品の多くも，一日2便のコンテナ列車によって愛知県などから運ばれてきていた。そして，物流効率の改善を狙いとして，2003年に関東自動車工業岩手工場敷地内にサテライトショップが開設された。同サテライトショップには，関東シート製作所，豊和繊維岩手製作所，豊田合成，豊田紡織が入居し，そこから工場

図2－2　協豊会メンバーの東北地方での拠点設置の推移について

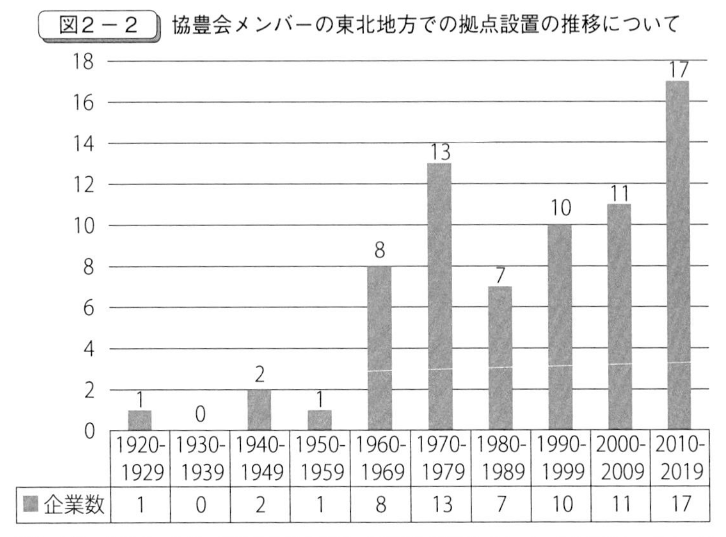

	1920-1929	1930-1939	1940-1949	1950-1959	1960-1969	1970-1979	1980-1989	1990-1999	2000-2009	2010-2019
■企業数	1	0	2	1	8	13	7	10	11	17

（注）本図の基礎データは，折橋伸哉氏が集計。折橋氏は協豊会メンバーの企業のホームページを１つずつ丹念に調べて各社の東北地方の拠点を列挙した。そのデータを基にして，村山が10年ごとに集計しグラフを作成した。
（出所）Murayama and Orihashi（2019），p.4より翻訳のうえ一部修正して転載。

敷地内物流として旧・関東自動車工業岩手工場に部品供給されていた。

Murayama and Orihashi（2019）では，東北学院大学経営学部教授・折橋伸哉氏が収集した基礎データに依拠し，トヨタ自動車協力会「協豊会」の参加企業の東北への進出状況を表す図２－２を示した。その図をもとに，協豊会メンバーの10年ごとの東北への進出状況を概観する。協豊会には，１次サプライヤーだけでなく２次サプライヤーも含まれているため，同図も２次サプライヤーを含んだ数字になる。なお，中京圏・東海地方で２次サプライヤーの位置づけの企業が，他地域では１次という位置づけになることもあるため[10]，サプライチェーン内での各社の位置づけは可変的であると断っておきたい。

合計で70拠点の進出があるが，まず目に付くのは，2010年以降に最も多い17の拠点が設置されていることである。これらの多くは，旧・セントラル自動車の移転計画やトヨタの国内第３の生産拠点化の動きに呼応して進出してきた企業群であろう。また，旧・関東自動車工業岩手工場は1993年に操業を開始しており，1990～99年＝10拠点，2000～09年＝11拠点が設置されていた。

これらの多くは，旧・関東自動車工業岩手工業向けに比較的早い時期に東北に進出した企業群といえよう。

なお，1970～79年にも13拠点が設置されているが，それらの理由を明確に示す根拠を筆者は持ち合わせていない。しかし，秋田県のいくつかの自動車部品製造企業を調査した際に，もともと生産拠点が置かれていた地域（関東や東海地方）での人材確保の難しさ，あるいは近隣地域の住宅地化に伴う近隣からの騒音苦情などによって，良質な人材を相対的に安く雇用でき[11]，また広くて安い土地が確保しやすい東北に移転してきたという理由が聞かれた。1970～79年の企業数の多さは，こうした理由によって一部説明できるかもしれない。

以上のように協豊会に参加できるような優良サプライヤーが東北地方に生産拠点や子会社を設置しており，こうした拠点群が東北域内においてTMEJ向けの１次サプライヤーの役割を担っていると推察される。

もちろん，こうした大手サプライヤーの拠点や子会社だけでなく，東北の地場企業が１次サプライヤーになる場合もある。例えば，筆者らの調査の中では，宮城県において２社の存在が確認された。うち１社は，宮城県山元町に本社をおくダイカストメーカーの岩機ダイカスト工業(株) である（村山，2013aのC社を参照されたい)。同社は，2008年から旧・トヨタ自動車東北向けにトルクコンバーターの構成部品であるステータホイールを製造・供給しており，宮城県内で最も力のある地場中小部品メーカーといえるだろう。さらに，同社は，その技術力とコスト競争力を認められ，愛知県のトヨタ自動車広瀬工場向けにバルブマチックの構成部品を生産・供給することになった。岩機ダイカスト工業は，TMEJ向けの地場１次サプライヤーであると同時に，中京圏のトヨタ自動車本体にまで部品を供給する有力サプライヤーとなっている。もう１社は，宮城県石巻市に本社をおく樹脂成形メーカーの東北電子工業(株) である。同社は，中京圏の部品メーカーが受注したプライムアースEVエナジー向けのバッテリーケースの樹脂成形部品の製造業務を受託した。つまり，中京圏の部品メーカーが，宮城県のプライムアースEVエナジーに部品を供給するにあたり，宮城県内の製造拠点として東北電子工業に製造を委託したのである。さらに，中京圏の部品メーカーが，TMEJ 岩手工場で生産されるアクアのヒーターコントロールパネルやコンソールボックスの樹脂部品を受注したため，東北電子工業がそれら部品の製造も受託した（萱場，2013)。ただし，東北電子工業の場合は，物流上ではTMEJ 岩手工場に部品を納入する1次サプライヤーの位置づけであるが，商流上では中京圏の部品メーカーが受注した仕事を請負う2次ないし3次サプライヤーであり，実質的には1次サプライヤーと呼べない。ちなみに，部品ではないが，旧・トヨタ自動車東北に生産設備を納入してきた宮城県岩沼市に本社をおく引地精工(株）があり，生産設備の分野ではかなりの力を有する地場優良中小企業の1社である（村山，2013a のB社を参照されたい)。

岩手県には，地元の産業コーディネーターが，北上市の3社を連携させた「プラ21」と呼ばれる企業グループがある（鈴木，2013)。同グループは，2006年から旧・関東自動車工業岩手工場向けに射出成形部品を生産・供給しており，地場の1次サプライヤーに相当するといえよう（村山，2013b および鈴木，2013を参照されたい)。もちろん，これらの企業以外にも，1次サプライヤーとしてTMEJ 向けに部品を直に生産・供給する東北の地場中小企業があるとは思われるが，その数は未だ少ないと考えられる。

すなわち，東北域内の1次サプライヤーの大半は，他地域から進出してきた大手部品メーカーの生産子会社あるいは生産拠点によって構成されていると考えて良いだろう。

（4）東北の自動車産業の問題点とは

以上の現調化の状況を踏まえ，東北の自動車産業が抱える問題を析出したい。

問題の第1は，上で述べたように東北地方での1次サプライヤーの東北域内からの現調率が，わずか10%に止まっている点にある。残り9割は東北域外から運ばれてきており，東北域内の1次サプライヤーが，それら部品を用いてより大きなサイズの部品やユニットに組み上げTMEJ に供給していることになる。すなわち，東北域内での1次サプライヤーと2次サプライヤー以下との間にサプライチェーンの断絶があり，むしろ中京圏・東海地方や関東地方という東北から距離の離れた地域に繋がっているのである。

東北の地場中小製造企業にとって2次や3次サプライヤーの層に大きな参入機会があるとされ，地場中小企業からは，大手部品メーカーの生産子会社が（1次サプライヤーとして）東北に進出してくることを歓迎する声もきかれた（村山，2013c，112ページ）。また，秋田県の自動車産業振興政策は，県内企業を3次サプライヤーとして参入させることに照準を合わせていた（村山，2015a）。しかし，現調率＝10％という数字を見ると，東北の地場中小企業は，これまでのところ，その機会を十分に活かせていないと考えられる。

問題の第2は，TMEJによる1次サプライヤーからの現調率は60％となっていたが，それら1次サプライヤーの多くが，中京圏・東海地方や関東地方などに本社機能を置く大手部品メーカーの生産拠点と子会社で構成されていた点である。もちろん，他地域から1次サプライヤーの生産拠点が進出してくることで，東北域内での付加価値の向上，雇用拡大や所得向上，そして地方公共団体の税収増加など地域経済へのプラスの波及効果が期待される。これまで筆者らが調査してきた中では，宮城県の岩機ダイカスト工業，岩手県のプラ21など，非常に限られた数の地場企業やグループのみがTMEJの1次サプライヤーとして活動できているに過ぎなかった（ただし，それらの企業も商流上の1次サプライヤーであるのかどうかは不明である。中間に与信を提供する商社などが入っている場合があるが，そこまでは調査できていない）。岩機ダイカスト工業やプラ21のような前例があるため全く不可能とはいえないが，東北の地場企業が1次サプライヤーの層に参入することはかなり難しい。TMEJとしても，当面は，中京圏・東海地方の実績のある大手部品メーカーの東北への拠点設置を促すことで現調率を上げ，輸送コストの低減やJIT体制の構築を進めることになろう。

以上により，TMEJを中心とする東北域内のサプライチェーンの中で，東北の地場中小企業の存在感はかなり薄いと言わざるを得ない。東北の地場中小製造企業が1次のレベルに参入できないのは能力的に仕方がない。しかし，東北の地場企業にとって大きなビジネス・チャンスになると当初見られていた2次以下のレベルへの参入が進んでいないのは産業振興政策上やや問題がある。将来的に1次サプライヤーに近い役割を担える（岩機ダイカスト工業のような，あるいは，いわて産業振興センターの久郷和美氏が以前から主張していた1.5次メーカー[12]のような）東北の地場企業を育成していくためにも，まずは2次以下のレベルに参入できる企業の存在が必要になる。しかし実際には，2次以下を担える東北の地場企業が育っておらず，サプライチェーンが東北域外に繋がってしまっているのである。

3．問題の原因を探る

本節では，前節で浮き彫りにした問題，すなわち2次以下に東北の地場企業が参入できていない理由と原因を探る。ここでは，中京圏・東海地方など他地域の2次サプライヤーとの競争関係，そして東北地方における調達権限の不在という2点に着目する。

（1）他地域との競争

前掲図2－1から明らかなように，東北の地場企業が2次サプライヤーの層に参入するためには，東北地方に生産拠点をおく1次サプライヤーが部品を調達している中京圏・東海地方などの既存2次サプライヤーに，（当然，品質を前提にして）コストと価格で勝つことが条件となる。しかし，それが出来ていないので参入が進まないと考えられる。

以下では，総コストを，製造コストと輸送コストとに大まかに二分して考察する。TMEJの生産拠点に近い東北の地場企業は，輸送費で優位に立てると考えるのが一般的かもしれない。しかし図2－3に見られるように，2次サプライヤーが手掛ける部品は，総じてサイズが小さく荷姿の良いものが多いため，遠方から運んでもそれほど輸送費が嵩まない。他方，1次サプライヤーが手掛ける部品，ユニット，モジュールはサイズが大きく輸送費が嵩むため，近接地からの供給が不可欠となる。特に，自動車のシートや塗装済みバンパーなどは，サイズが大きく荷姿が悪いうえに，輸送中の汚れやキズによって不良品になってしまう。これらが，真っ先にシートメーカーが自動車組立工場の隣接地に進出してきたり，バンパーの成形・塗装がボデーメーカーの工場内で内製

図２－３　各層が取り扱う部品サイズについて

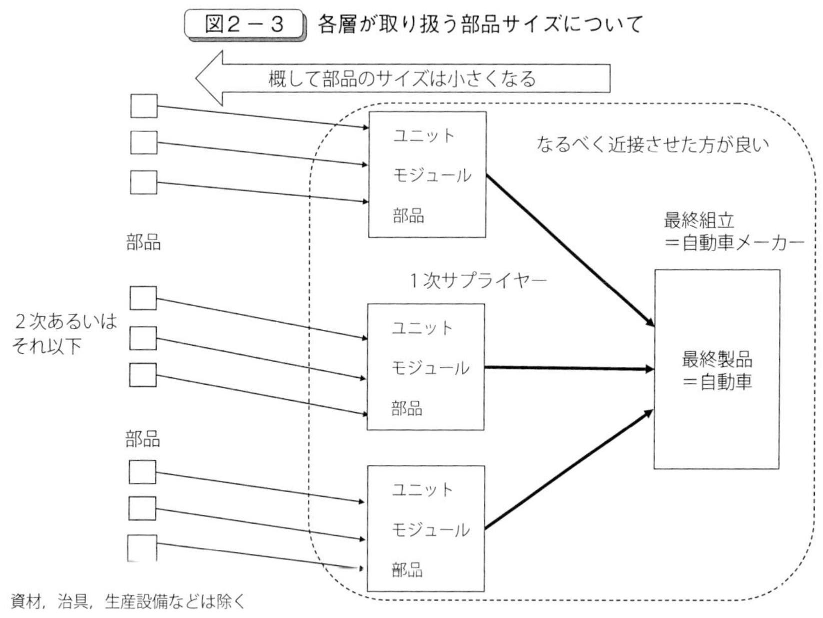

（出所）Murayama and Orihashi（2019）のFigure3を翻訳のうえ一部修正して転載。

化されたりする理由である（村山，2013a；Murayama and Orihashi, 2019）。

部品サイズによる輸送コストの違いと調達先の選択について，より具体的に理解しておきたい。例えば，自動車シートなどの大物の完成部品を遠方から運んでくると輸送効率が非常に悪くなるが，自動車シートのリクライナやリフタに組付けられるギアなどの小物部品は遠方から運んできてもコストが余り嵩まない。小物部品を製造する工場や工程を東北に新たに設置する際の固定費，東北の地場企業が小物部品を新たに製造するための新規設備を導入する際の固定費，さらに生産ライン変更に伴う認証の手間や初期の不良リスクなどを考えると，小物部品については遠方の既存サプライヤーから運んできた方が総合的に見て有利になるということであろう。もちろん重量物の金型などは１個あたりの輸送費が高くなる。しかし，一定の耐久性を有する金型は，配送頻度が少なく済むため輸送費の負担はそれほど大きくならないだろう（ただし，金型の修繕作業は近場で行った方が良い）。

また，輸送手段に目を向けると，先述したように旧・トヨタ自動車東北（現，

TMEJ宮城大和工場）や旧・関東自動車工業岩手工場（現，TMEJ岩手工場）では，中京圏・東海地方からコンテナ船や貨物列車を使って部品が運ばれてきていた。一般的に長距離輸送では，トラックよりも，コンテナ船や貨物列車の方がコスト的に有利になると言われている。もちろん，コンテナ船や貨物列車を使っても，港や駅から工場までの運搬にトラックを使わざるを得ないため，全体の輸送経路はコンテナ船（長距離）とトラック（短距離）あるいは貨物列車（長距離）とトラック（短距離）という組合せになる。しかし，大部分の輸送行程でコンテナ船や貨物列車が使われるため，輸送距離が長い割には輸送コストが跳ね上がらないと考えられる。なお1tの貨物を1km運ぶ際の二酸化炭素の排出量は，営業用貨物車（トラック）が240gであるのに対して船舶39g，鉄道21gとされ，長距離を運搬する際の環境負荷も相対的に少なくて済む。環境負荷の軽減という側面からも輸送手段の変更（トラック → 船舶，鉄道），いわゆる「モーダルシフト」が注目されている[13)]。

かたや，東北の地場企業などが東北の1次サプライヤーに部品を納品する際は，トラックによる陸送とならざるを得ない。さらに，東北地方は地理的に広いうえに，日本海側の各地域から山越えで運搬してくる際には冬場の雪や路面凍結による交通混乱が生じる可能性もある。東北域内といっても，地域によっては物流効率が非常に悪くなることがある。村山・秋池（公刊予定）の論文の中でも，トヨタ関連の仕事の獲得を狙う秋田県の中小企業が，こうした輸送面での不利を抱えていることが明らかにされた。また秋田県の支援組織においても，TMEJに関連する部品の受注に向けて，物流がボトルネックの1つになると認識されていた（村山，2015a）。自動車部品を生産する中小企業が一定の地理的範囲内に集積している場合は，共同配送やミルクランなどを利用して陸送コストを引き下げることもできるが，現状において，東北ではTMEJや1次サプライヤーの工場に近接する地域に中小企業の集積が進んでいるとはいえず，共同配送やミルクランの導入も難しいだろう（ちなみに，九州ではミルクランが一部活用されている）。

すなわち，総コスト＝製造コスト＋輸送コストと大まかに捉えた場合，上述したように中京圏・東海地方や関東地方などの2次サプライヤーから運ばれてきている小物部品の輸送コストがそれほど嵩まないとすれば，同じような小物部品への参入を目論む東北の中小地場企業は輸送コストでそれほど優位に立てないことになる。すなわち，「他地域の製造コスト＋他地域からの輸送コスト＞東北の製造コスト＋東北域内での輸送コスト」という不等式の成立こそがコスト面で見た最低限の参入要件になるわけだが，輸送コストでそれほど優位に立てない（すなわち≒）とすれば，「他地域の製造コスト＞東北の製造コスト」という条件が課されることになる。これに加えて，調達先変更に伴う新たな製造ラインの認証の手間，ライン変更に伴う不良発生のリスク，そして既存の取引先との取引停止を決定する調達担当者の心理的負担などが，調達先の選択に影響を及ぼすことになろう。このことから，新規参入を狙う東北の地場企業は，そうした手間，リスク，心理的負担を負ってもなお調達担当者に調達先を変更したいと思わせられるコスト上のメリットを提供する必要があろう。

ただし，自動車先進地，例えば中京圏・東海地方の２次サプライヤーとの製造コストをめぐる競争に勝つことは容易ではない。まず，やや巨視的な視点で見ると，中京圏・東海地方と東北地方ではトヨタ車の生産台数に大きな差がある。トヨタ自動車のホームページによれば，中京圏・東海地方のトヨタ車の生産台数約 170 万台（含む，トヨタ車体）に対して，東北は約 50 万台と３分の１に満たない規模に過ぎない（ただし，2018 年２月 20 日付の情報に基づく 2017 年 12 月時点の数値）[14]。よって，規模の経済性によるコスト低減効果が異なってくる。仮に中京圏で 170 万台分の部品を生産している企業が，東北地方向けに追加で 50 万台の部品を生産すれば，規模の経済性がかなり発揮される。これに対して，新規参入を狙う東北の地場企業は，新規設備を導入したうえで 50 万台分の部品を生産することになる。こうした規模の経済性によるコスト低減効果は高い参入障壁になる[15]。

しかも近時に至って，TNGA（Toyota New Global Architecture）などによる車種間のユニットや部品の共通化が進んでおり，規模の経済性によるコスト低減効果がより働くようになっている。さらに，１次サプライヤーが調達する部品では，カーメーカーの枠を越えて部品共通化が進んでいる。例えば，中京圏の順送プレス加工メーカーの伊藤製作所・伊藤澄夫社長によれば，自動車シートの中に組付けられるギア部品は，ほぼ全ての自動車メーカー（三菱自動車を除く）のシートで共通化されているという（村山，2016b）。中京圏・東海地方には，トヨタ以外にも自動車工場があり約400万台の自動車が生産されているとされ[16)]，トヨタの170万台を超えた規模の経済性が働く可能性がある。

こうした規模の経済性の参入障壁に加え，東北の地場企業は，中京圏・東海地方の先発2次サプライヤーの高度な設計・生産能力とも競争する必要がある。これまで筆者は，いくつかの論文を通じて中京圏の部品・金型中小企業の競争力の源泉を分析してきた（村山，2016a，2016b，2018，2019；Murayama，2017）。そこでは，中京圏の中小製造企業の強さの源泉として，生産技術革新と事業国際化の同時的推進が確認された。

2次サプライヤーにとって，1次サプライヤーから発注された部品をいかに効率的に生産できるかが競争力の源泉となる。もちろん，生産を効率化できるように形状変更の提案を行うことはできる。しかし，2次サプライヤーの場合は，発注側で形状と機能がほぼ決定された貸与図方式での受注が基本になるため，形状や機能を大幅に変更することはできない。よって，発注側から発注される部品を，いかに効率的に生産し，いかに製造コストを引き下げられるかが，受注の継続，新規受注の獲得ひいては利益の拡大に資することになる。その具体的な方策として，例えば工程内のムダやムリを取り除く改善活動，あるいは新たな生産技術の開発などがある。中でも，後者の生産技術革新の推進は，大きなコスト低減に結びつく可能性がある。

例えば，村山（2016a，2016b）やMurayama（2017）では，三重県四日市市に本社がある順送プレスメーカー・伊藤製作所の生産技術革新の取り組みを明らかにした。同社は，1次サプライヤーを経由して様々なカーメーカー向けの部品を手掛ける独立系2次サプライヤーである。同社は，工程統合という手段で，生産技術の高度化を進めている。同社が手掛ける部品は自動車向けの精密プレス部品であり，それを順送プレスという生産技術で製造している。順送プレスそれ自体が，複数のプレス工程を1つの金型に取り込んで加工する非常に効率的な生産技術である。さらに同社は，順送プレスの後工程で行っていた切削加工やドリル加工を順送プレスの金型の中に取り込み，最終形状をワンショットで仕上げる生産技術を新たに導入した。ちなみに，これら生産技術は，一般的に順送冷間鍛造，板鍛造，打ち抜きプレス加工と呼ばれる。この新規の生産技術を実現するためには，プレス機の動作や潤滑油に関するノウハウの蓄積が求められる。この新技術により，部品の単価が100円から15円に下がったという。また，ワンショット化によって後工程の加工忘れなどの現場のポカヨケにも繋がり，客先での不良率が格段に下がった。すなわち，生産技術の革新により，コスト低減と品質向上が同時達成されたのである。

このように中京圏の２次サプライヤーは，生産技術の革新を推進することでコスト優位性を構築している。東北で２次サプライヤーに参入しようとする地場中小企業は，こうした強力な先発企業との製造コストをめぐる競争に勝たなくてはならない。もちろん，まったく勝ち目がないわけではない。例えば，先に述べた宮城県山元町に本社をおく岩機ダイカスト工業という地場中小企業は，これまで先発企業が切削加工によって精度を出していたバルブマチックの部品を，ダイカストと簡単なプレス加工の組合せで生産することに成功した。これにより既存部品の４割というコストを実現し，トヨタ自動車本体の広瀬工場への納入に成功した。このように，TMEJのサプライチェーンへの参入を目論む東北の地場企業は，生産技術の高度化を推進し，中京圏の競合企業を凌ぐコスト削減を実現しなくてはならない。ただし繰り返し述べるが，自動車産業での経験が必ずしも豊富でない東北の地場中小企業が，中京圏２次サプライヤーの生産技術力を越えることは容易でない。

さらに中京圏の中小企業のもう１つの特徴として，従業員100名程度の企業であっても，積極果敢に事業国際化を進めている点にある（以下，村山，2018を参照）。例えば先述の伊藤製作所は，フィリピンとインドネシアに事業拠点を擁する。また同じく三重県の菰野町に本社をおく明和製作所という鋳造金型製作の中小メーカーは，タイ，中国，インドネシア，メキシコに事業拠点を擁する。いずれの会社も，市場拡大に加え，在外拠点の人材を有効活用することでコスト削減を実現していた。例えば，日本国内で受注した金型の設計の一部を，賃金が安い在外拠点の従業員に担わせている。伊藤製作所の伊藤社長によれば，フィリピンの従業員の給与は日本人の８分の１であることに加え，彼らがプレス金型の設計の一部を担うことで，賃金の高い日本人設計者の雇用を抑えられるため，人件費の総額を低くできる。さらに伊藤製作所では，最初の在外拠点であるフィリピンのエンジニアたちが，第２の在外拠点となるインドネシアの工場の立ち上げを支援したことで，駐在費が高価な日本人社員の現地派遣を最小限に抑えられたという。

また，明和製作所では，インドネシアの拠点で採用したバンドン大学という同国の工科系のトップ大学卒のエンジニアたちが，インドネシアに進出している日系自動車メーカーや日系自動車部品メーカーの要求に応じて金型を設計・製作していく中で，高度な解析能力を習得した。現在では，これらインドネシアのエンジニアたちが，同社の日本本社を含む他の在外拠点の新規設備の導入を支援するまでになっている。さらに，明和製作所社長の大矢知清隆氏は，同社の海外拠点ネットワークこそが，日本国内における金型の新規受注の原動力になっていると分析していた。すなわち，日本国内で同社に金型を発注すれば，同じ金型を同社の在外拠点から調達できる。これこそが取引先が同社を選ぶ理由になっているという。

以上の議論をまとめると，東北の地場中小企業が東北で２次サプライヤーとして参入するためには，競合する中京圏・東海地方などの先発サプライヤーとの競争に打ち勝つ必要がある。しかも，小物部品では輸送コストがさほど嵩まないため，製造コストでの勝負になる。中京圏の２次サプライヤーは，規模の経済性，生産技術革新，事業国際化をうまく組み合わせることで製造コストで大きな優位性を築いている。こうした他地域の強力な先発サプライヤーとの競争こそが，自動車産業ではまだ経験の浅い東北の地場企業が２次サプライヤーに参入できない，ひいては東北の２次サプライヤー以下の現調率が低水準に止まっている原因であろう。

（２）調達権限の不在

商流に着目すると，部品を新規受注するためには，売り込み先で調達権限を握る部門や人に承認されなくてはならない。東北の地場中小企業が２次サプライヤーとして自動車の部品や治具を納めるためには，１次サプライヤーに営業をかけて最終的に調達先として認められなければならない。ただし，浅沼（1997）は，電機産業と自動車産業では調達権限の位置に違いがあるとした。電機産業では調達権限が事業所や拠点などに分散されるが，自動車産業では本社に調達権限が集中されている。これまで東北の２次産業では電機・電子産業が中心になっていたが，この電機産業と自動車産業での調達権限の有り様の違いを認識することが重要となろう。

竹下・川端（2013）は，TMEJ へのヒアリング調査と内部資料に基づき，TMEJ および１次サプライヤーの商流と物流に着目したうえで，東北地方での調達権限の不在という構造的特性を指摘した[17)]。その研究によると，東北の２次サプライヤーが部品を供給するのは東北域内にある１次サプライヤーの生産子会社や生産拠点となるが，部品購入を決定する調達権限を掌握するのは１次サプライヤーの本社である。商流上で本社との商談が成立しなければ，物流上で生産子会社に部品を供給できない。加えて，村山・秋池の公刊予定の研究によれば（村山・秋池，掲載予定），本社の中でも，特に部品の採用に強い権限を有する開発部隊にいかに接近できるかが，新規受注の成立に向けて重要となる。

トヨタグループで考えると，１次サプライヤーの本社や開発機能は，中京圏・東海地方に多く分布する。他方，先に分析したように東北にある１次サプライヤーの多くは生産拠点や生産子会社である。要するに，本社機能そして調達権限を有する１次サプライヤーは，東北域内にほとんど存在しない。宮城県に本社を移転した TMEJ も，車両開発の中ではボデー開発を主に担当しており，シャシー部分の開発は担当していない（ただし，TMEJ によれば，開発領域を徐々に広げていきたいという）。また折橋（2013）によれば，TMEJ のボデー開発の主力部隊は，静岡県裾野市のトヨタ本体東富士研究所に隣接する TMEJ の東富士工場ないし東富士総合センターに置かれていた。東富士工場は 2020 年末を目途に閉鎖されることが発表されており[18)]，これに伴い TMEJ の開発機能が東北に全て移管される可能性もある。しかし現状では，宮城県に本社を置いている TMEJ であっても，主たる開発機能は，東北ではなく東海地方に置かれていた。東富士工場の閉鎖によって開発機能の移転の可能性はあると述べたが，トヨタ自動車本社の東富士研究所に隣接していた方がボデーの開発・

設計（そのための擦り合わせ）はやりやすい筈なので，TMEJ の開発主力部隊は静岡にそのまま残る可能性もあろう。また，2012 年に TMEJ 内に新設された東北現調化センターの主たる役割の 1 つは斡旋・紹介機能であるとされ，将来性のある東北の地場企業を調査し，TMEJ が後ろ盾となって中京圏・東海地方の 1 次サプライヤーに紹介し，東北でのサプライチェーンの構築を促すことにあるという（ただし先述したように 2019 年の調査では，2 次以下とは直接取引をしていないため，どのような状況になっているかは分からないということであった）。この東北現調化センターの紹介先が中京圏・東海地方の 1 次サプライヤーとなっていることが，トヨタグループの調達権限が中京圏・東海地方に集中していることの証左となる。

竹下・川端（2013）の構造的な分析に加え，村山・秋池（掲載予定）では，自動車産業への参入を目論んだ東北の中小製造企業の商談過程に着目し，調達権限への接触が新規受注の獲得にいかに重要であるかを解明した。村山・秋池は，秋田県の地場中小企業 2 社の商談における商談先の違いに注目した。

表面処理で高い技術力を有する A 社は，商談窓口となった東北の拠点の購買担当との間で治工具の表面処理に関して商談を進めたが新規受注に失敗した。A 社関係者によれば，品質に関する問題を指摘されたため，品質評価の結果や技術仕様の詳細な情報の提供を求めたが，東北の拠点の購買担当からはそれら情報を入手できなかった。技術仕様の詳細は本社で掌握されており，品質評価も本社で実施されていた。それらデータや情報が不足する状態の中で，商談先が求める品質を造り込むことは難しかった。

一方，自動車関連の端子部品を手掛ける B 社は，トヨタ系大手部品メーカー D 社と商談し，端子部品の新規受注に成功した。B 社は秋田県の支援を受けて，愛知県内で開催されたトヨタグループ向けの商談会に出展し D 社本社と接触した。D 社本社に端子部品を提案し，最終的に D 社本社に承認され，B 社は隣県・山形県にある D 社の 3 次サプライヤーに対して端子部品を供給することになった。B 社は，物流上は D 社の 4 次サプライヤーという位置づけであるが，商流上の決定権限を握る D 社と直接接触したことが新規受注の成立に大きな影響を及ぼしたと考えられる。この成功体験を踏まえ，B 社の営業部隊は，本社機能が集まる中京圏向けの営業を強化した。また，Ｂ社の営業部隊は，商談先の社内でのプレゼンを通じて，購買部門から開発部門へと引き上げてもらう努力をしている。その結果，Ｂ社は，全売上に占める自動車関連部品の比率を上昇させてきている。

以上のように，自動車部品や治工具で新規受注を獲得するためには，調達権限を有する組織に接近することが重要になる。当然，２次サプライヤーへの参入を目論む東北の地場中小企業も，１次サプライヤー内の調達権限を有する組織に接触するという行動が必要になる。しかし，これまで見てきたように，自動車産業では調達権限が本社，すなわちトヨタグループでいえば中京圏・東海地方に集中している。東北の地場中小企業は，東北での調達権限の不在という不利を負いながら，強いコスト競争力を有する中京圏・東海地方の先発２次サプライヤーたちと競争する，という二重苦を強いられている。

（３）東北が克服すべき課題とは何か

ここで改めて，東北地方および東北の企業が克服すべき課題を整理しておきたい。

【課題１＝他地域の２次サプライヤーとの競争への対処】

第１は，２次サプライヤーが手掛ける部品の特性から生じてくる課題である。すなわち，２次サプライヤーが手掛ける部品のサイズが小さく（＝荷姿が良く），輸送費がそれほど嵩まないため，他地域（中京・東海や関東など）の先発２次サプライヤーたちと製造コストをめぐって競争しなくてはならない。一方，中京圏の２次サプライヤーたちは，「生産技術革新＋事業の国際化」を駆使し，強固なコスト優位性を築き上げている。これら自動車産業先進地の先発２次サプライヤーを上回る製造コストの優位性を構築することが，参入を目論む東北の地場中小企業が克服すべき課題となる。

東北の地場企業が，他地域の製造コストを凌駕するためには，やはり生産技術革新を進めるしかないだろう。ムダやムリを取り除く現場での改善活動の重要性は否定できないが，やはり大きなコスト低減を可能にする生産技術革新こそが求められる。東北からトヨタ自動車本体の広瀬工場に部品を供給することになった岩機ダイカスト工業の例を見ても，生産技術の再検討（ダイカストとプレスの組合せで切削工程をなくす）を通じて現行品の４割というコストを実現し，受注に繋げていた。生産技術を革新したうえで，それら新しい生産技術に対してムダやムリを取り除く，すなわち生産技術革新 ⇒ 改善活動という流れを作り出す必要があるだろう（村山，2019）。加えて，他地域の先発２次サプライヤーとの差別化も意識する必要があるかもしれない。例えば，先述の秋田県の端子プレスメーカーのＢ社によれば，電機・電子部品で培われてきた部品の小ささ，さらにそれら小さな精密部品をトレー上にきれいに自動整列する生産技術が強みになったという。

【課題２＝調達権限への接近】

第２は，供給先の１次サプライヤーの調達権限の分布から生じる課題である。先に見たように，東北地方で TMEJ の１次サプライヤーとして活動するのは，大手部品メーカーの地域子会社や生産拠点である。浅沼（1997）によれば，自動車産業では部品の調達権限は本社が集権的に掌握しており，子会社や生産拠点には調達権限が分権化されていない。そうした東北での調達権限の不在という構造的問題は，竹下・川端（2013）でも実証されていた。

このようなことから，東北の地場中小企業が新規参入を果たすためには，本社の調達権限にうまく接近することが課題となる。例えば，電機産業では調達権限が分権化される傾向があるため，これまで電機・電子産業で活動してきた東北の地場中小企業は，東北地方の生産拠点にも部品の調達権限があると考えてしまう可能性がある。しかし自動車産業，とりわけトヨタグループの調達権限は，本社や開発機能がある中京圏・東海地方に集中するため，東北から離れた中京圏・東海地方での営業に注力しなければならない。さらにいえば，中京圏・東海地方のビジネスネットワークの中にうまく入り込むことで，受注に結びつく情報の収集と発信に努める必要がある。また，秋田県Ｂ社のように，商談先での社内プレゼンなどを通じて，より強い調達権限を握る開発・設計部隊に接触できるよう，粘り強い商談や営業を続ける必要がある[19)]。

一方，次節でもやや詳しく触れることになるが，１次サプライヤーの地域子会社や生産拠点に調達権限が委譲されている技術領域が一部ある。それは，各工場内で用いられる生産設備に関連した領域である。実際，宮城県岩沼市に本社をおく地場中小企業の引地精工は，TMEJ 大和工場の前身であるトヨタ自動車東北に生産設備を多数納入するなど，かなり早い時期からトヨタグループ向けの生産設備の供給で実績を残してきた（村山，2013a の B 社を参照）。また後述するように，岩手県の次世代自動車プロジェクトの中で特に成果が出ていた領域が生産設備であった。宮城県の次世代自動車プロジェクトでも，TMEJ と東北大学が共同で TMEJ 工場内での物流改善を目指した無人搬送車両の開発を進めていた。東北域内のカーメーカーや１次サプライヤーの生産拠点に権限が委譲されている領域，例えば生産設備などでは，東北の拠点に対して営業や商談を進めても良いだろう。

すなわち，東北の地場中小企業が２次サプライヤーに参入するためには，先に挙げた生産技術の革新に加えて，何を，どこに，どのように売り込むのか，という営業における戦略や戦術が求められる。こうした営業や商談での能力構築は，これまで中小のものづくり企業が苦手とする領域と言われていたが（山本，2010），これも今後，東北の地場中小企業が２次サプライヤーとして活躍する（ひいては２次以下からの現調率を上げていく）ために乗り越えなければならない課題となろう。

４．東北での次世代自動車への挑戦

それら課題がある中，東北各県では，自県の自動車産業振興に向けて中小企業向けの様々な支援策が展開されていた。例えば，村山（2013b）では岩手県による 2003 年以降の自動車産業振興策の流れ，萱場（2013）では宮城県の宮城県産業技術総合センターによる自動車関連技術に関する東北域内の企業や大学向けの講習会や県内企業との共同研究の実施などが明らかにされた。

そのほか，一般社団法人東北経済連合会・東経連ビジネスセンター主催の「東北地域の車を考える会」という組織では，企業間でのニーズとシーズの発信およびマッチングを企図した取り組みが進められている。「東北地域の車を考える会」は，2019年7月に36回目となる会合が開催されている。年4回の会合が開催されており，約9年（同会がいつ，どこで，どのように創設されたかは不明。36回÷4回＝9年という計算に基づく）も続く息の長い取り組みになっている（ただし，2019年以降は年3回に変更される）。同会を主催する方々と対話する機会もあったが，非公開を原則とする活動が多いため同会の仕組みや取り組みはよく分からない。同会は2部構成であり，1部では非公開方式で企業間での具体的な提案会が進められているようである。2部では食事を交えた交流会ならびにTMEJ関係者による同社の取り組みについての講演が行われる。部外者の参加が許されるのは2部のみであるが，筆者が過去に一度だけ参加した際には，同じテーブルに着席した福島県の中小企業の経営者から同会での提案を通じて自動車関連の表面処理の仕事を受注できたというお話を伺った。このことから，同会がマッチングで一定の成果を残していることが分かる。

この他にも，宮城県には公益財団法人みやぎ産業振興機構という組織もあり，自動車会社や部品会社出身の専門家をアドバイザーに配置し，自動車産業での設備導入，金融，取引，連携などの支援を行っているという。同機構についても，その組織の有り様や取り組みの詳細は外部から全く把握できないが，関連資料によると2,486件（内，商談会等652件）の斡旋紹介件数があり，2004～2014年の10年間で自動車部品の量産部品（鍛造・ダイカスト部品等）で21件，試作部品（金型等）で32件，工場関連部品の生産設備（組立装置等）で10件，設備付帯工事等（製缶品・治工具等）で87件，その他消耗品（工事・パレット・事務用品等）で20件の成約，そして約4億円の成約金額を達成したとされる[20)]。

このように各県および民間の経済団体による様々な支援が重層的に進められているが，本稿では，2013年の前著公刊以降の東北地方の大きな挑戦として，宮城と岩手で実施された次世代自動車（ないし次世代移動体，次世代モビリティ）をめぐるイノベーション・プロジェクトに目を向ける。両プロジェクトは，2012年に文部科学省の地域イノベーション戦略支援プログラム（東日本大震災復興支援型）として採択された。東北学院大学経営学部の教員も，自動車産業集積研究という視点から宮城のプロジェクトのメンバーとして一部参加させて頂き，合わせて東北学院大学経営研究所主催のシンポジウムでも次世代自動車をテーマとして取り上げ，３度にわたり東北大学工学研究科の次世代自動車プロジェクトの主要メンバー（中塚勝人名誉教授，宮本明教授，鈴木高広教授など）に発表と討議を頂いた（これら発表と討議の内容は，東北学院大学経営研究所の紀要の中で公開されている）。以下では，プロジェクトでの筆者の参与観察およびシンポジウムでの関係者の発表や討論なども参考にしながら，両プロジェクトの内容を概観したうえで，前節で明らかにされた課題の解決に向けた両プロジェクトの有効性と限界を検討する[21]。

（１）宮城県の次世代自動車プロジェクト

①　組織体制

宮城県で採択されたのは「次世代自動車宮城県エリア 次世代自動車のための産学官連携イノベーション：大学発の新製品・新システム開発」である。同プログラムの推進体制は，図２－４で示される。

次世代自動車イノベーション推進協議会が組織され，その下に宮城県の宮城県産業技術総合センター，（公財）みやぎ産業振興機構，東北大学の産学連携推進本部，未来科学技術共同研究センター，（一社）東北経済連合会の東経連ビジ

図２－４　次世代自動車宮城県エリアの推進体制

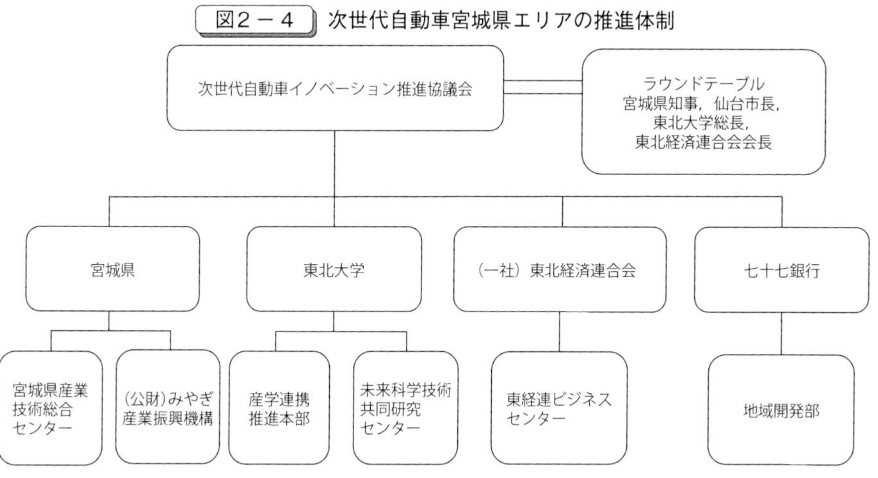

（出所）筆者のメモおよびプロジェクト内での提供資料より作成。

ネスセンター，七十七銀行の地域開発部が配置されている。また，推進協議会に並列する形で，宮城県知事，仙台市長，東北大学総長，東北経済連合会会長からなるラウンドテーブルが配置される。断片的な内部情報に依拠することになるが，同プログラムの資金は，2012 年度が総額で約 4 億 1,027 万円，2013 年度が総額で約 6 億 6,947 万円となっていた。

② 経 緯

まずは，報告書・地域イノベーション戦略支援プログラム（東日本大震災復興支援型）（国際競争力強化地域）『これからの移動体～大震災を経験した東北地方からの発信～地域貢献できる交通システム』を基に，次世代自動車プロジェクトの経緯を振り返る。東北大学内部では，2012 年に採択された「次世代自動車宮城県エリア」以前から，工学研究科の研究者が中心となった次世代自動車への取り組みが見られた（地域イノベーション戦略支援プログラム（東日本大震災復興支援型）（国際競争力強化地域），2017）。2008 年 8 月に立ち上がった次世代移動体プロジェクトが，それである。次世代移動体プロジェクトは，工学研究科における電気・機械・情報通信・材料等の分野融合による研究活動として始まり，その横断的連携のテーマとして自動車が掲げられた。そこでは，従来の自動車から次世代移動体システムの研究へと発展させると共に，次世代移動体を提案するための文理融合・医工連携，そして特色ある技術を有する他大学との連携の必要性が認識されたという。

2010 年 10 月付「次世代移動体システム研究会の概要」という概念図には，①低炭素化技術＝軽量化，走行抵抗，摩擦，熱マネジメント，節電等，②安全・快適化技術＝視認，表示，センシング，自律走行，渋滞制御等，③新パワトレ開発＝高効率，パワトレシステム（内燃エンジン，HCCI，HV，EV），④高効率生産技術＝接合，ロボット，設計，素材等の研究領域が，次世代移動体システムに関する産業ニーズとして示されていた。その産業ニーズに対して，東北大学工学研究科，情報科学研究科，医工学研究科，学際科学センター，未来科学技術共同研究センター（NICHe；New Industry Creation Hatchery Center），地域企業グループが連携し，東北大学を中心とする移動体システム融合研究拠点を構築するとされた。そして，開発コンセプトとして，「ロボットの概念を導入，従来の自動車の概念に拘らない，実用になること，大学らしい提案，地域との共生」が掲げられた（同上，9ページ）。

次世代移動体システム研究会では，東北大学青葉山キャンパスの新交通システムが構想されていく。東北大学の青葉山キャンパスは，公共交通の便が悪く，バイク，自転車，自家用車が通学・通勤の主たる手段となっていたが，道路は急坂なうえに急カーブが多いため，冬場の路面凍結等により年平均で約40件の事故が発生していた。そのような中，2015年に仙台市営地下鉄東西線が開通し，青葉山新キャンパスの最寄り駅として青葉山駅が開設された。これにより地下鉄による通学・通勤が可能になった。反面，青葉山駅を起点に半径1㎞にも及ぶ広大な青葉山新キャンパスを徒歩だけで移動するのは大変である，という新たな問題が提起された。そこで，広大なキャンパスをカバーできる新交通システムの必要性が認識された。

このキャンパス内新交通システムに対して，次世代移動体システム研究会が生み出すプロダクトとシステムコンセプトを提案しつつ，共同研究などを通じて試作・検証・評価する体制を整備することが目指された。そして，その試作から評価へと至る過程に，地域企業を参加させることで地域産業発展への貢献も目指された。九州などの温暖地域の開発拠点に対して，「北海道・東北・北陸地区大学を纏める北国の開発拠点であることを差別化要素の１つとして，特徴的な積雪・寒冷地仕様の開発とその標準化活動の拠点形成を強力に進めること」も目指された（同上，10ページ）。さらに，同プロジェクトを，分野融合研究プロジェクトの先駆けとして，青葉山新キャンパスで始動するサイエンスパーク構想の模範事例にするという狙いもあった。

前掲の報告書によれば，東北大学では2008年から既に次世代移動体を研究する次世代移動体システム研究会という組織体が存在し，青葉山新キャンパスを実証実験のフィールドとし新交通システムを構想するという動きがとられていたことが分かる。そこに2011年3月11日に東日本大震災が発生した。これによって「もはや各個別の取組ではなく，地域が総結集し，かつ国からも大きな支援を得て，この地域における復興と産業の再生を行う必要が生じた。こうした背景から，地域イノベーション戦略支援プログラム次世代自動車宮城県エリアの活動が開始されることとなった」のである（同上，7ページ）。こうして，震災からの復興と産業再生を目指し，次世代移動体システム研究会を発展させる形で2012年9月に「次世代自動車宮城県エリア」が立ち上がった。

③　狙いと取り組み

地域イノベーション戦略支援プログラム次世代自動車宮城県エリアの狙いを説明した東北大学NICHeの長谷川史彦教授のプレゼンテーションの中では，東北大学の各研究室が持つ針の先のように尖った最先端の技術を組み合わせ，それを産業界の最先端のニーズにぶつけることが強調されていた[22)]。例えば，筆者も報告者・討議者として参加した2014年の東北大学青葉山キャンパスで開催された公開シンポジウムでは，大学の先端技術をいかに事業化するかというテーマで討議が繰り広げられた[23)]。筆者自身は，事業化を志向するのであれば，産業界のニーズや困りごとを起点とし，それに対して大学の技術を応用するMarket BackやDemand Pullの発想が必要になるのではないかと述べた。対して，東北大学NICHeの長谷川教授は，次世代を志向する以上はこれまでにない先端技術を起点とし，それをいかに事業化するかを考えていく必要があるというTechnology Pushに近い発想に言及していた。また，東北学院大学経営研究所が開催したシンポジウムでも，次世代自動車宮城エリアのプログラム・ディレクター中塚勝人・東北大学名誉教授（当時，インテリジェント・コスモス研究機構）は，これまでにない新しい発想で，かつ地球温暖化，高齢化社会，自然災害など社会が抱える諸問題の解決に資する大学らしい革新的な技術やシステムを開発する必要があると主張していた（中塚，2015）。まさに，「大学らしい提案，従来の自動車の概念に拘らない」という次世代移動体システム研究会の研究コンセプトが継承されているといえよう。

同プロジェクトの事業内容に目を向ける。前掲の報告書によれば，同プロジェクトは，「地域産学官連携ネットワークの形成の取り組みとともに，次世代自動車分野における新産業を担う人材育成と，地域企業におけるものづくり・研究開発能力を高める先端的な研究開発設備・機器の共用化とをその事業の柱」（地域イノベーション戦略支援プログラム（東日本大震災復興支援型）（国際競争力強化地域），2017，20ページ）としていた。すなわち，(a) 地域産学官連携ネットワークの形成，(b) 次世代自動車産業を担う人材育成，(c) 地域企業の開発能力を高めるための先端的な研究開発設備・機器共有化という，３つの事業の柱が掲げられたのである。

筆者の参与観察によれば，(a) 地域産学官連携ネットワークの形成に向けては，地域の企業や大学の自動車産業関連の取り組みを報告・共有するための報告会（地域・広域連携推進報告会，産学官金連携公開シンポジウムなど）が何度も開催された。そこでは，東北大学工学研究科のみならず，東北学院大学経営学部による自動車産業集積に関する社会科学系の発表も受け入れられるなど，地域の大学，企業，行政組織でどのような研究や事業が行われているのかを，より広く共有していこうという意図が感じられた。また，東北大学工学研究科の各研究室による研究内容の発信および企業の困りごとの発信などによる大学の研究シーズと産業界のニーズとを擦り合わせるためのイベントや発表会（研究紹介ラボツアー，人材育成コース）も実施された。さらに，東北大学の先生方が，地域企業の現場を訪問する「地域企業ツアー」も開催され，筆者も同ツアーに何度も参加させて頂き，通常ではなかなか入ることができない大手企業の開発・実験用設備なども見学できた。

(b) 人材育成プログラムでは，事業化，競争的資金，プロジェクト進捗というテーマで講座が開催された。そこでは，テーマごとに，各企業や各研究室の取り組み事例などが紹介されていた。また，東北大学の大学院生を中心に開催された夏合宿では，産業界の実務経験者と大学院生とが次世代自動車について共同で検討するプロジェクトなどが実施された。工学研究科の大学院生だけでなく，法学部の学部学生の参加も見られ，学際的視点から次世代自動車を検討しようとする意図が見受けられた（東北学院大学の学生や大学院生にも参加を呼び掛けたが，残念ながら誰も参加しなかった）。

同プロジェクトのもう１つの活動拠点である多賀城市「みやぎ復興パーク」での取り組みにも触れておきたい。同復興パークは，仙台市に隣接する多賀城市のソニー(株) 仙台テクノロジーパーク内（以下，仙台 TEC と略記）に設立された。東日本大震災の津波により仙台 TEC は工場が浸水し，設備に損失が生じたため，同社の生産の一部が他地域に分散されてしまった。これに伴い仙台 TEC 内に空き建屋が生じた。ソニー側は，この空きスペースを復興に活用できないかと東北大学総長ならびに宮城県知事に提案した。そして同建屋を，地域被災企業の事業活動の回復や新たな技術創出に向けて中小企業者や大学に貸し出したのである[24]。同プロジェクトでは，みやぎ復興パークが，東北大学の青葉山キャンパスで構想された次世代自動車関連技術，例えば自動運転，自律走行，3 次元環境測定，ワイヤレス給電，レアアースモーター，ヘッドアップディスプレイなどを地域企業と共同で実用化・試作を進めるための 1 つの拠点と位置づけられた。また，そこに置かれた（c）設備・機器の共有化も進められた。筆者が同復興パークに訪問した時には，ドライブシミュレーターを用いた震災時の避難行動のシミュレーションおよび地域企業と共同で試作された小型 EV の試運転を体験できた。前掲・報告書によれば，同復興パークは「地域産業界への技術伝播と新技術による新たな地域雇用の創出という地域貢献」（同上，18 ページ）を果たしたという。

さらに 2016 年 8 月には，同プロジェクトの自立化を目指し，東北大学，仙台市，宮城県，東北経済連合会の連携によって，未来技術の実証実験を推進する「東北次世代移動体システム技術実証コンソーシアム」が設立された。同コンソーシアムには，自動運転，ドローンの自動飛行，次世代自動車用非接触給電，2 次電池エネルギー関連技術の実用化に向けて，次世代移動体について様々な立場の人達から助言や指導が受けられるオープンな場として機能することが期待された[25]。本コンソーシアムで中心的な役割を果たした東北大学 NICHe の鈴木高広教授の講演資料[26]によれば，仙台市が国家戦略特区指定を受けていることを活用し，東北大学青葉山キャンパス内および津波で甚大な被害を受けた仙台市荒浜地区（それらは「仙台市実証フィールド」と呼ばれる）において小型 EV，ロボットタクシー，ドローンなどを用いた自動走行実証実験が行われた。

④　成　果

以下では，報告書，同プロジェクトの会合での配布資料および筆者自身の参与観察と取材ノートなどに基づき，次世代自動車宮城県エリアのいくつかの成果を明らかにする。もちろん，全ての成果を網羅することはできないため，筆者が実際に確認できた中で特に重要と思われる成果を，技術的なものと，社会的なもの（ネットワークや連携の形成など）とに分けて順に紹介する。

【技術的成果】

まず，技術面の成果に触れる。成果報告書によれば，以下の4つの研究が，特に産業界の生産活動や事業化に繋がる可能性が高いとされた（地域イノベーション戦略支援プログラム（東日本大震災復興支援型）（国際競争力強化地域），2017）。

第1は，東北大学・田所諭研究室による自動走行技術の中核的技術をなす「3次元環境計測・認識による自己位置同定・環境地図生成技術」に基づく自動制御技術である。自己位置同定・環境地図生成技術はSLAM（Simultaneous Localization And Mapping）と呼ばれ，自動走行に不可欠な技術として近時注目を浴びている。移動体自らが，3次元の地図を生成しながら自動走行する技術である。そして同技術は，TMEJ岩手工場の工場内自動搬送車両へと移転された。自動搬送車両にSLAMを用いることで，屋内での磁気テープ，屋外での埋設導線の敷設が不要になる。この自動搬送車両は「夏期においては99%以上の連続運用を達成して」（地域イノベーション戦略支援プログラム（東日本大震災復興支援型）（国際競争力強化地域），2017，13ページ）いる。ただし，冬期の降雪・積雪時の自己位置同定・走行経路検出および積雪路面での走破性という雪国ならではの課題が残っているという。

第2は，ワイヤレス給電である。心臓ペースメーカーに利用される高効率低漏洩ワイヤレス給電技術が，電気自動車用の高出力・高効率のワイヤレス給電装置に応用された。生産設備を手掛ける地場の中小企業に対して東北大学が技術協力する形で，トヨタCOMS改造車用のワイヤレス給電試験設備が試作され青葉山キャンパス内に設置された。本技術については，ワイヤレス給電の普及時に課題となる電波漏洩防止が意識されていること，地元の優良中小企業の引地精工などへの東北大学の技術協力によって試作・設置されたことが要点となろう。

第3は，交通シミュレーションである。筆者の参与観察の中で特に印象に残ったのが，東北学院大学経営研究所のシンポジウムの中で東北大学NICHe・鈴木高広教授が示したシミュレーション結果である（鈴木，2017)。2012年12月に発生した震度4の余震による津波警報発令時，沿岸部住民による車での避難行動が見られ，各所でグリッドロックという交通渋滞が発生してしまった。その状況に東日本大震災の津波データを重ね合わせたところ，渋滞中の車が津波に巻き込まれ多くの犠牲者が出た可能性が示唆された。同プロジェクトでは，こうした状況を回避するため，津波発生時には道路の全車線を高台に向かう一方向だけに制限することで渋滞を緩和し，そうした避難指示情報を各車両に届けるためのシステムの検討が進められた。

第4は，東北大学NICHe・長谷川史彦教授のグループによるマンガン系リチウムイオン2次電池の開発・製造である。EVの中核技術の1つがリチウムイオン2次電池である。同プロジェクトの成果の目玉の1つとされるのが，1セルあたり95Whの大容量マンガン系リチウムイオン電池の開発である。熱的安定性に優れたマンガン系正極を採用し，安全性が高められた2次電池である。加えて，水分混入を嫌うリチウムイオン2次電池の製造ラインにはドライルームの設置が必要となるが，ドライルームは初期投資とランニングコストが高額になる。しかし，マンガン系の同電池では，ドライルームを使わない低コスト製造ラインが実現され，中小企業による地産地消型の2次電池の量産体制が可能になった。また，多品種少量生産にも対応できる柔軟な製造ラインが構築されたことで，地域特性に合わせたカスタマイズ開発（低温作動型，高温作業型，容量やサイズの変更など）も可能になったという[27]。2016年4月にマンガン系リチウムイオン2次電池の量産試作を担当するベンチャー企業・未来エナジーラボ(株）が地域企業の出資で設立された。現在，未来エナジーラボは，宮城県名取市のパナソニック仙台工場内にあり，地元の優良中小企業の1社でありパナソニック向けに生産設備も供給している引地精工の引地政明氏が社長に就任している[28]。同電池は，ダイハツのコペン改造EVに実装され実証試験が進められた[29)]。パナソニック工場敷地内に会社が置かれていることからも，大手企業も注目する有望な技術に成長する可能性があるといえよう。

【ネットワークと産学官連携の形成】

次に，地域内での組織間ネットワークおよび産学官連携の形成という社会的側面での成果にも触れたい。ここでは，筆者自身が報告者や聴衆として同プロジェクトに参与観察する中で得た情報に基づき分析を進める。

地域産学官連携ネットワークの取り組みの１つである地域連携報告会およびニーズ・シーズ発信会は，自動車産業に関する各組織の取り組みを地域全体で共有するためのプラットフォームとして有効に機能していたといえよう。同プロジェクトが立ち上がる前は，宮城県内で，自動車産業に関連する産学官金の各組織がどのような取り組みを行っているのかが，なかなか見えなかった。筆者ら東北学院大学経営学部の研究グループも，以前から東北の自動車産業の集積について調査や研究を行っていたが，企業や行政組織を１つずつ訪問しながら情報を収集していた。こうした個別訪問は，１つの組織を深く理解できるという利点がある一方，地域の全体像を俯瞰的に捉えるには不向きである。加えて，東北学院大学という東北の一私立大学の教員では，訪問調査を断られるという場面もあった。

しかし，東北大学工学研究科の各技術領域でトップを走る研究者が参加を呼びかけたことで，宮城県そして東北の多くの企業，行政，金融機関が報告会に参加し，自らの取り組みについて情報発信するようになった。これによって，これまで十分に把握できていなかった宮城県や東北における自動車産業をめぐる全体の動きが，筆者にもある程度理解できるようになってきた。このように宮城県および東北で自動車産業に係わる組織の活動が「見える化」されたことは，上述の技術的成果に加えて，同プロジェクトが残した大きな成果の１つであったといえよう。さらに，筆者自身は，こうした報告会や発信会そして地域企業ツアーなどへの参加を介して，秋田県の企業支援組織や宮城県内の地域企業と個人的に繋がることができ，共同調査の実施，論文の公刊さらには東北学院大学の学部学生が参加した地域企業（地域企業ツアーで訪問したトラック鋳造部品メーカー（株)アルテックス社）との共同講義なども実施できた（その成果は，村山（2015a）（2019a），および村山・秋池（掲載予定）として取り纏められた)。筆者の参与観察によれば，次世代自動車宮城県エリアのプロジェクトが進められる中で，1つのイノベーションが新たなイノベーションを次々と触発する「イノベーション・エコシステムの構築」が，同プロジェクトの目標として創発的に設定された（1つの契機となったのが，2014年のシンポジウムで流された東北大学教授のビデオレター内での発言であったと筆者は考える)。東北大学工学研究科の呼び掛けによって地域内の関連組織が定期的に集い，情報共有を進めることで，宮城ひいては東北地方において，緩やか，かつオープンな組織間ネットワークが構築される可能性があったと考えられる（後掲の図2－9も参照)。

もう1つの成果は，東北大学と地域企業の産学連携であり，より具体的には次世代自動車関連技術の試作・評価への地域中小企業の参加である。同プロジェクトの報告書では，参加企業98社，特許等出願108件，事業化71件，ベンチャー創出6件等という実績が示されている。例えば，先述のワイヤレス給電の試験設備，マンガン系リチウムイオン2次電池，そして改造小型EVや電動トライクの試作においても，東北大学の技術協力を得た地域の優良中小企業の参加が見られた。

筆者は，参与観察を通じて，新技術の試作・評価プロセスに地域中小企業を巻き込むこの仕掛けが，地域経済ならびに地域自動車産業の振興にとって非常に重要であると考えるようになった[30)]。図2－5は，2014年10月に開催された東北学院大学経営研究所シンポジウムのパネルディスカッションの司会を筆者がつとめた際に，次世代自動車宮城県エリアのプログラム・ディレクター中塚勝人東北大学名誉教授（当時）の発表に対する筆者のコメントを図示したものである。すなわち，東北の自動車産業が抱える次世代の課題に対して東北大学の最先端技術を結集して解決を図るのが同プロジェクトの狙いであった。また，東北大学は，その開発や試作のプロセスに地域企業を参画させるオープンな姿勢を持っていた。この東北の自動車産業が抱える次世代の課題（高齢化社会や自然災害時を見据えた安全かつ効率的な移動手段の確保など）が日本全体や世界でも共有できる内容であれば，東北で開発された新技術や新システムが日本

図２－５　次世代自動車プロジェクトを通じた地域企業の成長可能性

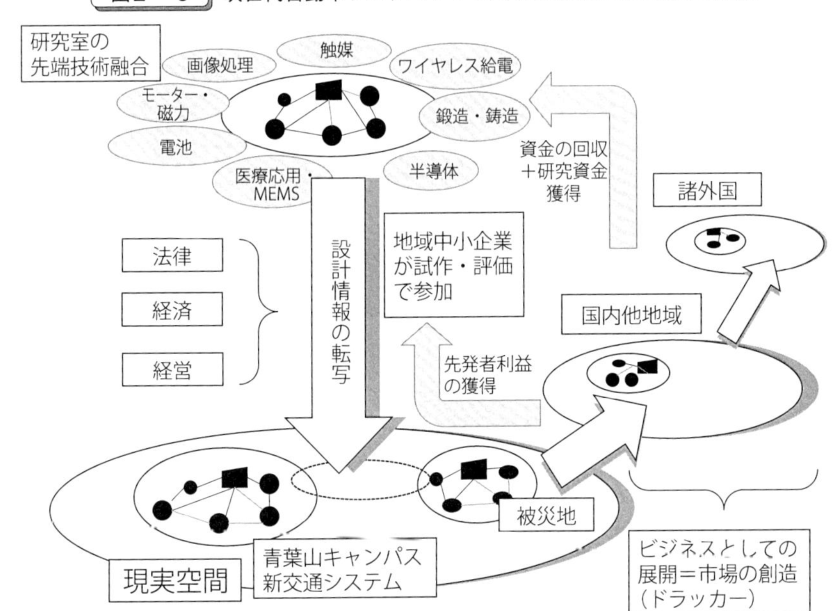

（出所）村山（2015b）の討議の際に示した所見とスライドに基づき筆者作成。設計情報の転写の部分は藤本（2003），ビジネスとしての展開の部分は Drucker（2001）を参照。

全体さらには世界市場へと広がっていく可能性もある。その中核をなす要素技術を，東北の地域企業が握っていれば，最終的に大きな事業や収益へと結びつくかもしれない。あくまでも可能性の議論に過ぎないが，東北地方で生み出された要素技術が世界に広がり，地域企業が世界でも活躍できるようになるという潜在力を秘めた仕組みと考えられる。筆者の参与観察ではあるが，同プロジェクトに参加していた東北大学工学研究科の研究室や研究者の方々は，大企業だけでなく，地域の中小企業にもオープンかつ協力的な姿勢を持っていたと感じられた。逆に地域の中小企業側は，産学連携による新技術や新システムの試作・評価への参加を通じて，次世代移動体に関連した事業展開の可能性が広がるというチャンスを正しく認識する必要があると思われた。もちろん，地域の中でも特に優良と評され，以前から東北大学と連携していた一部の地場中小企業は，同プロジェクトにも積極的に参加していた。

(2) 岩手県の次世代自動車プロジェクト[31)]

① 組織体制

岩手県で採択されたのは「いわて環境と人にやさしい次世代モビリティ開発拠点」である。同プロジェクトの推進体制は，図2－6のようになっている。筆者は，同プロジェクトについても報告会などに定期的に参加し，資料収集や報告内容の記録を行ってきた。合わせて，同プロジェクトの中で重要な役割を担ったいわて産業振興センターの若手コーディネーターの田澤潤氏と工藤充生氏とも面談し，活動内容や成果について意見交換を重ねてきた。ここでは，それらの情報も交えて同プロジェクトについて分析を進める。

産学官連携組織として「岩手県次世代モビリティイノベーション推進協議会」が設置され，その傘下に事業推進組織が配置された。宮城県のプロジェクトでは東北大学が推進組織の中心であったが，岩手県のプロジェクトではこれまでも同県の自動車産業振興で重要な役割を担ってきた（公財）いわて産業振興センターが総合調整を担った。

プロジェクト・ディレクターとして関東自動車工業出身の久郷和美氏，サ

図2－6 岩手県の次世代モビリティ開発拠点の推進体制

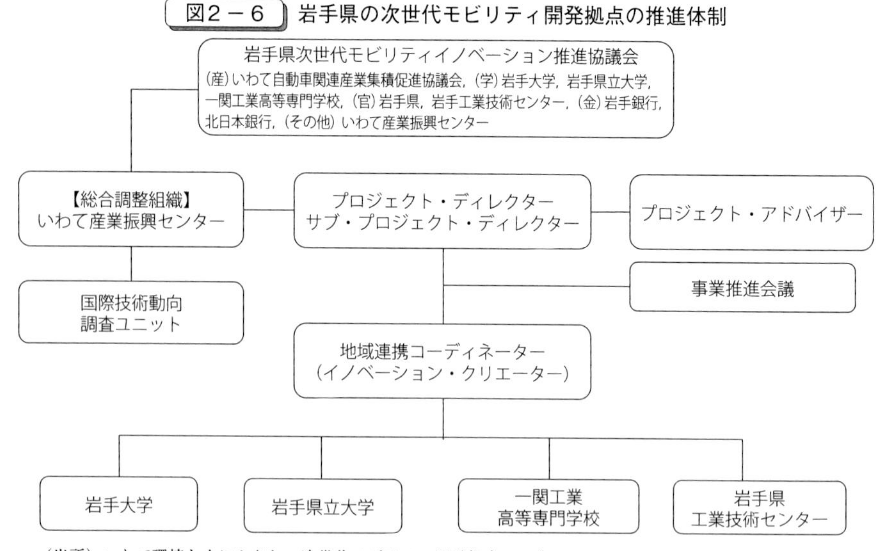

（出所）いわて環境と人にやさしい次世代モビリティ開発拠点 HP（http://www.joho-iwate.or.jp/mobility/）および村山（2013b）を参照して作成。

ブ・プロジェクト・ディレクターとして日産自動車およびボッシュ出身の今関隆志氏が就いた。その下に，地域連携コーディネーターないしイノベーション・クリエーターが配置され，彼らが岩手大学，岩手県立大学，一関工業高等専門学校，岩手県工業技術センターとの活動調整を担った。岩手県工業技術センターは，いわて産業振興センターと同じ敷地内に置かれている公設試験研究機関（公設試）である。宮城のプロジェクトとの比較で見ると，岩手県のプロジェクトは，産の出身者および官が主導する体制になっていたといえよう。

② 経緯と取り組み

拙著（2013）第3章でも論じたように，岩手県では以前から産学官連携をベースに自動車産業を振興してきたという実績があり，そこでも，いわて産業振興センターが産と学とをつなぐ役割を担ってきた。宮城のプロジェクトでも既に発足していた東北大学の次世代移動体システム研究会が土台になったが，岩手のプロジェクトも，同県の自動車産業振興の既存態勢を踏襲することになった。

岩手のプロジェクトでは，（a）知のネットワーク構築，（b）研究者の集積，（c）人材育成，（d）設備共有という4つの柱のもと，様々な取り組みが進められた。全てを取り上げることは出来ないため，特に注目すべき取り組みについて紹介する。

「知のネットワーク構築」は，岩手県内にあるニーズとシーズを結びつけること，産学官金を結びつけること，さらに宮城のプロジェクトと連携を図ること，などが目指された。その中でも，同プロジェクトを担う若手コーディネーターたちが注力した「ニーズ・シーズ・マッチングプロジェクト〜オール岩手を軸とするデマンド・プル型へのアプローチ〜」を紹介する。同プロジェクトの取り組みは，図2－7のように整理される。まず，コーディネーターが岩手県内にあるカーメーカーや自動車部品メーカーの生産現場が抱える課題を拾い上げてくる（⇒①）。次いで，その課題を，コーディネーターたちが検討し，課題を細分化したり，より分かりやすい内容に翻訳したりする（⇒②）。コーディネーターたちは，自分たちが担当する学術機関が有する技術的なシーズを踏まえ，その課題を解決できる学術機関，公設試および県内中小企業などの組

図2－7　ニーズ・シーズ・マッチングプロジェクト

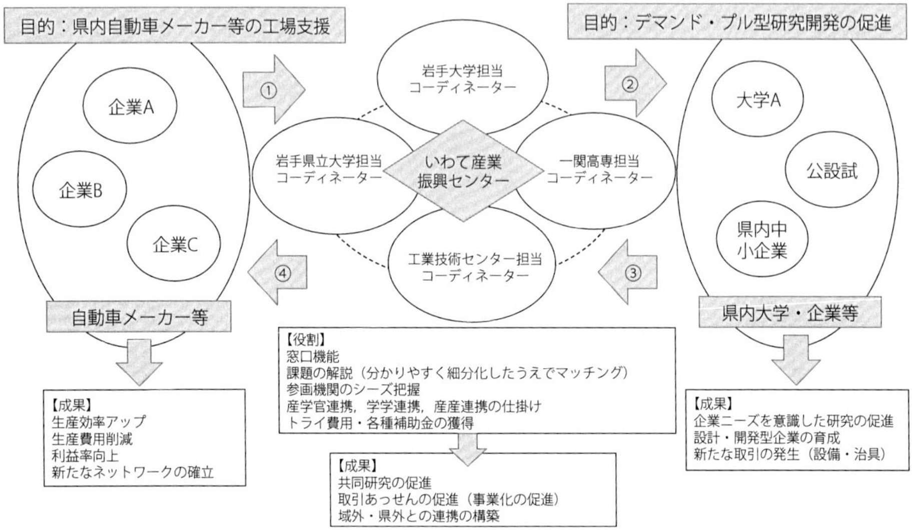

目的：県内自動車メーカー等の工場支援
企業A
企業B
企業C
自動車メーカー等
①
④
【成果】
生産効率アップ
生産費用削減
利益率向上
新たなネットワークの確立

岩手大学担当
コーディネーター
岩手県立大学担当
コーディネーター
いわて産業
振興センター
一関高専担当
コーディネーター
工業技術センター担当
コーディネーター
【役割】
窓口機能
課題の解説（分かりやすく細分化したうえでマッチング）
参画機関のシーズ把握
産学官連携，学学連携，産産連携の仕掛け
トライ費用・各種補助金の獲得
【成果】
共同研究の促進
取引あっせんの促進（事業化の促進）
域外・県外との連携の構築

目的：デマンド・プル型研究開発の促進
②
③
大学A
公設試
県内中
小企業
県内大学・企業等
【成果】
企業ニーズを意識した研究の促進
設計・開発型企業の育成
新たな取引の発生（設備・治具）

（出所）次世代モビリティ開発拠点 HP（http://www.joho-iwate.or.jp/mobility/showcasecar.html）および若手コーディネーターとの意見交換（2017 年 8 月 25 日）に依拠。

合せを考え（⇒ ③），カーメーカーや自動車部品メーカーの課題に対する解決策を提案する（⇒ ④）。これらと合わせて，試作に向けた補助金（例えば，サポイン）の獲得も支援する。

この仕組みにおいては，表に名前が出るわけではないが，ネットワーク形成に尽力するコーディネーターたちの能力と取り組みが成功の鍵を握る。1つは，カーメーカーや自動車部品メーカーの生産現場の課題を拾い上げる能力である。実際にこの仕組みの中で成果を上げた若手コーディネーターによれば，カーメーカーや自動車部品メーカーとの事前の信頼関係が不可欠になる。彼によれば，「半年に1回しか顔を出さないコーディネーターではダメ。月2回，3回の頻度で自動車部品メーカーD社の生産子会社〔ここには実際の企業名は入っていた〕に通っていた。相手から疑問や問題を投げかけられた時には，当日，翌日に何らかのレスポンスを返していた」という。もう1つは，どの大学，高専，公設試の，誰が，どのような専門知識を持っているのか，また県内中小企業がどのような開発・加工技術を持っているのか，という情報である。研究者の方々にも企業側の製造現場を訪問してもらい，研究室の技術や知識が，どこに，どのように活かせるかを一緒に考えてもらうことを基本として取り組みを進めたという[32)]。

ネットワーク構築に向けたもう1つの特筆すべき取り組みは,「いわてショーケースカープロジェクト」である。これは，同プロジェクトの若手コーディネーターの発案で始まったものである。図2－8にみられるように，自動車の骨格の中に岩手県内の企業が手掛ける部品やシステムを搭載するものである。既に部品として供給されているものだけでなく，これから参入を目指す部品やシステム，さらに開発中や試作段階のものも全て搭載されている。このショーケースカーを用いて，岩手県の企業や組織が，自動車のどこの，どのような部品やシステムを手掛けているのか（手掛けようとしているのか）を「見える化」することが狙いの1つであった。加えて，隣接する部品やシステム，そしてそれらを手掛ける企業や組織を見える化することで，県内の企業間や組織間での連携を促し，部品やシステムを組み合わせて新規ユニットの開発・提案に繋げるという狙いもあった。また，同ショーケースカーを展示会に持ち込むことで，よりインパクトのある形で県内企業の技術力を披露できるようになる。

「人材育成」については，岩手大学，岩手県立大学，一関高専においてそれぞれ独自の教育プログラムが展開されていたが，ここでは特に「EV 車開発のための教材開発および技術教育プログラム」と「三学連携学生フォーミュラプロジェクト」を取り上げたい。

前者は，小型 EV キットを用いた学生教育である。同教育は（株)村上商会が販売する PIUS（写真2－1）という小型 EV を用いて実施された。村上商会のグループ会社で総合デザイン研究所として車両の開発・製造を担う（株)モディーは，岩手県一関市に開発・製造拠点を置いている。PIUS は，自動車の基本性能を残しながら部品点数を極力減らした小型 EV のキットであり，主に(a) 技術者養成のための教材，(b) 教育機関や企業での研究開発のベース素材，(c) 組立と試乗を体験するイベント用コンテンツという3つの用途で使われている。その中で，一関高専が中心となり PIUS を学生の教育用教材として使用し，同校監修により学習用教材「次世代モビリティ開発者の為の実践型トレー

図2－8 いわてショーケースカーのコンセプト

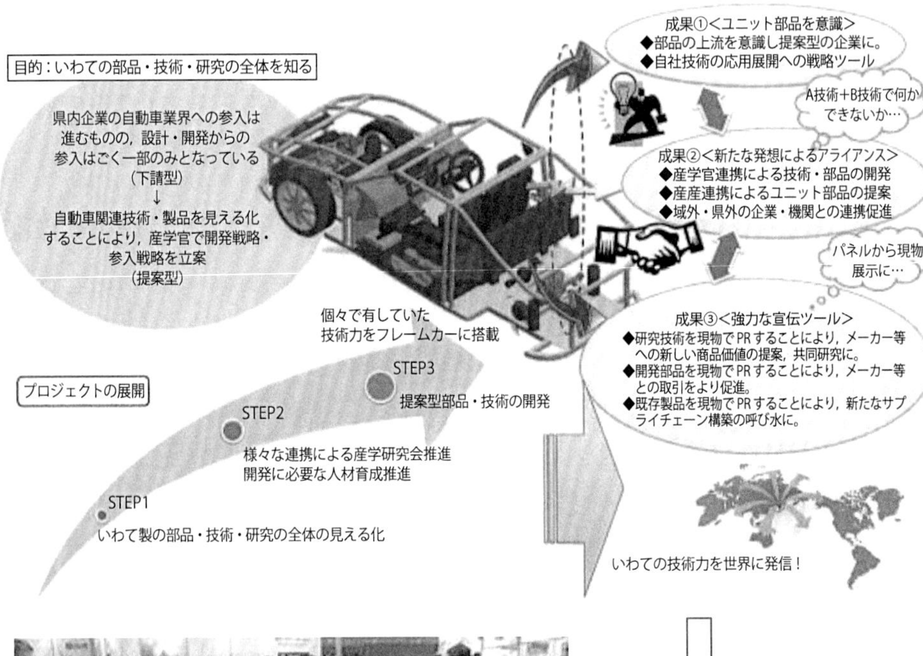

（出所）絵は，いわて環境と人にやさしい次世代モビリティ開発拠点HP（http://www.joho-iwate.or.jp/mobility/showcasecar.html）より転載。ショーケースカーの写真は，齊藤由希「『メイドイン岩手』のクルマづくりを目指して」『MONOist』（2016年2月1日付）（https://monoist.atmarkit.co.jp/mn/articles/1602/01/news037.html）より。筆者自身で撮影した写真もあったが，同記事の写真の方がより優れていると判断して掲載した。

写真2－1　PIUS

（出所）（株）モディー HP「MODI PIUS KIT CAR」
（http://www.pius-kitcar.com）より。

ニングキット PIUS ピウス エデュケーション Ver.」を開発した。これと合わせて，2012 年度より，「EV アカデミー」を開講し，4 年間にわたり延べ 1,100 名に対して教育を行った。ちなみに，この PIUS は，宮城のプロジェクトに対しても供給されており，みやぎ復興パークなどで研究開発および改造用のベース素材として活用されていた。

「三学連携学生フォーミュラプロジェクト」とは，岩手県の企業が支援しながら，岩手大学，岩手県立大学，一関高専の学生たちが学生フォーミュラ大会の EV クラスに挑戦する取り組みである。2014 年には，3 校から自動車好きの学生が集い，SIFT（Students of Iwate Formula Team）という組織が作られた（2017 年大会後に岩手県立大学が脱退）。プロジェクトリーダーには一関高専の教員が就き，2016 年度と 17 年度に EV クラスで 1 位となった。このように，岩手県では，PIUS キットや EV レーシングカーを用いて EV に関する学生教育が進められた。

③　成　果

次に，筆者による中間報告会や最終報告会での参与観察や会場での資料収集および若手コーディネーターへの聞き取りをもとに，その成果の一部を紹介していきたい。

【技術的成果】

技術的成果は，結果から見ると，生産技術に関連する領域が中心となった。例えば，岩手県内のカーメーカーの工場，トヨタ系大手部品メーカー２社との間で，画像処理による外観検査装置，超音波による不良検出装置，超音波・磁気による非接触検査装置などの共同研究に結びついた[33]。

また，プロジェクト報告会の中で具体的成果の１つとしてアピールされていたのが，バリレス加工技術である。同技術を用いて加工された部品が組み込まれたコネクターは，県内の電装系部品メーカーから商社を経由して欧州自動車メーカーのエアコン用部品として供給されている。実は，当初はコネクターをより薄くするという切り口から提案を行ったが，そこにニーズはなかったという。しかし，一部の部品でバリとりをしている工程があるという問題に出くわし，そこに対して提案を行った。岩手大学工学部の研究室の知見と県内企業の技術を組み合わせ，微細金属加工におけるバリレス加工の技術が実現された[34]。電装系部品メーカーでは，バリとりの工数削減や人員削減などによってコスト削減が実現された。最終報告会での同プロジェクト関係者の講演によれば，類似品に対して，金型の更新時に同工法を順次導入していく予定があるという。さらに，異なる板厚や他素材への水平展開も考えられるという[35]。

もう１つは，鋳造に関する技術開発である。岩手大学はもともと鋳造研究で有名な大学であった。岩手には南部鉄器という伝統的産業があり，鋳造に強い地域でもあった。自動車では，鋳造部品が多く使われており，高強度化による薄肉化および軽量化というニーズがあると考えられている。岩手大学の研究室の知見に基づく高強度の鋳造技術をもとに，鋳造といえばブレーキ部品であろうという発想からブレーキ部品メーカーへの提案を開始した。しかし最終的には，ブレーキではなく，某部品メーカーのシリンダライナーとして同技術が採用されることになった。いずれも，当初の切り口や提案内容とは異なるところで成果に結びついたのである。

一方，岩手県立大学が中心となった成果として，Radio on Demand 技術（無線通信機器の省力化のために無線電波を用いてスリープと稼働を遷移させる技術）を用いた車載機器の Plug&Play 技術（つないだら，認識・設定され，自動で実行される技術)，ならびに Wake on Demand 通信システムの開発が挙げられる。次世代モビリティ社会を実現するにあたり，車路間・車々間での通信，いわゆるコネクティッドは不可欠な要素技術となるが，岩手県立大学が中心となり，Radio on Demand 技術による Plug&Play 通信，同技術に対応するセンサーを用いた車載 ICT 機器の開発，そして通信によるデータ収集とサービス提供を可能とするサーバー開発が目指された。サービスとして，観光サービス，防災システム，路面凍結情報サービスの提供が検討された。その結果，岩手県に拠点を置く２つの企業との共同事業により宮古市田老地区での震災・防災教育を含む観光支援アプリ「めぐり旅」の開発および東京大学，埼玉工業大学と共同で車々間通信による路面凍結情報の授受システムの試作が行われた。

なお，最終成果報告会での講演では，事業化の目標数 12 に対して５年間で 60，ベンチャー企業の目標数８に対して 12，さらに試作 41，実際に売る製品 19 という成果を残したと強調されていた[36)]。

【ネットワークと学学連携の形成】

上で説明した若手コーディネーターを中軸とするニーズ・シーズ・マッチングプロジェクトそれ自体が，産学官のネットワークを前提とした，あるいはそれらネットワークの形成を促す取り組みであった。そして実際に，いくつかの生産・加工技術の開発と提案の中で，大学そして地元中小企業を巻き込んだネットワーク形成が実現していた。

またショーケースカーは，岩手県の企業の部品やシステム 87 点を搭載することで始まった。この中には，既に部品として供給されているものから，漆塗りや木工の伝統工芸技術を用いた内装部品の提案なども含まれていた。ショーケースカーの狙いの１つは，県内企業が手掛ける部品や技術を見える化し，さらに隣接する部品の組合せによる新規の部品やユニットの開発と提案に向けた企業間連携を促すことにあった。しかし，2016 年２月に開催された中間成果報告会において，プレゼン担当者に連携の進展状況について尋ねたところ，実際には企業間連携による新規部品の開発・提案にはまだ結びついていないという返答があった。

表2－1　河北新報に掲載された情報

	企業数	部品数
北海道	11	15
青森	5	24
岩手	23	70
宮城	26	61
秋田	8	12
山形	10	48
福島	5	18
新潟	7	14
計	95	262

（出所）『河北新報 ONLINE NEWS』（2019年12月4日付：https://www.kahoku.co.jp/tohokunews/201912/20191204_72022.html）より転載。

その後，ショーケースカーは，東北全域および北海道と新潟県の企業を巻き込んだ取り組みへと進展していくことになる。東北6県と新潟県との産学官組織「とうほく自動車産業集積連携会議」[37]は，愛知県で開かれたトヨタ自動車グループ向けの展示商談会で，ショーケースカーを活用した部品のPRを行った。『河北新報 ONLINE NEWS』（2019年12月4日付）[38]によれば，同ショーケースカーは2018年2月の展示商談会で初めて展示され，85社・236点の部品が搭載された。さらに，翌2019年2月の展示商談会では，95社・262点にまで搭載部品が拡大した（表2－1）。同記事によれば，「トヨタの技術者に知られていない地元企業を紹介する狙いから，同社の1次部品メーカーやその連結子会社の部品は搭載しない。トヨタグループ以外の企業に納入している部品を搭載することで，さらなる取引拡大を後押しする」のだという。現在，ショーケースカーは，展示会向けの部品搭載を支援した宮城県産業技術総合センターのエントランス脇で展示されている。

もう1つのネットワークとして，岩手県内での大学間および高専との学学連携が挙げられる[39]。この学学連携は，直ぐに次世代自動車の技術や部品の開発に結びつくものではない。岩手県内には，自動車産業に不可欠な技術である金型・鋳造ならびにICTに強みを持つ国公立大学と高専が存在する。今回のプロジェクトでも，加工技術の開発では岩手大学や一関高専，ICT系のシステムやデバイスの開発では岩手県立大学[40]による積極的な貢献が見られた。また，学生フォーミュラでは，一関高専の教員がプロジェクトリーダーになり，岩手大学，一関高専，岩手県立大学（2017年まで）の学生でチームを組み，それを県内企業が支援するという態勢が組まれた。また「ELEViX 岩手大学×岩手県立大学 EV High School」では，岩手大学と岩手県立大学の大学生が講師になり，PIUSの教材キットを使って高校生にEVの分解・組立を教えた。こうした大学，高専およびそれら学生による連携は，技術的成果へと直に結びつくものではないかもしれないが，長期的視点で見ると将来的に岩手県ないし東北で自動車産業の形成と発展に関わる人材を育成できる可能性がある。とりわけ，今回の岩手プロジェクトでは，EVという次世代モビリティのイメージを示しつつ，将来的に地域内に長く留まる可能性がある高専の学生たちを巻き込みながら人材育成が進められたことは重要であったと考えられる（かたや宮城のプロジェクトでは，東北大学工学研究科の研究室の研究支援ならびに同大学の大学院生と学生への教育や研究支援が中心であったと考えられる。全てのイベントや報告会に参加したわけではないが，筆者の見る限り，各イベントや報告会への宮城県内の他大学や高専の教員ならびに学生の参加は余り見られなかった。学の参加と連携に関しては，岩手プロジェクトの方が「オール岩手」という意識が強かったと考えられる）。

（3）両プロジェクトの有効性と限界

文部科学省による同プロジェクトに対する総合評価を明らかにしたい。宮城のプロジェクトも岩手のプロジェクトも共に総合評価Bに終わった。ちなみに，岩手プロジェクトは中間評価ではCに近いB，そこから何とか巻き返しを図ったが最終的にBに止まったという[41]。この評価を受けて，2017年に両プロジェクトは終了した。文部科学省の評価によれば，宮城のプロジェクトに対しては，東北大学の業績と存在感が高く評価される一方で，事業成果を地域に還元する仕組みの不足，次世代自動車の何を同地域が担うかというビジョンの明確化さらにテーマの絞り込みの必要性が指摘されていた。また，岩手のプロジェクトに対しては，いくつかの技術が開発されたが，いずれも次世代のニーズを汲み取った製品やサービスになっていないと指摘されていた[42]。

文部科学省による最終評価は1つの重要な結果として受け止める必要はあるが，両プロジェクトは，東北という地域に対して一定の有効性と可能性を示したと筆者は捉えている。他方で，限界があったのも事実である。そこで最後に，東北の自動車産業という文脈に両プロジェクトを埋め込みつつ，他地域の取り組みとの比較なども交えて，プロジェクトの有効性と限界を明らかにしていきたい。

① 有効性や可能性

まず，次世代自動車プロジェクトの有効性と可能性に目を向ける。前節で明らかにされた東北の自動車産業の問題として，中京圏・東海地方など自動車産業先進地の強力な2次サプライヤーと東北の地場企業との厳しい競争があった。自動車産業では後発と位置づけられる東北の地場企業が新たな設備を導入し，しかも輸送費がさほど嵩まない小物部品で中京圏・東海地方の先発2次サプライヤーにコスト面で打ち勝つことは（もちろん不可能ではないが）かなり難しい。すなわち，自動車産業では後発となる東北の地場企業が，今からTMEJに繋がる現行の自動車のサプライチェーンの中に参入することは容易ではない。

そのような中，東北地方で次世代自動車プロジェクトが立ち上がったことで，図2－9に見られるように，自動車産業への参入を目論む東北の地場企業にもう1つの代替案が示されたと筆者は考えていた。すなわち，東北大学を中心とするオープンかつ緩やかなネットワークに加わり，次世代自動車あるいは次世代モビリティについて学びながら，自らの技術が活かせる次世代モビリティ向けの部品，設備，システムなどへの参入を窺うという機会が与えられたといえよう。現行自動車をめぐる先発サプライヤーとのおおよそ勝ち目のない競争を回避し，次世代モビリティでの参入機会を探るというのは，1つの可能性のある自動車産業振興のアプローチではないだろうか。本著5章を執筆するマツダOBで広島県の産学官連携の中心人物として活躍する岩城富士大氏の表現

図2－9　東北の地場中小企業への１つの代替案

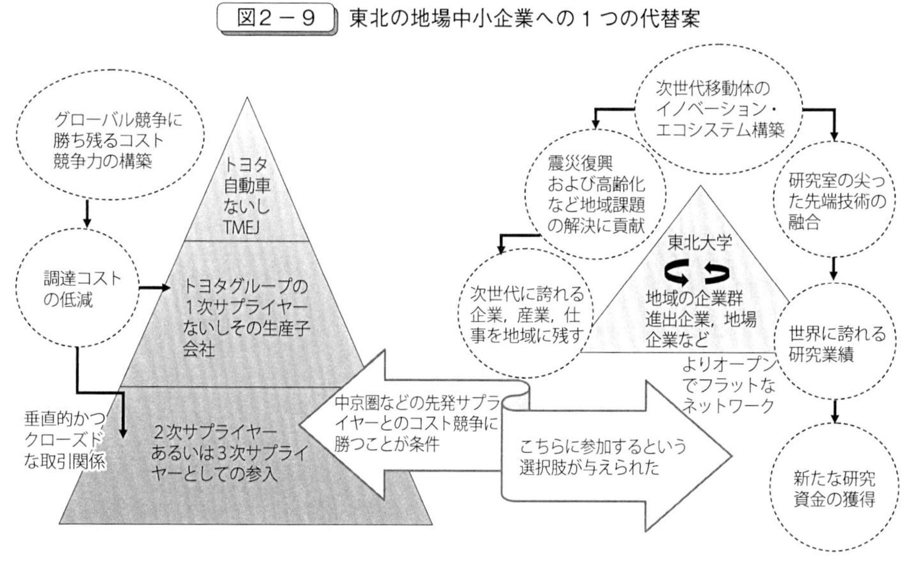

（出所）村山（2016a），37ページの図を一部修正し転載。

を借りれば，先回りによる待ち伏せ戦略となる。

以下，繰り返しになる部分もあるが，有効性や可能性について改めて整理しておきたい。例えば技術面に関わる具体的な成果として，宮城のプロジェクトでは，マンガン系リチウムイオン２次電池を製造する地元中小企業が出資するベンチャー企業がパナソニック工場内で操業を行っていた。また，心臓ペースメーカーに利用される高効率低漏洩ワイヤレス給電技術を用いた小型EV向けワイヤレス給電システムを，東北大学の技術支援を受けた地元の中小企業が東北大学の青葉山キャンパスに試作・設置していた。岩手のプロジェクトでは，生産・加工技術において一定の成果が出ていた。例えば，県内に生産拠点がある電装系メーカーの製造工程内の問題に対して，研究室の知見に基づきバリレス加工技術を開発・提案し，コスト削減や品質向上が達成された。また高度な鋳造技術が，某部品メーカーのシリンダライナーに採用された。

これら技術面に加え，両プロジェクトには，地域内での次世代自動車をめぐる産学官ネットワークの土台形成という可能性が認められた。例えば，宮城のプロジェクトでは，地域連携報告会ならびにニーズ・シーズ発信会などの仕組みを通じて，大学の研究室（ただし，東北大学が中心）や企業の活動が見える化，そして共有された意義は大きかった。それまで宮城県内の産学官の動きを俯瞰できる場は全くなかったが，その全体的視点を提供してくれたのが同プロジェクトであった。しかも，そのネットワークの中で，東北大学工学研究科の研究室や研究者が，地域企業や他大学にもオープンな姿勢を示していた。近時，経営学でもオープンイノベーションという考え方と行動が注目されている（Chesbrough，2012；秋池，2017）。すなわち，大企業が垂直統合型で研究開発から事業化・製品化までを社内で一貫して展開する従来型のクローズドイノベーションに対して，企業間ないし産学間で自分たちの技術を持ち寄り，それらを結合してイノベーションを実現するという動きである。東北大学工学研究科が中心となって東北地方の関連組織に広く参加を呼び掛けた地域連携報告会やニーズ・シーズ発信会は，これらオープンイノベーション型の行動を地域に根付かせる可能性を大いに秘めていたといえよう。しかし残念ながら，宮城の同プロジェクトが終了したことで，これらオープンなネットワークが脆くも消滅してしまい，宮城県内での自動車産業をめぐる各組織の取り組みが一気に見えなくなってしまった（見えない化されてしまった）。もちろん，県内のどこかで，誰かが，よりクローズドな形で情報共有を進めているのかもしれない。しかし，イノベーションが新結合であるとすれば，新たな出会いを誘発できる，（東北大学工学研究科の先生たちが目指した）よりオープンで，より緩やかで，よりフラットなネットワークの存在が不可欠となろう。

例えば，愛知県の三菱系１次サプライヤーおよびトヨタ系２次サプライヤーとして活動する優良中小プレスメーカーの経営者との対話の中で，東北大学を中心とした宮城県での次世代自動車プロジェクトの取り組みを伝えたところ，それら次世代自動車や次世代モビリティを志向する地域内での連携は中京圏に欠けている部分であり，東北の取り組みに大きな可能性を感じるとの意見が出された。中京圏のサプライヤーたちは，独力で加工技術の高度化を進めたり，連携するといっても取引先のカーメーカーや１次サプライヤーとの垂直的かつクローズドな関係の中で次期モデル向けの新規部品などを先行開発したりしているという。また，中小企業であっても各社が独力で新規技術に取り組める能力があるため，逆に連携という意識が低くなっているともいう。しかも，各社の取り組みはいずれも現行の自動車産業を前提とする取り組みであり，次世代モビリティを見据えた取り組みにはなっていないという。同経営者との対話の中では，長期的な視点で見ると，現行の自動車産業に適応し過ぎている中京圏の自動車産業は潜在的に高いリスクを抱えているとの意見を共有することができた[43)]。

また，宮城および岩手の両プロジェクトでは，技術や製品を開発する際に，地域の中小企業を取り込む仕組みが用意されていた（この点について，文部科学省による宮城県エリアの評価との若干のズレが見られる）。宮城のプロジェクトでは，前掲図２－５で見たように，東北大学が構想する次世代移動体システムの中で必要となる要素技術や設備の試作・評価に地域の中小企業が参加するという仕組みがあり，実際にマンガン系リチウムイオン２次電池の生産および医療機器の技術を取り込んだワイヤレス給電装置の試作などに地域の優良中小企業が参加していた。他方，岩手のプロジェクトでは，県内のカーメーカーや大手自動車部品メーカーの生産子会社の製造現場が抱える問題を拾い上げ，大学の知見と地域の中小企業の技術を組み合わせて，それら問題を解決するという取り組みが行われていた。それぞれ異なるやり方ではあるが，いずれも地域の中小企業を取り込む仕組みがあった。

とはいえ，宮城のプロジェクトに関していえば，この仕組みに深く関与できている中小企業は，工藤電機(株)，引地精工，岩機ダイカスト工業という地域の中でも特に優良と評される企業であった。筆者の参与観察によれば，地域の中小企業の多くは（さらにいえば，大手サプライヤー生産拠点や行政組織も），東北大学が地域に構築しようとした仕組みの独自性や価値を正しく理解できていないし，また（東北大学側ではなく）地域企業の側が産学連携に対して自らで心理的に高い敷居を作ってしまっているのではないかとも感じられた。

最後に，宮城と岩手のプロジェクトの取り組みのバランスについても触れておきたい。宮城と岩手のプロジェクト間でも連携を図り，定期的に情報交換や方針策定を行っていたと聞いている。実際に，筆者が参加した報告会や地域企業ツアーなどでも両プロジェクトからメンバーの相互乗り入れが行われていた。その中において，当初からそれが企図されていたかどうかは分からないが，プロジェクト間で次世代自動車へのアプローチの棲み分けが行われるようになったと感じられた。岩手プロジェクトの若手コーディネーターの分析と所見によれば，宮城プロジェクトは東北大学が構想した次世代移動体に関する技術やシステムを地域企業に下ろしてくるアプローチ，岩手プロジェクトはカーメーカーや大手部品メーカーの生産拠点が抱える問題を拾い上げて大学や高専の知識や技術で解決を図ろうとするアプローチであったという。すなわち，2つの地域を鳥瞰すると，上から下ろすトップダウンの宮城プロジェクト，下から上げるボトムアップの岩手プロジェクトというバランスの良い取り組みになっていた（後掲図2－10も参照）。宮城と岩手のプロジェクトを1つのプロジェクトとして評価してもらえれば，文部科学省による評価がもう少し良い方に変わっていたかもしれない。あるいは，当初から1つのプロジェクトとして計画されていれば，より良い結果に繋がったかもしれない。

② 限　界

有効性や可能性だけでなく，やはり限界や問題についても考察する必要があろう。外部評価がそもそも適切かどうか，という論点の立て方もあるだろうが，両プロジェクトともに最終評価はBに終わった。他方，我々がベンチマーク先として調査を続けている広島県では，2011～2015年度に「地域イノベーション戦略推進地域」に選定された「ひろしま医工連携・先進医療イノベーション拠点」がS評価を得て，2016～18年度の3年間のプロジェクト延長が認められた。広島の同プロジェクトには自動車という語句は直接入っていないが，広島の主要産業をなす自動車に対して医工連携という切り口からイノベーションを起こすというのが狙いであった。そして，「持続的なイノベーション創出に向けた仕組みがしっかり構築されている」ことがSという最も高い評価に繋がった。まさに，広島県は，東北大学工学研究科が目指そうとしたイノベーション・エコシステムの構築に成功したという評価である。ここでは，それら他地域の優れた取り組みも参考にしながら，東北の次世代自動車プロジェクトの限界について考察していきたい[44)]。

図2－10　両プロジェクトの立ち位置とターゲティングの必要性

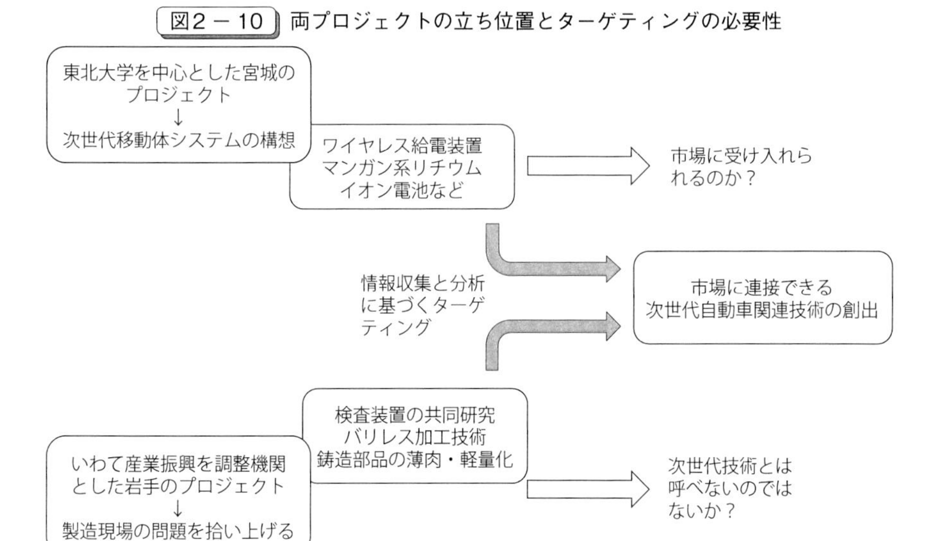

（出所）筆者作成。

先に，東北大学の先端技術の融合を目指した宮城県のプロジェクトが，現行の自動車産業をめぐる先行集積地との競争を回避できる，先回り，かつ待ち伏せ戦略になる可能性があると指摘した。しかし図２－10で示されているように，先回りであるが，本当に「待ち伏せ」になるのか，という不確実性が残る。より具体的に述べれば，ワイヤレス給電装置，マンガン系リチウムイオン２次電池，改造小型EV，電動トライクといった製品やそこに組み込まれた技術が，より大きな市場と結びつき，地域の企業そして大学に一定のリターン（先駆者利益や新たな研究資金の獲得）をもたらすのかという点にも目を向ける必要があろう。例えば，経営学者のピーター・F・ドラッカーは，事業の目的は「顧客の創造」(to create a customer) にあると述べた (Drucker, 2001, p.20)[45]。すなわち，真に事業化ないし企業化と呼べるかは，実際に顧客や市場を創造できたかどうかで決まるともいえよう。事業化ないし創業については，一定規模の顧客と市場を獲得した時に，初めてそのように評価できるといえるかもしれない[46]。

経済学や経営学では，将来に対する不確実性は，情報の不足から生じると考えられており，もって不確実性を低減させるためには情報収集が必要になると捉えられる（沼上，2004）。市場に結びつくか，という不確実性に対処するためには，将来の市場や技術に関する高質な情報を収集する努力が必要となる。例えば，経営学で近時注目されるリバース・イノベーションという枠組みにおいても（Govindarajan and Ramamurti, 2011；Govindarajan and Trimble, 2012），消費者や顧客が抱える問題を起点にイノベーションを生み出していく，いわゆるMarket Back（市場から遡る）アプローチが重視されている（Frigo, 2013）。すなわち，社会，消費者，顧客が抱える問題や課題を取り込みながら，狙うべき技術領域をターゲティングしていく必要がある。

一方，岩手のプロジェクトは，まさに同県内に拠点をおくカーメーカーや大手部品メーカーの生産現場の問題を起点にして，その問題解決に大学や高専の知見や技術を活用するというMarket Backに近いアプローチであった。しかしながら，文部科学省の外部評価で示されていたように，それら成果が次世代と呼ぶに相応しいかというと，確かにそう言い難いところがある。もちろん，自動車メーカーや大手部品メーカーが抱える問題を起点にして，それを解決するという手法自体は重要である。また，実際に新しい生産・加工技術や金型技術，検査技術の開発と試作に結びついた，という成果も高く評価されるべきであろう。さらに，それら技術を用いた部品が量産され，量産車に搭載されていることも高く評価されるべきであろう。しかしながら，「いわて環境と人にやさしい次世代モビリティ開発拠点」という自らが定めたテーマをもって，その取り組みを評価すれば，やはり「次世代モビリティ」に資する開発にはなっていないと言わざるを得ない。さらにいえば，次世代モビリティ開発拠点というテーマがそもそも岩手県の地域特性に合っていたのか，すなわちプロジェクトのテーマ設定それ自体が適切だったのか，という問題も認められよう。

では，どうすれば良いのか（良かったのか）。「待ち伏せ」の実現，すなわち市場への連接を達成するためには，自動車産業の将来技術や将来市場に対する確度の高い予測に資する情報収集が不可欠となる。そのための具体的な取り組みの１つとして，広島県が長年にわたり継続してきた実車のティアダウン（分解）とそれに基づくVA・VE活動が挙げられる。詳細については，岩城（2013a）（2013b）（2014）（2015）（2016）（2017）を参照して頂きたいが，要するに現存の先端技術を搭載した自動車を分解し，それら現行の先端技術を徹底的に分析し，その分析に基づき更に機能とコストで勝る技術や部品を検討していくという手法である。広島県においては，ティアダウンに参加した企業は，部品の分析結果に関するレポートの提出を義務づけられている。このように現行の技術を徹底分析することで，将来予測の確度を高めるという努力が必要になろう。

もう１つは，これも広島県の岩城氏が注力してきた海外市場調査などを基に世界の自動車メーカーが注力している技術トレンドをしっかり把握するという方法である（岩城，2013a）。欧州の自動車メーカーなどを訪問し，意見交換を進めながら，自動車メーカーの環境対応技術などの動きを把握する必要があろう[47)]。一方，岩手のプロジェクトでは，海外メーカーの調査を行う計画もあったが，結局実行できなかったという[48)]。確かに海外調査となると，費用，時間そして手間が掛かるという問題がある。であれば，少なくとも国内の自動車産業先進地域，例えば中京圏・東海地方，あるいは産学官連携の先進地・広島県での地域や企業の取り組みそして技術動向を実地で調査する必要があるだろう。しっかりとした実態調査を基に将来の技術・市場動向をできるだけ正しく予測し，最終的に一定規模の市場に繋がる技術開発の方向性を見定めていくべきであろう。Market Back と Technology Push は二律背反するものではなく，現行の市場・企業・技術調査に基づく Market Back のアプローチを取り込みながら，針のように尖った最先端技術を融合させた大学らしい Technology Push 型の次世代自動車関連の要素技術の開発を進めることは可能である，と筆者は考えている。

次に，プロジェクトのテーマや事業範囲（ドメイン）をどのように設定すべきか，という問題についても検討してみたい。結論を先取りして述べると，岩手のプロジェクトでは，次世代の生産・加工技術をテーマとして設定すべきであったと考えられる。プロジェクトのテーマを設定する際には，地域の強みや特性との適合性を意識する必要があろう。繰り返し述べてきたように，岩手大学は鋳造・金型という生産・加工技術に関わる領域に強みを有する研究拠点と評されている。これに岩手県立大学が得意とする ICT を組み合わせることで，「環境と人にやさしい次世代自動車関連生産技術」を開発するプロジェクトを進められる可能性があったのではないだろうか。

先に指摘したように，東北の1次サプライヤーの生産子会社や生産拠点には，新規の自動車部品を開発する権限が与えられていないことが多い。自動車産業では，製品技術に関する開発・調達権限は，本社が集権的に掌握するのが一般的と言われている。他方で，生産・加工技術や治工具の調達権限は，生産子会社や生産拠点に分散されているとも言われている。こうした権限分布の実態からも，岩手にある生産子会社や生産拠点に権限が与えられている生産・加工技術の開発にターゲットを絞り込んだ方が良かったのではないだろうか。次世代モビリティの開発拠点というテーマを掲げたことで，自分たちに不利となる評価基準を自ら設定してしまったのではないだろうか。やはり，プロジェクトの適切なテーマ設定に向けては，企業戦略と同じく，自らの地域の強みと弱みがどこにあるのか，また地域を取り巻く文脈や環境に適合しているのか，という分析が必要となろう。

さらに，地域企業間での連携の在り方についても指摘しておきたい。例えば，いわてショーケースカーの目標は，県内企業の部品や技術を見える化するだけでなく，隣接する部品やシステム間の結合による地域企業の連携ならびに新規ユニットの開発・提案を推進することにあったといえよう。ここでも注意すべきは，新規ユニットの開発にあたっては，当然であるが，カーメーカーや部品メーカーに採用してもらえる部品やシステムを開発しなければならないということである。単に隣接しているから，組み合わせられそうだから，接合できそうだから，という考えでは十分でない。そこで，地域企業の連携による新技術や新システムの開発の１つの模範となり得る広島県でのシートメーカーとカーエアコンメーカーとの連携の事例を紹介しておこう。車全体を温めるのではなく人が快適と感じる保温状態を実現すれば良いという考え方で，シート内のヒーターとエアコンの熱源をうまく制御しながら省エネを達成するという取り組みである。すなわち，人間工学×シートメーカー×エアコンメーカーという組み合わせで，カーメーカーの省エネというニーズに対応するものである（詳細は，参考文献に掲載された岩城氏の一連の業績を参照されたい）。やはり今後，地域企業間および産学間の連携を考える際は，カーメーカー側のニーズをしっかりターゲティングすべきであろう。しかも，そこに次世代や社会性というテーマを入れ込むべきであろう。

最後に，地域内での企業間ないし人的なネットワークの組織化についても検討を加えておきたい。先に，宮城県において東北大学を中心とする次世代移動体に関するオープンなネットワーク形成の萌芽が見られたと述べた。また，岩手県では，いわて産業振興センター所属の若手コーディネーターたちによる1次サプライヤーの生産拠点，大学，地場中小企業による連携，さらにショーケースカーを用いた新たな企業間連携への胎動が見られたと述べた。そして，これらネットワーク形成を通じた地域内での活動の見える化と情報共有こそが両プロジェクトの大きな意義でもあるとも考えられた。では仮に，このネットワークをさらに発展させていくとすれば（実際はプロジェクトが終了したため出来ないが），どのような方向を志向すべきなのか。

事業化，すなわち顧客や市場の創造という目的でプロジェクトを進めるのであれば，やはりカーメーカーや1次サプライヤーの開発情報への接触こそが重要になる。前節でも述べたように，部品やシステムでの受注を実現するためには，本社の開発部隊への接触が不可欠となる（村山・秋池，掲載予定）。中京圏の中小企業への調査でも，カーメーカーや1次サプライヤーの開発部隊と一緒に仕事を進めることが大事であり，購買部隊とは最後の価格調整や価格決定の段階での折衝になるのが一般的であるという。すなわち，ここの部品やシステムをこうしたいという開発者の思いに対して，それを実現できる提案を行う必要がある[49)]。これは次世代自動車についても同じであり，カーメーカーの開発者たちが，将来の車に，どのような技術やシステムを搭載したいと構想しているのかを窺い知る必要がある。

しかし，東北には自動車全体に関する開発機能が存在しない，という構造的な問題と不利がある。こうした不利な構造の中でプロジェクトを進めないといけないことそれ自体が，東北の自動車産業振興の1つの限界でもある。しかし，今後に向けて，この限界を克服する方策を検討していく必要があろう。ここでも広島県の状況を参考にしたい。長年にわたり広島県への訪問調査（近年は，ほぼ毎年訪問している）を実施する中で，図2－11に描かれたマツダOBを

図2－11 広島県におけるマツダOBの人的ネットワーク

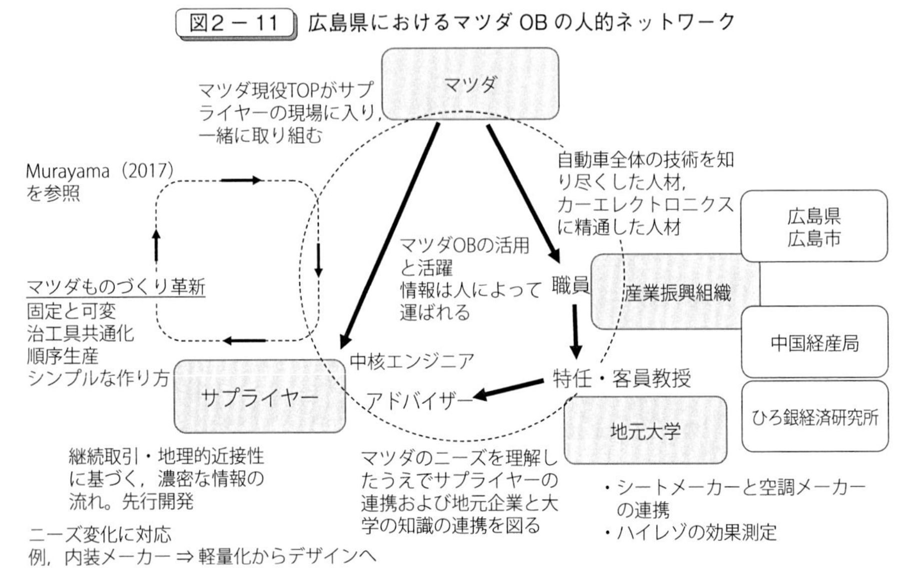

（出所）筆者作成。2018年11月17日に開催された東北学院大学経営研究所シンポジウムの発表にて筆者が提示した図に修正を加えたものである。

紐帯とする人的ネットワークに目を向けるべきことが分かってきた。もちろん，東北においても各県に自動車産業のOBの方々が，職員やアドバイザーとして配置されているが，その層の厚さや役割に大きな差があるといえよう。すなわち，マツダにおいて自動車開発に携わり自動車全体の技術を知り尽くした人材，あるいはモジュールやカーエレクトロニクスに関して日本でも屈指の技術的・実践的知識を有する人材が，産業振興組織の職員として採用されたり，地元の国公立大学で特任教授や客員教授の職に就いたりしている。さらに，彼らが，地域の中小企業や中堅企業の顧問やアドバイザーに就任したり，サプライヤーの中で部品開発の中核人材として活躍したりしているのである。こうした人材が，マツダの開発情報の地域への流れを作り出す紐帯になっていると考えられる。本社の開発機能に地理的に近接する状況下で，さらに人材による媒介効果が加わることで，マツダの車両開発の方向性に即した企業間連携ならびに先行開発が可能になっているのである。例えば，マツダの内装樹脂部品の主要サプライヤーDN社は，マツダの車両開発の方向性に合わせて，開発の重点を軽量化から（軽量化を前提とした）デザインないし意匠へといち早く移行させてきた。同社関係者は，いまや付加価値がとれるのは意匠であると述べ，欧州車の内装デザインへのベンチマーク調査を進めていた。また，愛知県に本社を置き広島県に生産拠点をおく機構・電装部品中堅メーカーID社では，マツダOBが中核人材の一人となり，マツダの設計・開発思想に沿った先行開発を進めていた。例えば，同社は，2次電池のユニット開発に携わり，12Vの電池ユニットを組み合わせることで48VのマイルドHV用電池ユニットを開発した。これは，マツダの「ビルディングブロック」，すなわち基本ユニットの組合せで可変を実現するという開発思想に基づいており，組合せ次第で96VのストロングHVにも対応できる機構を備えている。加えて，整備中に作業者が感電しないような機構が組み込まれ，販売後の整備のことまで考慮されている[50)]。

また，生産設備についても，広島県のサプライヤーは，マツダの「ものづくり革新」という生産思想に沿って生産設備や生産ラインの設計を進めていた。マツダのものづくり革新では，共通ラインと共通治具で様々な仕様の部品を生産する固定と可変の同時実現，生産時に部品をひっくり返したり向きを変えたりしないシンプルな生産手順，そして最終ラインでの生産に同期化した順序生産が重視されている。ものづくり革新の推進においては，マツダ側の現役トップの一人がサプライヤーの現場に入り込み，マツダが理想とする生産ラインの設計をサプライヤーと協力しながら推進していた（Murayama, 2017）。このように生産設備や治工具の設計開発でも，やはりカーメーカーが推進するものづくりの思想に合った開発や提案が必要となる。

以上のことから，受注という成果に結びつく先行開発（待ち伏せ戦略）を進めるためには，やはりカーメーカーや部品メーカーの開発部隊そして開発情報に繋がる人的ネットワークを構築していかなくてはならない。とりわけ東北のように域内に車両や部品の開発機能が少ない場合は[51)]，こうした人的ネットワークを一層強化することで他地域（主に中京圏・東海地方）にある開発機能と密に繋がり，その地理的不利を補完する必要がある。

これら限界に関する分析に基づくと，地域プロジェクトを立ち上げる際には，事前の分析と計画，そしてマーケティング視点に基づくテーマおよび事業範囲（ドメイン）の設定がまずもって重要となろう。すなわち，地域の構造的特性，地域の組織が有する強みの把握，そして自動車産業の技術・市場動向の把握を行ったうえで，自分たちの強みが活かせ，顧客ニーズにも合致し，最終的に一定規模の市場に結びつく可能性があるテーマを設定する必要があろう。

合わせて，テーマを設定することにより，自らのプロジェクトの良否が判断される評価基準が決まってしまうことも理解しておかなくてはならない。このことから，テーマを決定する際には，やはり地域の特性や産業構造を正しく把握すると共に（内を知る），グローバルな市場・技術動向に関する情報収集（外を知る）に一定の時間を費やす必要があろう。また，関連組織（大学，地域企業など）とは，事前にテーマや事業範囲に関して協議を重ね，プロジェクトの目標，評価基準そして価値提案の共有ないしは擦り合わせを進めておく必要があるだろう。こうしたプロセスを慎重に踏みながらプロジェクトの立ち上げを図ることが，プロジェクト成功に向けた第一歩になるだろう。

5．むすびにかえて―次世代自動車プロジェクト終了の損失

本章では，まず東北の自動車産業の現状と構造的問題を析出した。TMEJに繋がるサプライチェーンが構築されつつあり，TMEJと1次サプライヤーの生産拠点との間で現調率の向上が見られる一方，1次サプライヤーと2次サプライヤーの間の現調率が低いままである，という問題が明らかになった。2次サプライヤーが生産する小物の部品は，中京圏など自動車産業先進地から東北に運ばれてきており，それを東北域内の1次サプライヤーの生産拠点がより大きな部品やユニットへと組み上げTMEJに供給している。こうした現状に鑑み，東北の自動車産業が，まだ「産業」と呼べる状態ではないと指摘した。そうした状況を克服するためには，自動車産業先進地域から運ばれてくる部品を代替できる東北の地場企業の生産能力構築が不可欠となる。そのうえで最終的に受注を獲得するためには，他地域に置かれた開発部隊に接近し，開発者から承認を得る必要がある。しかし，自動車産業先進地域，例えば中京圏の2次サプライヤーも，生産技術や加工技術の革新および取引先の開発部隊への新規

部品の提案と先行開発を積極的に進めている。すなわち結論として，今後も，東北の地場中小企業が東北の２次サプライヤーとして新規参入することは（東北域内での１次と２次の間の現調率を上げることは），かなり難しいと言わざるを得ない。

こうした現状への認識を踏まえ，東北で展開された次世代自動車プロジェクトの意義を改めて考えてみる。まずは，現行の自動車を前提とした先進地域との厳しい競争を回避できる，いわゆる岩城氏の言う先回りによる待ち伏せ戦略という代替案が東北の中小企業に提供されたということになる。もちろん，この代替案は，上で指摘した地場２次サプライヤーの不在という構造的問題を直ぐに解消できるものではない。しかし，現行の自動車をめぐる競争でおおよそ勝ち目がないとすれば，やはり将来の技術変化を予測し，そこに向けた準備を着々と進めるという策をとらざるを得ない。先述のように，中京圏の中小部品メーカーの経営者による，自分たちは現行の自動車に対して独力で技術高度化を進める力を持っているが，次世代モビリティに対して地域全体で考えるという取り組みは不足しており東北のプロジェクトに可能性を感じるという評価があった。こうした少し長めの時間軸を入れ込んだ地域比較という視点でもって，東北大学工学研究科などが構築を試みた次世代移動体を探究するオープンかつ緩やかなネットワーク（ないしはイノベーション・エコシステム）の価値が正しく再評価されるべきであろう。

他方，これらプロジェクトをより有効なものとするために，取り組むべきいくつかの課題があろう。ここで改めて強調しておくべきは，Market Back と Technology Push の融合である。プロジェクトで取り組む技術を最終的に市場に連接させる必要があるということであれば，自動車産業の技術動向や市場動向をしっかり収集したり，カーメーカーや部品メーカーの開発情報に接近したりできる態勢を構築していく必要があろう。より具体的には，現行の先端技術を組み込んだ自動車やその要素技術のティアダウンと評価・分析，国際的な市場・技術動向の実地調査，そして開発拠点や開発者と繋がれる人的ネットワークの構築などが必要であろう。もちろん次世代移動体をめぐる各国および各地域との競争もあるため，次世代を志向する以上は，東北大学のプロジェクトの中で強調されていた各研究室が持つ針のように尖った最先端技術を融合した世界に類をみない技術やシステムの開発を目指すという Technology Push の思想が不可欠になることはいうまでもない。すなわち，Market Back と Technology Push は二律背反するものではないため，Market Back と Technology Push の思想をうまく融合させながら，次世代移動体の中で，何ができるか，何をすべきかを検討し，プロジェクトのテーマと事業範囲を構想する必要があるだろう。

最後に，宮城および岩手のプロジェクトはいずれも 2017 年 3 月をもって終了した。その後，岩手県は新たなプロジェクトを申請したが，残念ながら採用には至らなかったようである [52)]。これによって，次世代移動体に関心を持つ東北地方の関係者が広く集まり情報共有を行う場が地域からなくなり，各県内でどのような取り組みが進められているかが（少なくとも筆者の目には）見えなくなってしまった。特に筆者は，宮城プロジェクトへの参加を通じて，多くの活動主体の参加が許されたオープンかつフラットなネットワークが，新たな出会いを生み出し，新たな学びを触発できることを実感した。例えば，我々自身も，このネットワークでの出会いがキッカケとなり，東北各県の方々との共同調査，東北大学工学研究科の先生方との次世代自動車をめぐる共同シンポジウム，さらに宮城県内の中小企業（アルテックス）への企業戦略提案会などの共同講義を実施できた。もちろん，我々のような人文・社会学系教員の取り組みや研究は，次世代自動車の要素技術の開発には直接結びつかない周辺的活動に過ぎないが，東北大学工学研究科が創出したオープンなネットワークが存在しなければ，上述のような地域の各組織との共同調査や共同講義は生まれなかった。イノベーションが新結合であるとすれば，新たな出会いを誘発したり，自由な議論が許容されるオープンなネットワークというソーシャル・キャピタルが必要になる。プロジェクト終了によって，こうしたオープンネットワークというソーシャル・キャピタルが地域から消滅したことは非常に残念に思われる。加えて，次世代自動車プロジェクトの終了によって，自動車産業への参入を目論む地域の中小企業にとっての１つの戦略代替案，すなわち先回りによる待ち伏せの戦略が失われたことにもなる。もちろん，地域内の，どこかで，クローズドな関係による次世代移動体に向けた研究や連携が継続されている可能性はある。しかし，やはり両プロジェクトの終了により，地域内の企業や組織に広く開かれた次世代自動車ないし次世代移動体への重要な挑戦機会の１つが失われてしまったと言わざるを得ないだろう[53]。

東北の次世代自動車プロジェクトが終了し，新結合を生み出すオープンネットワーク，そして先回り待ち伏せ戦略という代替案が失われたことの地域としての損失は計り知れないのではないだろうか。中京圏の経営者が東北に大きな可能性を感じると評した次世代モビリティを検討する水平的ネットワークが失われてしまったのである。自動車産業を本気で地域の産業の柱として育成していきたいと考えているのであれば，東北地方および東北各県の行政組織は，５年間にわたり実施された２つの次世代自動車プロジェクトの取り組みとその意義を改めて評価・検証すると共に，失われた将来への可能性と，その損失の大きさを再認識する必要があるかもしれない。一度失われたネットワークを再形成するには多大な費用と長い時間を要する。本来であれば，このオープンネットワークというソーシャル・キャピタルを継続していける何らかの受け皿が用意されるべきであったともいえよう。

最後に，中京圏の中小企業の経営者（伊藤澄夫社長）から，大学の研究者も自分たちが明らかにした内容や含意を分かりやすく示した方が良いとの助言を頂いているので，本章で議論した内容を図２－12として要約して締め括りたい。

図2－12　本章での分析内容や含意

【東北の自動車産業の問題】
自動車産業の振興が期待されたが，実際には1次および2次にも地場企業の参入がそれほど進んでいない。「産業」とは呼べない。
【それら問題の原因】
2次レベルの部品は自動車先進地から運ばれてくる。東北地方に調達権限がないという不利な状況下で，中京圏などの2次サプライヤーとの競争を強いられている。
【課題】
中京圏などの先発の中小企業に勝るコスト競争力の構築に向けた生産技術革新の推進。他地域にある調達権限や開発部隊への接近。
【次世代自動車プロジェクトの有効性と可能性】
現行自動車をめぐる競争を回避できる代替案となりうる。次世代という切り口から先回り，待ち伏せの戦略を狙う。
【同プロジェクトの限界】
市場に結びつく次世代技術をいかに開発するか。地域の特性を踏まえたテーマや事業範囲の設定ができるか。他国や他地域にはない最先端ないし独自の技術を開発するTechnology Pushと，買い手＝カーメーカーや部品メーカーのニーズや課題を起点としたMarket Backとをうまく融合できるか。
【同プロジェクト終了の損失】
フラットで，オープンで，自由に議論ができ，新たな結合を生み出せるネットワークが失われた。東北の中小企業への戦略的代替案の1つが失われた。

（出所）筆者作成。

【注】

1）本研究は，「2020年度トランスコスモス財団 学術・科学技術等の分野への助成事業」（研究代表：村山貴俊）および「2019年度東北学院大学個別研究助成」（研究代表：村山貴俊）による支援を受けた。ここに記して謝意を表したい。

2）「中京圏」とは，愛知県の名古屋市金山を中心とし，岡崎市，岐阜市，大垣市，多治見市，四日市市を結ぶ線で囲まれる地域を指すという（日本大百科全書：ただし「コトバンク」より）。「東海地方」は，愛知，静岡，三重，岐阜の南半分を指すという（デジタル大辞泉：ただし「コトバンク」より）。ただし，それ以外にも，様々な空間的範囲を指す捉え方があるようである。例えば，国土交通省「中京圏の現状と将来像」（2018年11月7日）（https://www.mlit.go.jp/common/001260749.pdf）という資料では，長野，静岡，愛知，岐阜，三重を中部圏，その中で愛知，岐阜，三重を中京圏と捉えているようである。ここでは，いろいろと思案した結果，その使い方が学術的に適切であるかどうか分からないが，中京圏・東海地方という表現を用いることにした。

3）2015年10月15日に東北経済産業局ホームページより印刷。

4）例えば杉山正美「東北の自動車産業への期待と課題」（みやぎ自動車産業振興協議会記念講演；2011 年 10 月 27 日）を参照されたい。
5）同僚の折橋伸哉氏の仲介により，筆者は，自動車問題研究会主催の TMEJ 調査（2019 年 4 月 15 日）に現地協力メンバーとして特別参加させて頂いた。
6）日本経済新聞（電子版）「トヨタ東日本，現地主要取引先 1.5 倍に　生産コスト減」2019 年 9 月 13 日（https://www.nikkei.com/article/DGXMZO49795920T10C19A9L91000/）
7）なお，本当に把握していなかったのか，把握していたが内部情報ゆえに回答できなかったのかは，分からない。ここでは，TMEJ 担当者の回答通り，2 次サプライヤー以下の状況は把握していないという前提で議論を進める。実際，私企業であるTMEJ の立場からすれば，直接取引する 1 次サプライヤーから納入される部品やユニットの質と価格が重要で，2 次以下の部品が域内で調達されているかどうかにまで目を向ける必要はない。もちろん，サプライチェーンの継続性という観点からは，連鎖の末端に至るまで，どの部品が，どこから調達されているのかは，把握しておいた方が良いだろう。
8）2018 年 3 月 19 日の中京圏・金型メーカーの経営者へのヒアリングに依拠。
9）2020 年 2 月 28 日の愛知県の中小プレスメーカーへのヒアリングに依拠。
10）例えば，中京圏の 2 次サプライヤーの（株）今仙電機製作所は，中京圏では 2 次，広島ではマツダの 1 次サプライヤーという位置づけになる。
11）加えて，東北地方から出稼ぎに来ていた人材の出身地などが進出先の選択に影響を与えたともいう。
12）東北経済産業局（2014）では，みずほ総合研究所からの提案として地場を束ねるTier1.5 の創設という方策が記されている。しかし筆者の知る限り，このアイディアは，その前から岩手県の久郷氏が提唱していたものである。なお筆者は，村山（2013b）の中で，その久郷氏のアイディアを紹介している。
13）国土交通省 HP「モーダルシフトとは」（http://www.mlit.go.jp/seisakutokatsu/freight/modalshift.html）を参照。
14）ここでは，トヨタ自動車ホームページ（https://global.toyota/jp/detail/4061935）から算出した数値に依拠。
15）日産自動車と三菱自動車の資本提携を受けて，生産台数の少ない三菱自動車向けに部品を供給してきた岡山県の中小企業は，生産台数の多い日産自動車向けに部品を供給してきた日産系サプライヤーとの競争に対峙している。岡山県の経営者からは，日産系サプライヤーの規模の経済性を活かしたコスト低減にはなかなか太刀打ちできないとの声が聞かれた。
16）東海産業競争力協議会『東海産業競争力協議会報告書 TOKAI VISION ～世界最強のものづくり先進地域を目指して～』（2014 年 3 月）に掲載された各社のホームページから算出された数値に依拠。ただし，東北経済産業局（2014）には，元の資料は不明であるが，中部地方で約 336 台（2013 年 3 月期推定）という数値が示されている。

17) 目代（2016）によれば，九州でも同じような構造が確認できるという。

18) 河北新報 ONLINE NEWS「魅力ある小型車，東北から トヨタ東日本・宮内新社長が会見」2019年9月4日付（https://www.kahoku.co.jp/tohokunews/201909/20190914_12006.html）を参照。

19) 学術的にも，マーケティング能力という概念が注目されている。例えば，Morgan *et al.*（2009）および Vorhies and Morgan（2005）を参照されたい。

20) 地域イノベーション戦略支援プログラム（東日本大震災復興支援型）（国際競争力強化地域）の中間成果報告関連資料より。

21) 宮城のプロジェクトに関しては，東北学院大学経営研究所シンポジウムでの中塚（2015），鈴木（2017）（2018）による報告，同シンポジウムでの村山（2015b），秋池（2017）によるパネルディスカッション，および同プロジェクトの成果報告書である地域イノベーション戦略支援プログラム（東日本大震災復興支援型）（国際競争力強化地域）（2017）がある。そのほか，同プロジェクトの報告会の中で配布された数多く資料および筆者自身が参与観察で書き留めた取材ノートを参照した。同プロジェクトへの参加を呼び掛けて頂いた中塚勝人東北大学名誉教授（当時）には心より感謝申し上げたい。

22)「人材育成プログラム Basic Phase 基礎コース第4回」（2013年8月22日）での長谷川史彦教授の講演を筆者が書き留めた取材ノートより。

23)「自動車産業地域形成に向けた『産学官金連携推進公開シンポジウム』」（2014年4月21日）より。

24)「みやぎ復興パーク通信」（https://www.joho-miyagi.or.jp/park-com）を参照。

25)「次世代自動車宮城県エリア」（https://www.mext.go.jp/component/a_menu/science/micro_detail/__icsFiles/afieldfile/2018/08/08/1407796_30.pdf）を参照。

26) 鈴木高宏「文部科学省地域イノベーション戦略支援プログラム次世代自動車宮城県エリア『次世代自動車のための産学官連携イノベーション』平成28年度第3回人材育成プログラム基礎・応用実践コース『震災以降の歩みと今後の展望（最終回）』『東北地域発次世代移動体システムの提案』」（プレゼン資料）（2017年1月16日：東北大学カタールサイエンスキャンパスホール）および鈴木（2017）（2018）を参照。

27)「東北大学プレスリリース・研究成果」2017年2月14日付（https://www.tohoku.ac.jp/japanese/2017/02/press20170210-03.html）を参照。

28) 未来エナジーラボ(株) HP（http://www.m-energy.jp/index.html）を参照。

29)「終了地域・東日本大震災復興支援型　次世代自動車宮城県エリア」（文部科学省ホームページ）を参照。

30) 後述の文部科学省の評価では，宮城のプロジェクトに対して事業成果を地域に還元する仕組みが必要であるという負の評価が与えられていたが，筆者の参与観察によれば，むしろ他地域と比較しても独自性のある地域還元の仕組みが用意されていたと考えられる。もちろん実際に還元されたか，さらに地域の産業や企業の発展に寄与したかというのは，また異なる評価基準であるわけだが，地域還元の仕組みそれ自体は整備されていたといえよう。

31）岩手プロジェクトについては，同プロジェクトの報告会での講演の記録ならびに提供資料などに依拠すると共に，同プロジェクトのコーディネーターとして活躍したいわて産業振興センターの田澤潤氏および工藤充生氏との意見交換および対話にも依拠（2017年7月26日，同年8月25日，2020年7月7日。ただし2020年7月7日はリモート会議で実施）。両氏には，ご多忙の中，本稿の草稿に目を通して頂き，特に東北の次世代自動車プロジェクトを扱った4節に関して貴重なコメントと助言を頂いた。両氏には記して謝意を表したい。

32）いわて産業振興センター関係者への訪問調査（2017年7月26日），東北学院大学村山貴俊研究室での若手コーディネーターとの意見交換（2017年8月25日）および平成28年度最終成果報告会で筆者が書き留めた取材ノート（2017年2月14日）に依拠。

33）いわて産業振興センター関係者への訪問調査（2017年7月26日）および東北学院大学村山貴俊研究室での若手コーディネーターとの意見交換（2017年8月25日）に依拠。

34）いわて産業振興センター関係者への訪問調査（2017年7月26日）および東北学院大学村山貴俊研究室での若手コーディネーターとの意見交換（2017年8月25日）に依拠。

35）平成28年度最終成果報告会の講演の取材ノート（2017年2月14日）に依拠。

36）平成28年度最終成果報告会の講演の取材ノート（2017年2月14日）に依拠。

37）同組織の発足および経緯については，村山（2013b）を参照。

38）河北新報 ONLINE NEWS「部品を『見える化』ショーケースカーで PR　トヨタの商談会で100社分を展示」2019年12月4日付（https://www.kahoku.co.jp/tohokunews/201912/20191204_72022.html）を参照。

39）平成28年度最終成果報告会の講演の取材ノート（2017年2月14日）に依拠。

40）余談であるが，アイシン・グループの組み込みソフトウェアの製造会社は，岩手県立大学の学生の採用を狙って岩手県盛岡市に拠点を設置していた。ただし，同社によれば，岩手県立大学の学生は全国から集まってきており，多くの学生は岩手県に残らないことが分かってきたともいう。次世代自動車宮城エリアで実施された同社への訪問調査（2013年8月30日）に依拠。

41）東北学院大学村山貴俊研究室での若手コーディネーターとの意見交換（2017年8月25日）に依拠。

42）現在，文部科学省 HP から直接確認することはできない。国立国会図書館 WARP というアーカイブ保存システムからのみ閲覧可能である。
国立国会図書館 WARP「地域イノベーション戦略推進地域及び地域イノベーション戦略支援プログラム終了評価の評価結果」（https://warp.ndl.go.jp/info:ndljp/pid/11202591/www.mext.go.jp/b_menu/houdou/29/03/attach/1383037.htm）より。

43) 中京圏プレス部品メーカー社長への聞き取り調査（2020年2月27～28日）より。

44) 広島県のプロジェクトについては，岩城（2013a）（2013b）（2014）（2015）（2016）（2017）および筆者らの広島県でのフィールド調査に依拠。

45) 1974年の *Management, Tasks, Responsibilities, Practices* の一部が再掲された著作からの引用となる。本来であれば原著を参照すべきかもしれないが，ここでは2001年に再掲されたものからの引用であり，その頁数を記した。

46) その観点から評価すれば，岩手のプロジェクトにおいて，事業化で目標以上の成果を残したというのは，やや言い過ぎなのかもしれない。

47) 例えば，同僚の折橋伸哉氏と筆者は，パリを拠点とするGerpisa（LE RÉSEAU INTERNATIONAL DE L'AUTOMOBILE）という自動車産業を研究する学会に参加している。そこでは，ルノー，プジョー，部品サプライヤーなどの開発拠点や生産工場を訪問調査する機会が設けられている。そこに参加すると，各社がどのような製品技術や生産技術に注力しているのか，あるいは各社がどのような問題を抱えているのかがある程度理解できる。やはり，現地現物で調査を行うことは重要であろう。

48) 東北学院大学村山貴俊研究室での若手コーディネーターとの意見交換（2017年8月25日）に依拠。

49) 中京圏プレス部品メーカー社長への聞き取り調査（2020年2月27～28日）より。

50) 東京モーターショーでのID社関係者との対話に依拠（2019年10月24日）。同社のご厚意によりプレス関係者向けの事前展示会に参加させて頂いた。同社には心より感謝申し上げたい。

51) 宮城県内に拠点をおく一部の大手部品サプライヤー，例えばアルプスアルパイン（株）の宮城県内の拠点は，生産技術だけでなく，製品技術に関する高度な開発機能を有する。

52) 東北学院大学村山貴俊研究室での若手コーディネーターとの意見交換（2017年8月25日）に依拠。2020年6月現在，新たなプロジェクトの申請に向けて準備を進めており，そこでは生産技術に照準を合わせる計画であるという。

53) もちろんあくまでも1つの代替案が失われたに過ぎず，それ以外にも地域には様々な代替案が残されていると考えている。特に，東北大学では，その後も次世代モビリティへの研究が継続されていることが窺い知れる。例えば，2019年4月には，東北大学NICHeと東京大学モビリティ・イノベーション連携研究機構との連携協定が締結されたという。NICHeのホームページ（https://www.niche.tohoku.ac.jp/?p=3309）では，「NICHe次世代移動体システム研究プロジェクト（松木PJ）が，平成23年1月に東京大学生産技術研究所先進モビリティ研究センターと連携協定を結んで以来，震災後の復興プロジェクトでの協力も含め，これまでの緊密な連携関係がさらに一段昇格したものと言えます。今後，変化が激しいモビリティ関連の強化として，自動運転技術，エネルギー送電・蓄電技術，医工連携に基づく高齢者支援などの分野でさらに連携を広めかつ深めて研究開発を加速していきます」

と説明されており，次世代モビリティに関して，大学間連携に基づく高質な研究活動が継続されていることが分かる。こうした新たな連携への地域中小企業の参加が許されれば，地域として次世代モビリティへの取り組みを継続していけるかもしれない。そのほかNICHeホームページには，小型EV車両用のMR流体ブレーキの開発での賞の受賞（中野政身教授）なども報告されており，小型EVに関する新技術の研究成果が徐々に上がってきていることが窺い知れる。数年後には，新たな2次電池を含め，小型EVに関連する数多くの新要素技術が東北大学から発表され，小型EVに関するイノベーション・エコシステムが形成されることになるかもしれない。

参考文献

Chesbrough, H. (2012), Open innovation; Where we've been and where we're going, ***Research-Technology Management***, Jul.-Aug., pp.20-27.

Drucker, P. F. (2001), ***The Essential of Drucker***, NY: Harper Business.

Frigo, M. L. (2013), Reverse innovation; New pathway for growth, ***Strategic Finance***, May, pp.23-25.（ただし，Frigo氏によるGovindarajan氏へのインタビュー記事であり，リバース・イノベーションの特徴が分かりやすく纏められている）

Govindarajan, V. and Ramamurti, R. (2011), Reverse innovation, emerging markets, and global strategy, ***Global Strategy Journal***, Vol.1, pp.191-205.

Govindarajan, V. and Trimble, C. (2012), Reverse innovation: A global growth strategy that could pre-empt disruption, ***Strategy & Leadership***, Vol.40, No.5, pp.5-11.

Morgan, N. A., Vorhies, D. W. and Mason, C. H. (2009), Marketing orientation, marketing capabilities, and firm performance, ***Strategic Management Journal***, Vol.30, Issue 8, pp.909-920.

Murayama, T. (2017), Production process innovation of Japanese automobile component suppliers: A case study, ***25th International Colloquium of Gerpisa held in Paris***, Conference Paper (Online limited for Gerpisa members: http://gerpisa.org/).（完全なオープンアクセスではないが，会員登録すればダウンロード可能）

Murayama, T. and Orihashi, S. (2019), Challenges of the less developing region of automobile industry in Japan: A case of the Japanese Tohoku (northeastern) region as the third domestic production base of Toyota, ***27th Gerpisa Colloquium 2019 held in Paris***, Conference paper (Online limited for Gerpisa members: http://gerpisa.org/).（完全なオープンアクセスではないが，会員登録すればダウンロード可能）

Vorhies, D. W. and Morgan, N. A. (2005), Benchmarking marketing capabilities for sustainable competitive advantage, ***Journal of Marketing***, Volume 69, Issue 1, pp.80-94.

秋池篤（司会）(2017)「パネルディスカッション 地域でつくるものづくり―東北発のオープンイノベーションを目指して」『東北学院大学 経営学論集』9号，104～121ページ。
浅沼萬理（1997）『日本の企業組織革新的適応のメカニズム―長期取引関係の構造と機能』東洋経済新報社。
岩城富士大（2013a)「中国地方における自動車産業の課題と取り組み―モジュール化からエレクトロニクス化へ」折橋ほか（2013）9章に所収。
岩城富士大（2013b)「中国地域自動車関連産業の持続的発展を目指して産学官連携活動」『東北学院大学 経営学論集』3号，9～34ページ。
岩城富士大（2014)「中国地域自動車関連産業の持続的発展を目指して」『東北学院大学 経営学論集』5号，37～53ページ。
岩城富士大（2015)「ひろしま医工連携・先進医療イノベーション拠点における人間医工学応用自動車共同研究プロジェクトについて」『東北学院大学 経営学論集』6号，93～110ページ。
岩城富士大（2016)「広島地域における中小企業の可能性と課題」『東北学院大学 経営学論集』7号，131～145ページ。
岩城富士大（2017)「医工連携研究と地域で作るものづくり」『東北学院大学 経営学論集』8号，77～93ページ。
折橋伸哉（2013)「東北地方における自動車産業の現状」折橋ほか（2013）1章に所収。
折橋伸哉・目代武史・村山貴俊（2013)『東北地方と自動車産業―トヨタ国内第3の拠点をめぐって』創成社。
萱場文彦（2013)「宮城県における自動車産業振興とその課題」折橋ほか（2013）6章に所収。
鈴木高繁（2013)「プラ21の結成経緯と成功要因」折橋ほか（2013）6章に所収。
鈴木高広（2017)「近未来技術実証特区と東北次世代移動体システム技術実証コンソーシアムについて」『東北学院大学 経営学論集』9号，94～103ページ。
鈴木高広（2018)「東北発の次世代移動体システムによる創生―高齢化社会に求められる交通システムと自動車，そして地域産業」『東北学院大学 経営学論集』10号，114～123ページ。
竹下裕美・川端望（2013)「東北地方における自動車部品調達の構造―現地調達の進展・制約条件・展望」『赤門マネジメント・レビュー』12巻・10号，669～697ページ。
地域イノベーション戦略支援プログラム（東日本大震災復興支援型）（国際競争力強化地域）(2017)『【次世代自動車宮城県エリア報告書】【いわて環境と人にやさしい次世代モビリティ開発拠点】これからの移動体～大震災を経験した東北地方からの発信～地域に貢献できる交通システム』3月。
東北経済産業局（2014)『平成25年度東北地域の自動車関連企業における立地動向調査』(調査実施機関：みずほ総合研究所)。

中塚勝人（2015）「東北における次世代自動車に向けた取り組み―宮城の例」『東北学院大学 経営学論集』6号，84～92ページ。
沼上幹（2004）『組織デザイン』日本経済新聞出版社。
藤本隆宏（2003）『能力構築競争―日本の自動車産業はなぜ強いのか』中公新書。
村山貴俊（2013a）「宮城県の地場企業と自動車関連産業への参入要件―2008～09年の実態調査を中心に」折橋ほか（2013）3章に所収。
村山貴俊（2013b）「産学官連携による自動車産業振興―岩手県の取り組み」折橋ほか（2013）4章に所収。
村山貴俊（2013c）「自動車関連産業における山形県の実力―手掛ける自動車部品から見えてくる強さと課題」折橋ほか（2013）5章に所収。
村山貴俊（2015a）「秋田県の自動車産業振興の変遷と県内企業の実力―発展に向けた課題析出」『東北学院大学 経営学論集』6号，1～34ページ。
村山貴俊（司会）（2015b）「パネルディスカッション 東北における次世代自動車と産学官連携をめぐって」『東北学院大学 経営学論集』6号，126～149ページ。
村山貴俊（2016a）「中京圏・順送りプレスTier2メーカーとの比較にみる東北自動車産業の可能性と限界―三重県四日市市・伊藤製作所の事例を中心に」『東北学院大学 経営学論集』7号，1～40ページ。
村山貴俊（司会）（2016b）「パネルディスカッション 中小企業の進化と持続可能性を考える」『東北学院大学 経営学論集』7号，146～171ページ。
村山貴俊（2018）「中小企業の生存・成長戦略―国際化，連携，革新の活用」『研究年報 経済学』（東北大学 経済学会）76巻・1号，77～99ページ。
村山貴俊（2019a）「設計・生産能力に基づくトラック部品製造中小企業の存続について―(株)アルテックスの事例研究」『東北学院大学 経営学論集』13号，1～23ページ。
村山貴俊（2019b）「中京圏・自動車部品金型中小企業の競争力を探る―（株)名古屋精密金型の事例」『東北学院大学 経営学論集』14号，29～48ページ。
村山貴俊・秋池篤（掲載予定）「自動車部品産業の新規受注における商談の在り方―東北の中小製造企業の成功と失敗の比較から」『研究年報 経済学』（東北大学経済学会）（2018年10月31日投稿。2020年3月5日に査読完了および採択の通知あり。掲載号数については，2020年8月時点でまだ通知されていない）。
目代武史（2014）「九州地域自動車関連産業の持続的発展を目指して」『東北学院大学 経営学論集』5号，54～71ページ。
山本聡（2010）「『人材』から見た素形材産業における営業能力の構築と新規受注獲得―次世代市場・海外市場に参入する素形材企業の姿」『SOKEIZAI』Vol.15, No.9, 34～40ページ。

第3章

自動車のデザイン創出活動の変化と地域[1)]

—東北への含意—

秋池　篤・吉岡（小林）徹

1．はじめに

我々が道路を眺めると様々な外観（以下，デザインと呼ぶ）の自動車が走っている。本章では，このデザインを創出する活動に焦点を当てる。デザインは自動車の魅力を左右する重要な要素であることが複数の研究から示されている（e.g., Talke et al., 2009；Talke et al., 2017）。そのようなデザイン創出活動のマネジメントについても議論がなされてきている（e.g., 森永，2010）。それでは，本書のテーマである「地域」という視点で国内自動車メーカーのデザイン創出活動を捉えると，どのような状況で，経時的にはどのような変化が見受けられるのであろうか。そして，東北地方のデザイン創出活動はどのようになっているのであろうか。

本稿は，そのような問題意識に基づき，自動車の意匠に記載された創作者および出願者の住所に注目しデザイン創出活動を記述統計的に分析し，その結果をもとに考察する。

2．先行研究

本節は以下の通り構成される。まずデザインが自動車の評価や売り上げに与える影響について言及すると同時に，その分析の観点についても記述する。次に，自動車のデザイン開発活動に関して経営学視点から分析した研究をレビューする。そのうえで，本稿の分析課題を導出し，その意義について記載する。

（１）デザインが自動車にもたらす影響

既存研究では，自動車においてデザインが製品の売り上げに有意な影響をもたらすことが指摘されてきた（e.g., Talke et al., 2009；Rubera & Droge, 2015；Talke et al., 2017）。ただ，どのようなデザインが企業にとって望ましいのかについては，いまだに議論が分かれている。例えば，デザインをこれまでにないような新奇的なものに変えた方がよいのか（e.g., Talke et al., 2009），それとも変えない方がよいのか（Landwehr et al., 2013）という点で議論がある。

このようなテーマについて包括的に分析を進めているのがTalke et al. (2017）である。Talke et al. (2017）によれば，自動車のデザインとしては競合企業とは違いがあった方がデザインの売り上げは向上するものの，これまでの自動車との違いが大きくなりすぎると売り上げへの正の影響は小さくなるという。同様の知見はLiu et al. (2017）からも得られている。Liu et al. (2017）は，これまで典型的であったデザインから変更する場合，ほどほどの変更までであれば変更の程度が大きくなるほど購買意向が高まる一方，変更の程度が大きくなりすぎると購買意向の高まりの効果が減少していくこと，つまり，変更の程度が購買意向に逆Ｕ字型の影響をもたらすことを指摘している。

また，近年は，電気自動車を代表として，動力部分に新奇な技術的コンセプトが導入されるようになっている。このような新奇なコンセプトとデザインの関係性についても検討がなされている。秋池・勝又（2016）は，電気自動車のデザインを対象に，デザインの多次元性（Homburg et al., 2015）に注目した消費者調査を実施している。その結果として，デザインには「新しい」，「独自」など情緒的な側面と機能面で先進的なイメージを与えるなど機能的な要素と結びついた側面に分類されることが明らかとなった。そして，ユーザーを製品知識層別に分類し，購買意向への影響を分析した結果，電気自動車については，情緒的な側面については一部の知識層のみでしか正に有意な影響が得られなかった反面，機能的な要素と結びついた側面については全ての知識層において正に有意な影響が得られ，そして，その影響も大きいことが明らかとなった。

このようにデザインについては様々な知見が収集されているが，それらの研究をもとにすれば，少なくとも自動車のデザインは何らかの形で企業の業績に影響をもたらすということは共通した見解であることがわかる。

（2）自動車とデザイン開発活動

各自動車メーカーでもデザインの重要性は認識されており，デザインを意識した製品開発を各社が進めている（e.g., 岩倉，2003；森永，2005；延岡，2010；延岡ほか, 2013）。岩倉（2003）は，ホンダのデザイン活動を歴史的に記述している。ホンダにおいては，デザイナーの育成，デザイナーの活用，ブランド形成戦略，デザイン・マインドによる経営という4つの段階を経て，デザイン・マネジメントが構築され，デザイナー，デザインが有効な経営資源として活用されてきたという。

森永（2005, 2010）では，トヨタ自動車及び日産自動車のデザイン創出活動に注目している。両社においては，個性的で一貫性のあるデザインを実現するために，デザイン部門を分権化するという対応を実施していたという。この背景にはデザイン部門の地位が低かったということがあるという。これまでの自動車メーカーの強みであった多様な製品を低コストで開発するための組織構造ではデザイン部門が一貫性のあるデザインを創出することが難しかったためである。延岡・木村（2016）は，マツダのデザイン・マネジメントに注目している[2)]。マツダは，顧客が真に感動するデザインを生み出すため，商品企画の中でデザイン部門が主導する体制に転換し，強力なブランド構築につながる製品を生み出すことに成功した。このようにデザインを重視していくためには，デザイナーやデザインが重要な資源であると全社的に認識される必要があることがわかる。

先行研究では自動車のデザインが消費者の購買意向に影響をもたらしていることを定量的な調査を通じて明らかとすると同時に，デザイン創出活動に関するケース分析を通じて，デザインを重要な要素と認識し全社的に取り組む必要性を指摘している。これらの知見は非常に有意義なものであるといえよう。

（３）自動車デザイン創出活動と「地域」

それでは，このようなデザイン創出活動に「地域」という視点を追加すると，どのような知見を得られるのであろうか。以下，自動車開発活動と「地域」の関係性を検討していきたい。

まず企業と地域の関係についてである。既存研究は企業や人材が特定の地域に集積していることは様々なメリットをもたらすと指摘する。例えば，産業集積の分野で著名な経済学者の Alfred Marshall は特定産業が集積することによって，技能がその地域内で共有され，道具・原材料などの補助産業も発達し，機械の共有や労働市場の形成などの便益が生じると述べている（マーシャル，1966）[3]。経営学においてもその有用性は指摘されている。戦略論で有名な経営学者の Michael Porter は，国レベルでの競争優位を形成する要因について要素条件（技術や人材，資本など競争の源泉となる資源），需要条件（製品・サービスの市場），関連・支援産業（原材料，機器の供給や流通，また，経営の支援機関），企業の戦略・競争環境という４つをあげ，このような４つの要因が関連しあうことで，特定の国の中で産業クラスターの競争優位性がより高まることを指摘した（Porter, 1990）[4]。

このような地域内での集積については，日本の自動車産業においても重要な要素として作用した。日本の自動車産業では，メーカーはサプライヤーと長期的な関係性を築き，それが米国自動車メーカーよりも高い品質，価格競争力につながっていたという（Cusumano & Takeishi, 1991）。浅沼・菊谷（1993）は，中核メーカーがサプライヤーを育成し，かつ彼らサプライヤーが直面しうるリスクを吸収してきたことを指摘する。サプライヤーのリスクをメーカーが一部負担することによって，サプライヤーの成長を促していたのである。このような関係性は製品開発活動においても見受けられる。Clark & Fujimoto（1991）はサプライヤーの最終製品である自動車の開発への関与が自動車の総合力に影響を及ぼすことを指摘している。サプライヤーはメーカーに対して自社のエンジニアを派遣したりすることで関係性を強化しながら，彼らの知識の獲得を図ってきた（河野，2009，2010）。一方で，自動車メーカーも自動車の開発に関する知識を保有したうえで，サプライヤーと製品開発を進めることで，その品質を向上させてきた（武石，2003）[5]。

このような企業との関係性[6]から得られるレント（超過利潤）をDyer & Singh（1998）は関係レント（relational rent）と呼んだ。そして，その構成要素として，関係特殊資産，情報共有ルーティン，補完的な資源・能力，効果的なガバナンスを提示している[7]。Dyer & Nobeoka（2000）は，トヨタの協豊会の取り組みに注目し，そのネットワークが上述の要素を満たしていたことをケースより明らかとしている。このように自動車メーカーとサプライヤーによる長期的なネットワークが日本の自動車産業の強みとして認識されてきたのである。

そして，このような企業間ネットワークは，自動車メーカーの工場が存在する周辺地域で形成されているという。例えば，トヨタ自動車は国内においては，三河地域，九州地域，東北地域に集積が築きあげられ，各々で生産活動が実施されている（e.g., 折橋ほか，2013；榊原，2014）。

（4）本稿の分析課題

ここまでの既存研究のレビューをもとに分析課題を設定したい。自動車のデザイン創出活動に注目した研究では，自動車のデザインの効果やデザイン創出活動のプロセスについては分析を進め，有益な示唆を得ている。しかしながら，本稿の目的である地域という視点からの創出方法の検討は加えられてはいない。また，日本の自動車産業に注目した研究では，日系自動車メーカー・サプライヤーの長期的かつ互恵的な関係性が地域的な集積も伴い形成されていることが競争力につながることを指摘している。ただし，これらの研究においても，自動車デザイン創出という視点での分析はなされてはいない。

このように，自動車デザイン創出と地域という視点はこれまでの分析ではなされては来なかった。しかしながら，自動車デザイン創出を考えるうえで地域というテーマは重要なテーマとなりうる。

Florida（2002）は特定の都市へのクリエイティブな人材の集積が生じていることを指摘している。そして，クリエイティブな人材へのアクセスを確保するために，企業が特定の地域に進出するというケースもある。中川ほか（2013）によれば，2010年代のシリコンバレーにおいては，域外から集まった人材が立ち上げたベンチャー企業をM&Aするというビジネスモデルが確立され，そのような人材の獲得，企業の買収のためにシリコンバレーに進出している企業も存在しているという（小林，2013b）。同様のケースはデザイナーについても想定されるであろう。このようにデザイン創出活動と地域については関連している可能性がある。

そこで本章では地域別のデザイン創出活動を明らかとすることを分析課題とする。その際には，筆者が所属している東北の状況についても分析を深める。また，分析においては，現状を把握することにのみならず，その経時的な変化にも注目する。なぜなら，自動車の製品アーキテクチャ（e.g., 藤本，2001；延岡，2006）のモジュール化（e.g., 藤本，2018），自動車産業のグローバル化などに伴い自動車のデザイン活動も影響を受けていることが想定されるためである。

３．分　析

（1）分析データ

前節で記述したように本章は自動車メーカーによるデザイン創出活動を地域という観点で分析していく。ただし，デザイン創出活動についてはその動向の把握が非常に困難である。そのような課題に対して，本稿は企業によって出願・登録された意匠データをもとにして，彼らのデザイン創出活動を把握することとしたい[8)]。意匠制度は自社製品のデザインを保護するための知的財産制度である。企業は製品の形状や模様（意匠）を示した図面と，当該製品が含まれる物品の区分を明示して登録することで，当該意匠についての排他的な利用をする権利が保護される。この登録された意匠は特許庁から公報として発行されるが，その中には，意匠の権利を有している「意匠権者」と実際に意匠を創出するのに寄与した「創作者」の名前および住所も記載されている。本章の分析では，この意匠に記載されている住所に注目する[9)]。

この意匠データについては，文部科学省科学技術・学術政策研究所の公表する「NISTEP意匠・商標DB」に，パナソニック ソリューションテクノロジー株式会社が提供する「PatentSQUARE」のデータを接続して作成した。データは2005年から2019年に出願された意匠を対象としている[10]。なお，分析期間の後半のデータについては，「J-PlatPat」より意匠を収集し，そこに記載されている住所を分析データとして用いている。

自動車の意匠については，日本意匠分類が「G22100」の意匠を対象としている。また，日本の意匠制度には製品の意匠全体を保護する「全体意匠」と意匠の一部を保護する（例えば，ランプ周りの意匠の保護）「部分意匠」という2つのタイプが存在する。今回は自動車のデザイン創出を対象としているため「全体意匠」のみを対象としてデータを集計した。

このようにして得られた自動車に関する意匠の出願年，意匠権者名，意匠権者住所，創作者住所（複数存在する場合がある）をもとに分析を進める。

そして，意匠が創出され，最終的に権利として効力を発揮するためには出願と登録という2つの段階を経る必要がある。出願日と登録日という2つの時期に関するデータが意匠には記載されている。デザイン創出行動を分析する本章の目的から，できるだけ創出時のデータと近い「出願日」をもってデータの集計をすることとする。

最後に分析対象企業について検討する。意匠を出願している企業は多く存在している。国内自動車メーカーの他にも海外自動車メーカー，部品メーカーなども出願している。しかしながら，全ての企業を対象とすると，現状を把握することが困難となる。そこで，今回の分析では，トヨタ，ホンダ，日産，ダイハツ，マツダ，スズキ[11]の6社を対象とする[12]。図3－1はこれらの企業の意匠の出願数の推移を記載したものである。これを見ると，2005年，2007年には70件を超える意匠が出願されている一方で，2018年には30件ほどの出願にとどまっていることがわかる。ただ，各年とも一定程度の意匠が出願されており，分析が可能であると判断できる。

（2）分析に用いる変数

本節では分析に用いる変数について記述したい。なお，いずれの変数についても自動車メーカーごとに集計している。まずは，デザインが創出された地域について把握する（以下，「デザイン創出地域」）。これは当該意匠の筆頭創作者の

図３－１　意匠出願数の推移

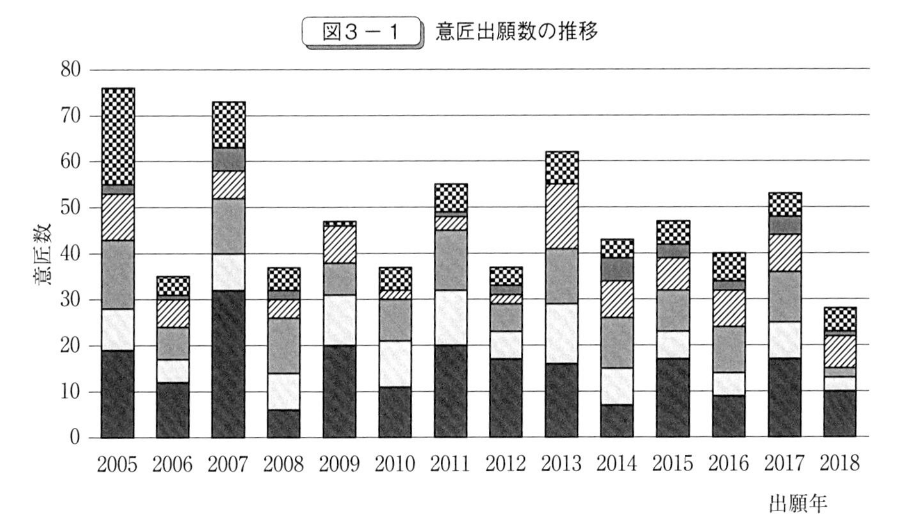

（出所）「NISTEP 意匠・商標 DB」「Patent SQUARE」「J-PlatPat」所収のデータをもとに作成。

住所に記載されている都道府県をもとに判断することとする[13)]。次に，デザインが出願されている地域について把握する（以下，「デザイン出願地域」）。この変数は，当該意匠の出願者の住所に記載されている都道府県をもとに把握する。３つ目は，複数地域をまたいだデザイン創出についてである（以下，「地域際デザイン創出」）。ある意匠についての創作者同士の住所が異なる都道府県となっているかどうかを把握することとする。４つ目は，海外が関係したデザイン創出についてである（「海外関与デザイン創出」）。分析対象となる意匠において，住所が日本以外の創作者が関わっているかどうかを把握する。他には，デザイン創出に関わっている創作者数（以下，「創作者数」。意匠に記載されている創作者の人数の平均値）についても確認することとする。

（３）地域別のデザイン創出・出願状況

まずデザイン創出地域について把握する（図３－２）。この結果を見ると，各自動車メーカーは自社の本拠地がある地域を中心にデザインを創出していることがわかる。トヨタは愛知県，ホンダは埼玉県，日産は神奈川県でデザイン創出が

図３－２　地域別デザイン創出件数

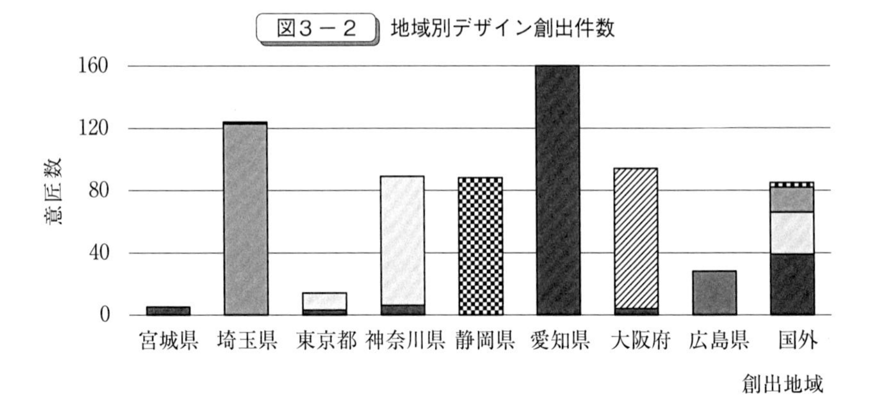

（出所）「NISTEP 意匠・商標 DB」「Patent SQUARE」「J-PlatPat」所収のデータをもとに作成。

実施されていることがわかる。ダイハツや，スズキ，マツダについても同様である。ただ，トヨタはトヨタ自動車東日本の拠点がある宮城県でもデザインを創出していることがわかる。トヨタ，日産，ホンダといった大手３社とダイハツ，スズキ，マツダの間の大きな違いは国外でのデザイン創出である。図３－２を見ると，海外でのデザイン創出はほとんど大手３社にて行われていることがわかる。

次にデザイン出願地域について把握する。これについては，図３－３で明らかなように，基本的には本社がある地域でデザインが出願されている。ホンダについては，デザイン創出は埼玉県で行われていたがデザイン出願は東京都で行われていることがわかる。また，トヨタによる宮城県でのデザイン出願は，デザイン創出と比較すると少なくなることがわかる。これらは意匠については一般的には本社にある知財部門が中心に登録するため，その影響であることが想定される。

（４）地域際・海外関与デザイン創出の状況と変化

地域際デザイン創出の状況については図３－４，５の通りである。図３－４は，地域際デザイン創出について２年ないし３年の期間で集計し平均値化したものである。図３－５は各メーカーが創出したデザインのうち，地域際デザインの比率を前述の期間で集計したものである。

図３－３　地域別デザイン出願件数

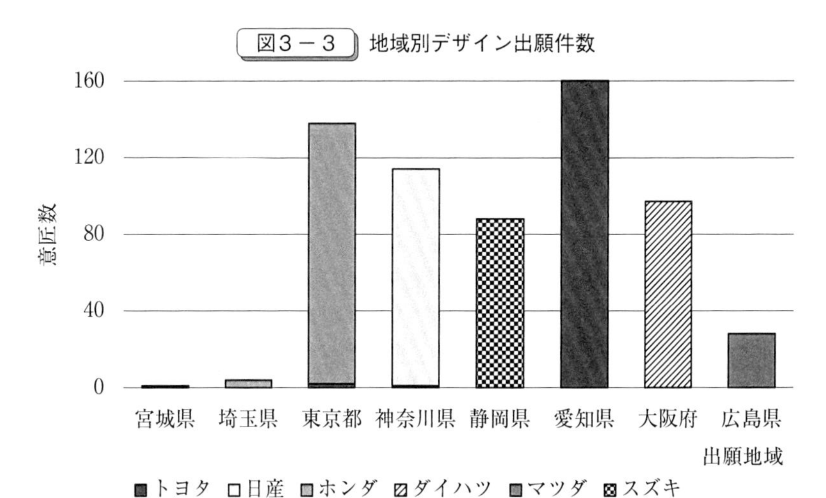

（出所）「NISTEP 意匠・商標 DB」「Patent SQUARE」「J-PlatPat」所収のデータをもとに作成。

図３－４　地域際デザイン創出数

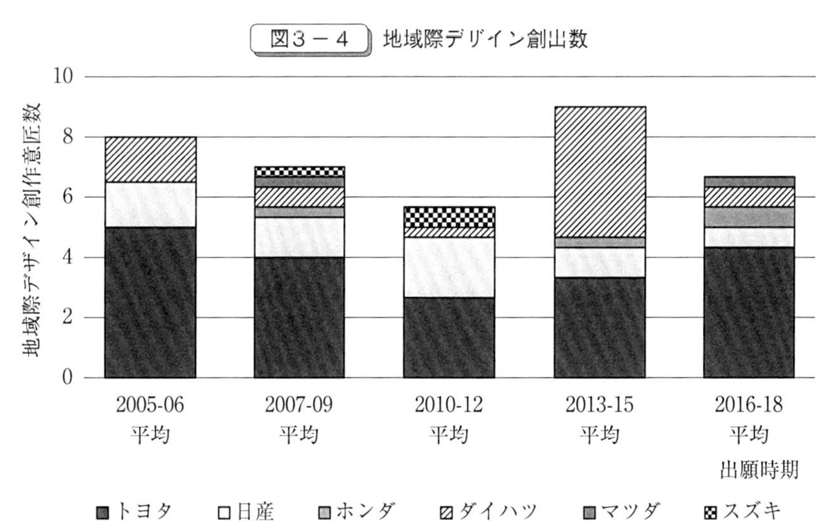

（出所）「NISTEP 意匠・商標 DB」「Patent SQUARE」「J-PlatPat」所収のデータをもとに作成。

これらを見ると，トヨタは他地域との連携が比較的多いことがわかる。これはグループ会社が他地域に多く存在しており，それらと協力した結果であることが想定される。日産，ダイハツも地域際デザイン創出のケースが一定程度存在している。ただし，ダイハツについてはトヨタのグループ会社であるため

図３－５　地域際デザイン創出比率

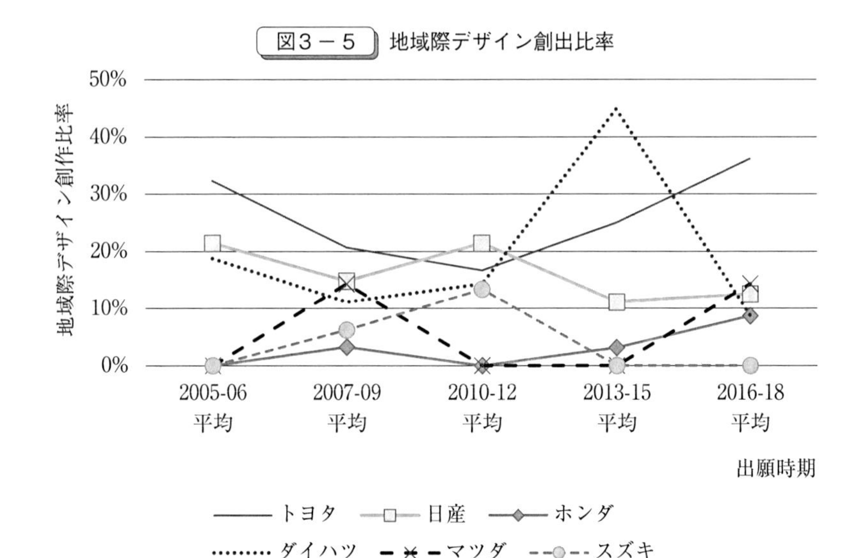

（出所）「NISTEP 意匠・商標 DB」「Patent SQUARE」「J-PlatPat」所収のデータをもとに作成。

（トヨタ自動車，2020），その影響が想定される。一方で，基本的に１つの地域で意匠創出を実施しているのが，ホンダ，マツダ，スズキである。これらの企業は埼玉県，広島県，静岡県で各々デザイン創出を実施しており，他地域との連携も少ない。

次に，地域際デザイン創出の経年的な変化について注目する。図３－４によれば全体的には各期間平均して６～９件程度の地域際デザインが創出されていることがわかる。図３－５を見ると，一部企業を除き地域際デザインの比率は0～20％程度にある。このような中で，特に顕著な変化を見せているのがトヨタである。トヨタは2016-18年期には地域際デザインの数を増加させつつ，全体の比率も高まっていることがわかる。このように考えてみると，トヨタについては地域際デザイン創出が拡大傾向にあるといえよう。

海外関与デザイン創出の状況については図３－６，７の通りである。図３－６を見ると2010年代前半に一度海外関与デザイン創出数が低下したものの，近年では再び多くなってきていることがわかる。その中で，顕著に増加しているのがトヨタである。2005-2006年期から一度低下したものの，2016-2018年期

図３－６　海外関与デザイン創出数

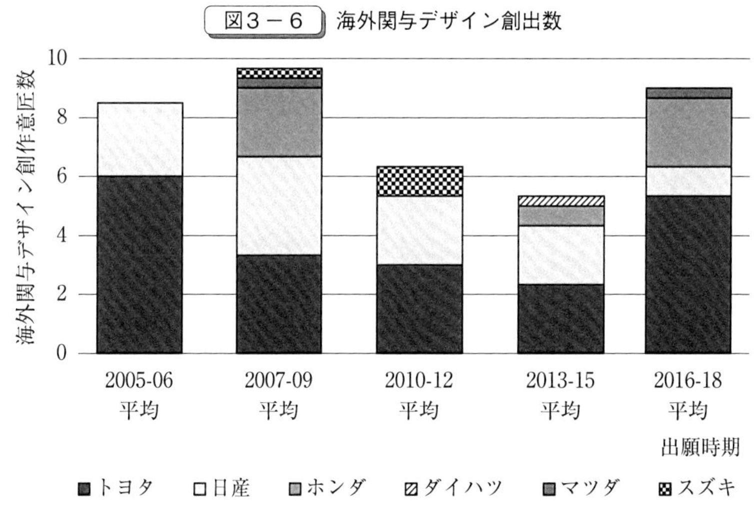

（出所）「NISTEP 意匠・商標 DB」「Patent SQUARE」「J-PlatPat」所収のデータをもとに作成。

図３－７　海外関与デザイン創出比率

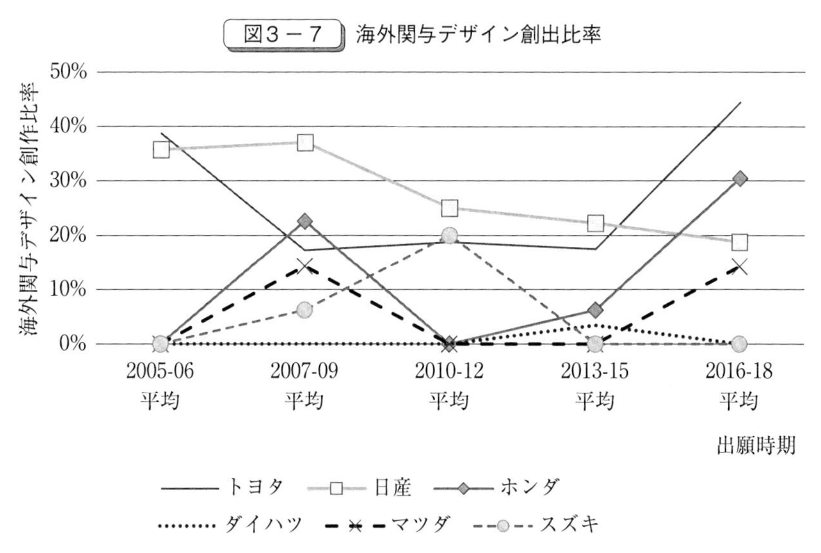

（出所）「NISTEP 意匠・商標 DB」「Patent SQUARE」「J-PlatPat」所収のデータをもとに作成。

に再び増加していることがわかる。図３－７は海外関与デザイン創出の比率を表したものである。図３－７からも，トヨタが高い値を示していることがわかる。そのほかに，増加傾向にあるのが，ホンダとマツダである。ホンダについ

図3－8　企業別デザイン創出人数

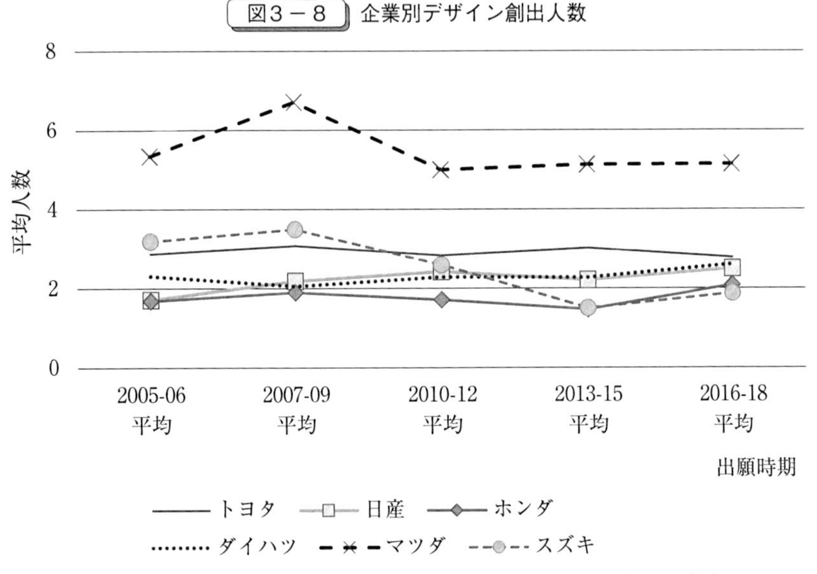

（出所）「NISTEP 意匠・商標 DB」「Patent SQUARE」「J-PlatPat」所収のデータをもとに作成。

ては，図3－7を見ると2013年以降増加してきていることが見て取れる。ただし，マツダについては2016-2018年期の間にデザイン創出に海外が関与した事例は1事例しか存在しない。にもかかわらずその比率が図3－7で高いのは，そもそものデザイン創出事例が少ないためである点には注意が必要である。一方で，減少傾向にある企業も存在する。図3－7を見ると，日産は海外が関与しているデザイン比率が低下してきていることがわかる。

最後に，デザイン創作者数について確認しておきたい[14)]。図3－8を見ると，1デザインあたりの創作者数についてはマツダが最も高いことがわかる。それ以外の企業はおおよそ2～3人程度でデザイン創出しているようである。このようにデザイン創作者数については企業ごとの特徴があることがわかる。

（5）東北におけるデザイン創出活動

ここまで地域別のデザイン創出・出願及び地域際・海外関与デザインについて分析をしてきた。本項では，筆者の一人がいる東北地方に焦点を当てて分析する。東北においては，表3－1のように，5件デザインが創出されている（意

表3－1　東北地域で創出されたデザインの詳細

意匠登録番号	出願年	デザイン出願	地域際	海外関与
1483122	2012	×	○	○
1479642	2013	×	×	×
1503871	2013	○	×	×
1546578	2015	×	×	×
1579685	2016	×	×	×

（出所）「NISTEP 意匠・商標 DB」「Patent SQUARE」「J-PlatPat」所収のデータをもとに作成。

表3－2　TMEJ の生産車種

宮城大衡工場	シエンタ，カローラアクシオ，カローラフィールダー
岩手工場	C-HR，アクア，ヤリス
東富士工場	ポルテ，スペイド，センチュリー，JPN TAXI

（出所）TMEJ HP より。

匠登録番号 1483122, 1479642, 1503871, 1546578, 1579685。意匠登録番号 1503871 は出願もなされている)。いずれもトヨタによるものである。

宮城県で自動車デザインが創出されている背景にはトヨタ自動車東日本（TMEJ）の存在がある。TMEJ の生産車種（乗用車）は現在表3－2の通りとなっている。

宮城県で創出されている意匠（意匠登録番号 1483122, 1479642, 1546578, 1579685）のデータを確認すると，シエンタ（1546578），カローラアクシア（1483122），センチュリー（1579685）と推測できる意匠であった（登録番号 1479642 はアクアに類似はしているものの明らかとはならなかった）[15)]。これらは全て TMEJ で生産されている車種である。このように宮城県では，TMEJ で生産されている車種のデザインが創出されていることがわかる。ただし，注意が必要なのは，TMEJ の全ての生産車種が宮城でデザインされているわけではないということである。例えば，JPN TAXI の意匠を見ると，筆頭創作者が本社所属となっている（意匠登録番号 1495953, 1554706）。また，CH-R と思われる意匠（意匠登録番号 1524181, 1537262）を確認すると，トヨタの本社デザイナーとカリフォルニアの Calty design との共同で創作されている [16)]。このように CH-R や JPN TAXI

のような新規性の高いモデルは本社が中心となり，国内外の拠点と連携し，グローバルにデザイン創出活動が実施されていることがわかる。

4．ディスカッション

（1）分析結果のまとめ

本章では，日本の自動車メーカーのデザイン創出活動について地域という視点で記述統計的な把握を試みてきた。本節では，その結果明らかとなったことを整理したい。まず，本稿の分析の結果として，多くのデザインが本社の所在地域や本拠地に集中して創出，出願されていることが明らかとなった。同時に，地域際デザイン創出も一定程度存在し，海外も交えた自動車デザイン創出についても見受けられた。

ただ，このようなデザイン創出活動については企業間で動向が異なっていた。トヨタ，日産などでは地域際デザイン創出や海外が関与したデザイン創出も多い一方で，マツダやスズキは基本的には一拠点でデザイン創出を実施していた（ホンダはそれらの中間的な立ち位置となっていた）。また，ダイハツについては複数地域間でのデザイン創出は多いものの，海外デザイン創出はなされていなかった。経年的な変化については，トヨタやホンダによる地域際デザイン創出，海外関与のデザイン創出が増加傾向にあることが明らかとなった。

東北でのデザイン創出活動について観察すると，TMEJ の生産車種の一部のデザイン創出が宮城県で実施されていることが明らかとなった。ただし，TMEJ で生産している一部の新規モデルについては愛知県と国内外の拠点との連携で創出されているということが明らかとなった。デザイン創出活動を地域という視点で記述統計的に把握した結果として，上記のような興味深い結果を得ることができた。これらの結果について以下，補足的な分析や議論を進めていきたい。

（2）地域際デザイン創出および海外関与デザイン創出の補足分析

本章での分析の結果，日本の自動車メーカーにおいて地域際デザイン創出や

図３－９　トヨタにおける地域際デザインにおける海外デザイナー関与状況

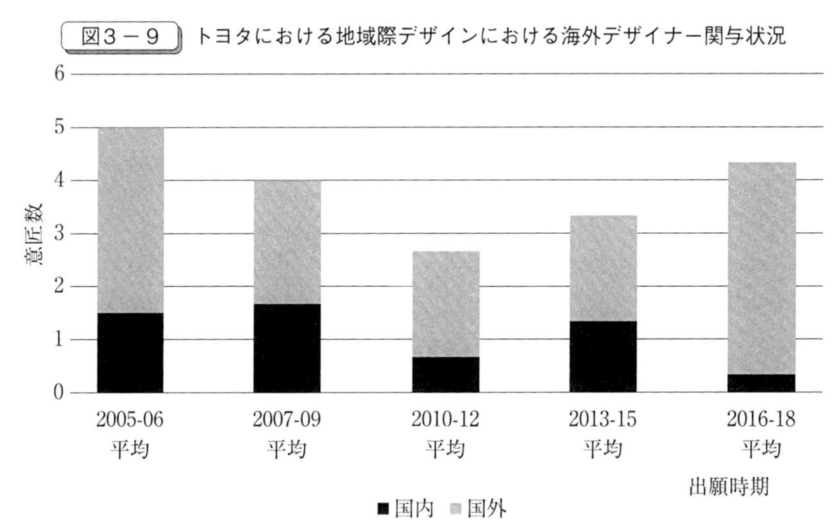

（出所）「NISTEP 意匠・商標 DB」「Patent SQUARE」「J-PlatPat」所収のデータをもとに作成。

海外関与デザイン創出が一定程度なされているということが明らかとなった。中でも，トヨタについては分析期間後半に増加傾向にあった。そこで，トヨタの状況についてより詳細に検討する。図３－９はトヨタの地域際デザイン創出活動を国内にとどまるものと国外も含むものに分類したものである。これを見ると，分析期間後半の地域際デザイン活動の増加は海外との連携によるものであることがわかる。

次に海外関与デザイン創出活動について国内・海外どちらが中心となって創出されているのかを把握する。図３－10は，トヨタにおける地域際かつ海外関与デザインについて筆頭創作者の住所が国外か国内かという観点で分類した結果である。この結果を見ると，基本的には，国内が筆頭となって海外と連携するという事例が多いようである。

このような分析結果について既存研究をもとに議論をしたい。既存研究では，自動車の生産や開発，そして，クリエイティブ人材それぞれの集積やネットワークの効果について注目が集まってきたが，両者をつなぐ検討が不十分であった。このような既存研究の状況に対して，本章の分析では，日本の自動車メーカーのデザイン創出活動は基本的には企業の本社（または本社に近い中核的な拠

図3－10 トヨタにおける地域際かつ海外関与デザインの筆頭創作者の住所

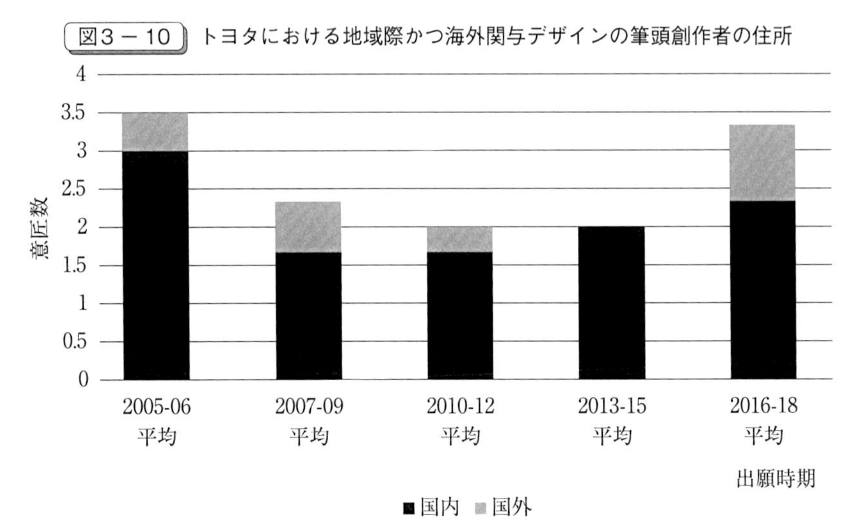

（出所）「NISTEP 意匠・商標 DB」「Patent SQUARE」「J-PlatPat」所収のデータをもとに作成。

点）に集中していることを明らかとした。これは日本の自動車開発の強みであった集積のメリットを生かした体制といえよう。Design for manufacturing (Thomke & Fujimoto, 2000) を考慮すると，生産・開発拠点と近い場所でデザイン創出活動も集中して実施することが効率的であったことが想定される。

ただし，2016 年以降はトヨタやホンダについては海外との連携が拡大傾向にあり，そのような状況にも一部変化が生じていることがわかる。Florida (2002) はクリエイティブな人材が特定の都市に集積していくことを指摘しているが，今回の事例を基にすると，自動車においては生産・開発拠点を中心に，拠点間でグローバルに連携してつながっていくことが想定される。これは，クリエイティブな人材が集積する都市間のネットワークが多国籍な製造業企業によって生み出されていることの証左である可能性がある。このような事例は Florida (2002) でも指摘はされておらず，本章の知見はこのような連携のパターンについても検討していく必要性を指摘しているという点で貢献がある。

（3）企業ごとのデザイン創出「場所」戦略の違い

加えて，本章の分析を通じて，デザインの創出地域の考え方については企業ごとに違いがあることも明らかとなった。各タイプについて整理したい。1つ目のタイプはトヨタや日産などのように複数地域間で協力してデザイン創出している企業である。地域間での連携も実施している。2つ目のタイプはホンダのように，国内では基本的に埼玉でデザイン創出を行っている一方で，海外も含めてデザイン創出を実施するタイプである。3つ目のタイプはダイハツのように国内で連携をするものの，海外とは連携しないタイプである。そして，4つ目はスズキやマツダのようにグローバルで戦いながらも，基本的には特定地域に集中してデザイン創出をするタイプである。

このような違いは市場での地位（e.g., Kotlar, & Kellar, 2006）の違いが影響していると考えられる。大手メーカーはグローバル市場での競争を想定して国内・海外拠点を有しているため，このような結果となっていることが想定される。一方でマツダやスズキなどは大手メーカーと比較すると製品ラインも狭いため，1つの拠点で対応可能であった可能性がある。むしろ，独自のデザインコンセプトを実現するためにはこのような集中したデザイン方法の方が効果的であった可能性も存在する。原・立本（2017）では，森永（2016）などの文献を引用しながら，デザインの効果および戦略はその企業の市場での地位によって変化しうることを指摘しているが，本章の結果のようにデザイン創出の場所という点で見ても，企業が取るべき方策は市場での地位ごとに異なりうる。具体的には，リーダーは様々な場所でデザイン創出をする一方で，ニッチャーなどは一か所でデザインを行うというような市場での地位別に異なる可能性がある。このような結果は，今後のより厳密な実証の必要性を示したという点で貢献があろう。

（4）デザイン創出活動と東北地方

東北地方においてはTMEJの生産車種の一部のデザイン創出が行われていた。一方で，新規モデルのデザイン創出については，愛知県を中心に国内外の拠点と連携してデザイン創出を実施していた。トヨタがこのようなデザインの創出場所の使い分けを意図的に実施しているのかは不明である。ただし，このような使い分けの可能性について提示できた点は本章の貢献であろう。プロジェクトのタイプによって，取るべき方策が異なるという指摘は経営学分野ではこれまで多くの研究で指摘されてきた（e.g., Holahan et al., 2014)。そのような中で，自動車デザイン活動の場所についても取るべき方策について使い分けがなされる可能性がある。今後より厳密な分析が必要となるが，そのような視点を示したという点に本章の貢献がある。

さらに，これらの事実をもとに東北の自動車産業への影響を考察したい。結論を先に述べるのであれば，現在のデザイン創出の方法は東北の地場のメーカーにとっては，不利に働く可能性がある。

村山（2016）では，既存の中京圏サプライヤーの競争力の高さを指摘したうえで，東北の自動車産業の取るべき方向性の１つとして，電気自動車のような新規な取り組みを起こし，そこへ参入する必要性を指摘している。これを今回の議論に当てはめれば，東北の地場メーカーが，デザインに関連する部品の納入や加工の分野などで新規の受注を獲得するためには，既存サプライヤーが決まっている既存モデルをモデルチェンジする場合よりも，新規なデザイン創出のためのプロジェクトへの参入の方が可能性としては高いことが想定される。

しかしながら，新規なデザインプロジェクトが今後もトヨタの本拠地である愛知県や海外で実施される場合，新規なデザインプロジェクトへのアクセスが困難となってしまう。東北の部品メーカー，加工メーカーという観点でいえば，今後，新規性の高いプロジェクトのデザイン活動が行われるようになっていくことが望ましい。ただし，もしそのような状況とならない場合には，東北の地場メーカーであっても愛知県で実施される新規なデザインプロジェクトへのアクセスを確保することが必要であろう。村山・秋池（論文受理済み）によれば，東北のある部品加工メーカーは中京地区の展示会などに参加していくことで，新規受注を獲得したという。デザイン関連の部品・加工の受注についても，このような積極的な働きかけが求められるであろう。

5．結　論

本章においては自動車メーカーのデザイン創出活動について「地域」という視点で検討した。あくまでも意匠データを用いた記述統計的分析であるものの，デザイン創出活動の現状・変化および東北におけるデザイン創出活動の状況について理解を深め，今後の研究につながる知見を提供することができた。

しかしながら，今回の分析には課題も残されている。今回の結果では一部企業で地域際デザイン創出や海外関与デザイン創出を増加させているということがわかったものの，これが何を原因として生じているかは明らかにできていない。自動車の電気化，モジュール化が影響しているのか，クリエイティブ層の集積の結果なのか，それともグローバルな競争の結果なのか定かではない。今後は定性的な調査も交えながら，これらの現象に対する理解を深めていく必要がある。また，本章ではデザイン創出パターンについて萌芽的な結果を導き出したものの，今後はより厳密な統計的調査が求められよう。加えて，今回の分析では，各メーカーの取り組みがパフォーマンスに正の影響をもたらすものであったのか検討できていない。今後はこのようなデザイン創出活動の変化が企業のパフォーマンスにもたらした影響を分析していく必要がある。これらの取り組みによって，効果的な次世代自動車のデザイン創出活動に関する理解をより深めていくことができよう。

【注】

1）本稿は科研費 19K13779 及びトランスコスモス財団調査研究助成を受けて実施したものである。また，本研究の執筆にあたっては，藤本隆宏先生（東京大学），村山貴俊先生（東北学院大学），折橋伸哉先生（東北学院大学）よりコメント頂いた。この場を借りて御礼申し上げる。

2）なお，延岡・松岡（2018）は，マツダの乗用車への消費者調査を行っており，現在の日本の自動車市場において感性的な側面が重要となっていることを指摘している。

3）Marshall による議論は地域経済学や産業集積論のベースとして紹介されている（e.g., 山田・徳岡，2018）。

4）産業クラスターに関する理論的な進展については Pitels（2012）に詳細にまとめられている。

5）メーカーとサプライヤーの間の長期的な関係性は 2010 年代以降も続いているという（Kosaka et al., 2019）。

6）藤本（1997）はこのような関係性を進化論的なフレームワークで検討し，創発的でありながらも，その有用性が認識され，仕組みとして社内に取り入れられてきたと指摘する。

7）Dyer & Sihgh（1998）の詳細な説明については小林（2013a）が詳しい。

8）意匠からデザイン創出動向を捉えようとした研究に携帯電話の形状の変化を分析した Akiike et al., (2019) がある。

9）このような創作者の住所を用いた研究に多々羅（2016）が存在する。多々羅（2016）は住所データを用いて創作者ネットワークを描き，そのパフォーマンスへの影響を定量的に分析している。なお，意匠制度については茶園編（2012）が詳しい。

10）2019年については打切りデータがある可能性があるため，以下の時系列的な分析においては2018年までに出願されたデータで分析をしている。それ以外の分析については2019年に出願されたデータも含んで分析をしている。

11）トヨタについてはトヨタ自動車，トヨタ自動車東日本，トヨタ車体，関東自動車を含めた。ホンダについては，本田技研，ホンダアクセスを含めた。

12）海外メーカーについては日本には一部の意匠のみ登録している可能性もあるため，本稿の分析からは除外した。このような企業の意匠やデザイン賞の出願行動の差については Yoshioka-Kobayashi et al., (2018) において分析がなされている。

13）松原（2014）は地域の区分については議論が積み重ねられていると指摘する。本章では，都道府県及び日本と日本以外に分類して分析を進めるが，これは「便宜的に設定された区画」（松原，2014，3ページ）である「形式地域」（松原，2014，3ページ）に位置付けられるものであろう。

14）その企業全体の創作者数を意匠件数で割って計算している。

15）参考文献欄に車種名が記載されていたものは，その車種の意匠と判断した。

16）Calty design についてはカリフォルニアにあるトヨタの子会社である（トヨタ HP）。CH-R のデザインも実際に手掛けているとのことである（斎藤・Monoist, 2017）。

参考文献

Akiike, A., Yoshioka-Kobayashi, T., & Katsumata, S. (2019), The dilemma of design innovation. *Annals of Business Administrative Science*, 18(6), pp.209-222.

Clark, K. B., & Fujimoto, T. (1991), *Product development performance: Strategy, organization, and management in the world auto industry*. Boston; Harvard Business School Press.（邦訳，藤本隆宏，キム・B・クラーク（1993）『実証研究　製品開発力』田村明比古訳，ダイヤモンド社。）

Cusumano, M. A., & Takeishi, A. (1991), Supplier relations and management: a survey of Japanese, Japanese-transplant, and US auto plants. *Strategic Management Journal*, 12(8), pp.563-588.

Dyer, J. H., & Singh, H. (1998), The relational view: Cooperative strategy and sources of interorganizational competitive advantage. *Academy of Management Review*, 23(4), pp.660-679.

Dyer, J. H., & Nobeoka, K. (2000), Creating and managing a high-performance knowledge-sharing network: the Toyota case. *Strategic Management Journal*, 21(3), pp.345-367.

Florida, R. (2002), *The rise of the creative class*. New York: Basic books. (邦訳, リチャード・フロリダ (2008)『クリエイティブ資本論』井口典夫訳, ダイヤモンド社。)

Holahan, P. J., Sullivan, Z. Z., & Markham, S. K. (2014), Product development as core competence: How formal product development practices differ for radical, more innovative, and incremental product innovations. *Journal of Product Innovation Management*, 31(2), pp.329-345.

Homburg, C., Wieseke, J., & Bornemann, T. (2009), Implementing the marketing concept at the employee-customer interface: the role of customer need knowledge. *Journal of Marketing*, 73(4), pp.64-81.

Kosaka, G., Nakagawa, K., Manabe, S., & Kobayashi, M. (2020), The vertical keiretsu advantage in the era of Westernization in the Japanese automobile industry: investigation from transaction cost economics and a resource-based view. *Asian Business & Management*, 19(1), pp.36-61.

Kotlar, F & Keller, K. L. (2006), *Marketing Management 12th Edition*. Boston, MA; Pearson Education. (邦訳, フィリップ・コトラー, ケビン・レーン・ケラー (2008)『コトラー＆ケラー　マーケティング・マネジメント第12版』恩蔵直人監訳・月谷真紀訳, ピアソン・エデュケーション。)

Landwehr, J. R., Wentzel, D., and Herrmann, A. (2013), Product design for the long Run: Consumer responses to typical and atypical designs at different stages of exposure. *Journal of Marketing*, 77(5), pp.92-107.

Liu, Y., Li, K. J., Chen, H. A., & Balachander, S. (2017), The effects of products' aesthetic design on demand and marketing-mix effectiveness: The role of segment prototypicality and brand consistency. *Journal of Marketing*, 81(1), pp.83-102.

Pitelis, C. (2012), Clusters, entrepreneurial ecosystem co-creation, and appropriability: a conceptual framework. *Industrial and Corporate Change*, 21(6), pp.1359-1388.

Porter, M. E. (1990), *The competitive advantage of nations: with a new introduction*. Free Press. (ポーター・M・E (1992)『国の競争優位　上・下』土岐坤・中辻萬治・小野寺武夫・戸成富美子訳, ダイヤモンド社。)

Talke, K., Salomo, S., Wieringa, J. E., & Lutz, A. (2009), What about design newness? Investigating the relevance of a neglected dimension of product innovativeness. *Journal of Product Innovation Management*, 26(6), pp.601-615.

Talke, K., Müller, S., & Wieringa, J. E. (2017), A matter of perspective: Design newness and its performance effects. *International Journal of Research in Marketing*, 34(2), pp.399-413.

Thomke, S., & Fujimoto, T. (2000), The effect of "front-loading" problem-solving on product development performance. *Journal of Product Innovation Management*,

17(2), pp.128-142.
Yoshioka-Kobayashi, T., Fujimoto, T., & Akiike, A. (2018), The validity of industrial design registrations and design patents as a measurement of "good" product design: A comparative empirical analysis. *World Patent Information*, 53, pp.14-23.
秋池篤・勝又壮太郎（2016）「消費者知識とデザイン新奇性の関係：電気自動車の外観イメージ事例から」『組織科学』49巻3号，47～59ページ。
浅沼萬里・菊谷達弥（1993）「中核企業によるサプライヤーのリスクの吸収―日本の自動車産業のミクロ計量分析―」『經濟論叢』151巻4・5・6号，1～41ページ。
岩倉信弥（2003）『ホンダにみるデザイン・マネジメントの進化』税務経理協会。
折橋伸哉・目代武史・村山貴俊編（2013）『東北地方と自動車産業』創成社。
河野英子（2009）『ゲストエンジニア：企業間ネットワーク・人材形成・組織能力の連鎖』白桃書房。
河野英子（2010）「ゲストエンジニア：企業間ネットワークにおける知識移転と創出のメカニズム」『研究・技術計画』24巻2号，155～162ページ。
小林美月（2013a）「企業間で作り上げるアドバンテージ―経営学輪講 Dyer and Singh (1998)」『赤門マネジメント・レビュー』12巻5号，397～414ページ。
小林美月（2013b）「シリコンバレーに生きる日本企業と日本人―現状と課題」『赤門マネジメント・レビュー』12巻9号，653～668ページ。
齊藤由希・MONOist（2017）「「C-HR」「カムリ」のデザイン部門が示す，レクサスのラグジュアリーの方向性」『MONOist』2017年12月21日記事
https://monoist.atmarkit.co.jp/mn/articles/1712/21/news020.html
2020年7月26日最終アクセス。
榊原雄一郎（2014）「トヨタグループの国内展開と地域経済についての研究」『産業学会研究年報』29号，117～135ページ。
武石彰（2003）『分業と競争―競争優位のアウトソーシング・マネジメント』有斐閣。
多々羅孔明（2016）「意匠創作者ネットワークを用いたデザインの質に関する分析」東京大学大学院工学系研究科技術経営戦略学専攻修士論文。
茶園成樹編（2012）『意匠法』有斐閣。
トヨタ自動車株式会社（2020）「2020年3月期 有価証券報告書」
https://global.toyota/pages/global_toyota/ir/library/securities-report/archives/archives_2020_03.pdf　2020年11月13日最終アクセス。
トヨタ自動車株式会社「トヨタ自動車75年史　技術開発 デザイン」
https://www.toyota.co.jp/jpn/company/history/75years/data/automotive_business/products_technology/technology_development/design/details.html
2020年7月26日最終アクセス。
トヨタ自動車東日本株式会社「製品紹介」
https://www.toyota-ej.co.jp/products/car.html　2020年6月30日最終アクセス。
中川功一・福地宏之・小阪玄次郎・秋池篤・小林美月・小林敏男（2014）「米国シリ

コンバレーの変容：ミクロ主体の行為の連鎖がもたらすエコシステムのマクロ構造変容」『日本経営学会誌』34 巻，3 ～ 14 ページ。
延岡健太郎（2006）『MOT 技術経営入門』日本経済新聞社。
延岡健太郎（2010）「価値づくりの技術経営 意味的価値の重要性」『一橋ビジネスレビュー』57 巻 4 号，6 ～ 19 ページ。
延岡健太郎・木村めぐみ・長内厚（2015）「デザイン価値の創造：デザインとエンジニアリングの統合に向けて」『一橋ビジネスレビュー』62 巻 4 号，6 ～ 21 ページ。
延岡健太郎・木村めぐみ（2016）「マツダ：マツダデザイン“CAR as ART”」『一橋ビジネスレビュー』63 巻 4 号，130 ～ 148 ページ。
延岡健太郎・松岡完（2018）「自動車の顧客価値　意味的価値の変化動向と国際比較」『一橋ビジネスレビュー』66 巻 2 号，108 ～ 123 ページ。
原寛和・立本博文（2018）「デザインは市場成果をもたらすのか？　製品デザインが市場成果に与える影響についての文献レビュー」『赤門マネジメント・レビュー』17 巻 2 号，47 ～ 106 ページ。
藤本隆宏（1997）『生産システムの進化論』有斐閣。
藤本隆宏（2001）『生産マネジメント入門Ⅰ』日本経済新聞出版社。
藤本隆宏（2018）「次世代型低燃費自動車のアーキテクチャ分析」『一橋ビジネスレビュー』66 巻 2 号，86 ～ 107 ページ。
マーシャル（1966）『経済学原理Ⅱ』馬場啓之助訳，東洋経済新報社。
Principles of Economics 9th edition の邦訳とのこと。
松原宏（2014）「地域経済の基礎理論」松原宏編『地域経済論入門』古今書院，2 ～ 13 ページ。
村山貴俊（2016）「中京圏・順送りプレス Tier2 メーカーとの比較にみる東北自動車産業の可能性と限界―三重県四日市市・伊藤製作所の事例を中心に―」『東北学院大学経営学論集』7 号，1 ～ 40 ページ。
村山貴俊・秋池篤（論文受理済み）「自動車部品産業の新規受注における商談の在り方―東北の中小製造企業の成功と失敗の比較から」『研究年報　経済学』。
元橋一之・池内健太・党建偉（2016）「意匠権及び商標権に関するデータベースの構築」NISTEP 調査資料 No.249。＊「意匠・商標 DB」利用のため引用
森永泰史（2005）「デザイン（意匠）重視の製品開発：自動車企業の事例分析」『組織科学』39 巻 1 号，95 ～ 109 ページ。
森永泰史（2010）『デザイン重視の製品開発マネジメント―製品開発とブランド構築のインタセクション』白桃書房。
森永泰史（2016）『経営学者が書いたデザインマネジメントの教科書』同文舘出版。
山田浩之・徳岡一幸（2018）『地域経済学入門 第 3 版』有斐閣。

第4章

パワートレイン電動化の動向と九州自動車産業

目代武史・岩城富士大

1. はじめに

次世代自動車のうねりは，地方の自動車産業集積にとってどのような影響をもたらすのだろうか。いわゆるCASE（コネクティッド，自動運転，シェア&サービス，電動化）は，自動車そのものや使用方法，所有形態を変え，その結果，産業構造をも大きく変える可能性があると指摘されている。その一方，第1章でも検討したように，CASEをはじめとする次世代自動車をめぐる議論は，いささか理念先行気味な面があり，実際の企業戦略や産業政策においてはバランスの取れた視点も必要である。

そこで本章は，自動車産業のパラダイムシフトの一翼を担う車両電動化に注目し，地方の自動車産業集積地として九州をとりあげ，電動化の潜在的な影響を検討していく。電動化をとりあげるのは，これが現在進行中の課題であり，クルマの駆動方式（パワートレイン）の電動化というトレンドが進行すること自体には疑問の余地は小さいためである。にもかかわらず，パワートレイン電動化には様々な代替的技術が存在し，どの技術がどのタイミングで主流となるのかに関しては，大きな不確実性が残されている。この不確実性への対応は，完成車メーカーのパワートレイン電動化戦略の重要な要素といえる。

九州にとって自動車産業は，半導体産業と並ぶ基幹産業である。九州には，日産自動車九州，日産車体九州，トヨタ自動車九州，ダイハツ九州の4社が立

表4－1　九州の自動車メーカーの概要

	日産自動車九州（株）	日産車体九州（株）	トヨタ自動車九州（株）			ダイハツ九州（株）	
			宮田工場	苅田工場	小倉工場	大分（中津）工場	久留米工場
生産開始	1976年12月（車両生産）	2009年12月	1992年12月	2005年12月	2008年8月	2004年11月	2008年8月
従業員数	約4,500人	約1,900人	約8,900人	約2,100人		約3,800人	約500人
生産能力	53万台	12万台	43万台	44万基	47万基	46万台	32.4万基
生産車種（生産品目）	セレナ エクストレイル ローグ ローグスポーツ	パトロール インフィンティ QX80 エルグランド NV350キャラバン アルマーダ	LEXUS ES LEXUS CT LEXUS UX LEXUS RX LEXUS NX	エンジン	ハイブリッド部品	タフト タント ムーヴ ミラトコット キャスト ミライース ウェイク アトレーワゴン ハイゼットキャディー ハイゼットトラック ハイゼットカーゴ	KFエンジン トランスミッション部品

（出所）北部九州自動車産業アジア先進拠点推進会議「北部九州自動車産業アジア先進拠点プロジェクト　https://www.pref.fukuoka.lg.jp/uploaded/life/537711_60365963_misc.pdf（2020年4月2日アクセス）。

地しており，4つの完成車工場，3つのユニット工場が操業している（表4－1）。4社合計の生産台数は，2018年度には前年度比2.3％増の143万6千台に達する。こうした自動車生産規模の拡大にしたがって自動車関連産業の集積も進んでいった。九州自動車・二輪車産業振興会議によると，2019年11月現在における九州の自動車関連事業所数は1,228所に達する。

九州の自動車産業には，以下のような5つの特徴がある（西岡・目代・野村，2018）。第1に，九州は完成車メーカーのサテライト生産拠点である。第2に，九州における完成車メーカーならびに1次部品メーカーの研究開発機能は限定的である。それゆえに第3に，九州における部品調達の意思決定権も限られている。第4に，九州で調達される部品は，シートやインストルメントパネル，燃料タンクなどの輸送効率の悪い部品や，自動車の組立順序にしたがって短時間で納入しなければならない品目が多い。逆に，エンジン系部品や駆動系部品といった高機能部品は九州域外から供給されているケースが多い。そして第5

に，九州はその立地上の特性からアジアの部品供給地をサプライチェーンの一角に組み入れることが容易である。これは一方で，九州の自動車産業集積が中国や韓国，タイといった低コスト国との競争にさらされていることを意味する。世界的に進むクルマの電動化への対応を考えるうえでは，こうした九州の特徴や条件を考慮に入れる必要がある。

本章の構成は以下の通りである。まず2節において，パワートレイン電動化に関する技術的選択肢を簡単に振り返る。次に3節で，トヨタ，日産，フォルクスワーゲンといった主要メーカーの電動パワートレインの市場投入状況をイベントツリーの要領で記述し，その背後にある電動化戦略を分析していく。そのうえで，4節においてこうした完成車メーカーの電動化戦略が九州の自動車産業に対して持つ意味について考察を行っていく。

2．パワートレイン電動化をめぐる背景と技術的選択肢

世界各国で強化が進む環境規制を背景として，車両レベルの CO_2 排出量および有害排気ガスを減らすため，自動車パワートレインの電動化が進んでいる。技術的選択肢としては，電動モーターとエンジンを組み合わせて走行するハイブリッド車（HEV：hybrid electric vehicle），発進時にオルタネーターを補助動力として使用しエンジンを補助するマイルドハイブリッド車（マイルドHEV），外部電源からの充電が可能なプラグインハイブリッド車（PHEV：plug-in HEV），外部電源から供給された電気を二次電池に蓄え電動モーターで走行する電気自動車（BEV：battery electric vehicle），車両に蓄えた水素から燃料電池で発電しながら電動モーターで走行する燃料電池車（FCEV：fuel cell electric vehicle）がある。

表4－2に示すように，各技術には一長一短があり，どの技術が優れているのかは判断が難しい。このうち，HEV，マイルドHEV，PHEVは，内燃機関を搭載するなど技術の点でも給油スタンドなどの既存の社会インフラが利用できる点でもこれまでの内燃機関車（ICEV：internal combustion engine vehicle）の延長線上にあるといえる。一方，BEVやFCEVは，走行中の CO_2 排出量はゼ

表4－2　電動パワートレインの定義と特徴

タイプ	定義	システム構成	利点	課題
内燃機関車(ICEV)	内燃機関を動力源として走行する自動車	内燃機関，変速機，ジェネレーター，二次電池（小容量），等	車両システムコストの安さ	燃費改善，排ガス対策
ハイブリッド車(HEV)	内燃機関と電動モーターを併用して走行する自動車	内燃機関，変速機，ジェネレーター，二次電池（中容量），電動モーター，インバーター，DC/DC コンバーター，等	市街地走行での燃費の良さ	車両システムコストの削減，巡航時の燃費改善
マイルドハイブリッド車（マイルドHEV）	内燃機関を動力源とし，搭載されている発電機を補助動力として用いて，内燃機関を補助する機能を持たせた自動車	内燃機関，変速機，スターター兼ジェネレーター，二次電池（小容量），インバーター，DC/DC コンバーター，等	車両システムコストの安さ，燃費改善の費用対効果の高さ	限定的な燃費改善効果
プラグインハイブリッド車（PHEV）	HEV に外部電源からの充電機能を持たせた自動車	内燃機関，変速機，ジェネレーター，二次電池（中容量），車載充電器，電動モーター，インバーター，DC/DC コンバーター，等	電動走行延長による市街地での CO_2 排出低減，充電インフラへの低依存	車両システムコストの削減，巡航時の燃費改善
バッテリー式電気自動車（BEV）	外部電源から車載二次電池を充電し，蓄えた電気を用いて電動モーターで走行する自動車	二次電池（大容量），車載充電器，電動モーター，インバーター，DC/DC コンバーター，等	走行中 CO_2 排出ゼロ，発進時トルクの大きさ	二次電池の性能向上／コスト削減，航続距離の短さ，充電インフラの整備
燃料電池車(FCEV)	車両に蓄えた水素を用いて燃料電池で発電しながら電気モーターで走行する自動車	二次電池（中容量），水素タンク，燃料電池スタック，電動モーター，インバーター，DC/DC コンバーター，等	走行中 CO_2 排出ゼロ，航続距離の長さ	燃料電池の性能向上／コスト削減，水素供給インフラの整備

（出所）筆者作成。

ロであるが，技術構成がICEVやHEV，PHEVとは大きく異なる。普及に向けては，二次電池や燃料電池の性能向上や大幅なコスト低減に加えて，充電ネットワークや水素供給ネットワークの普及が求められる。各種予測は，長期的にはパワートレインの電動化が進むことを示しているが，どの技術がいつどの程度普及するかは，想定次第で大きく異なる（図4－1）。個々の企業にとっては，どの技術がどの時点でどの水準まで性能向上するかは未知であり，技術選択には多大な不確実性が伴うのである。

図4－1 電動パワートレインの普及予測

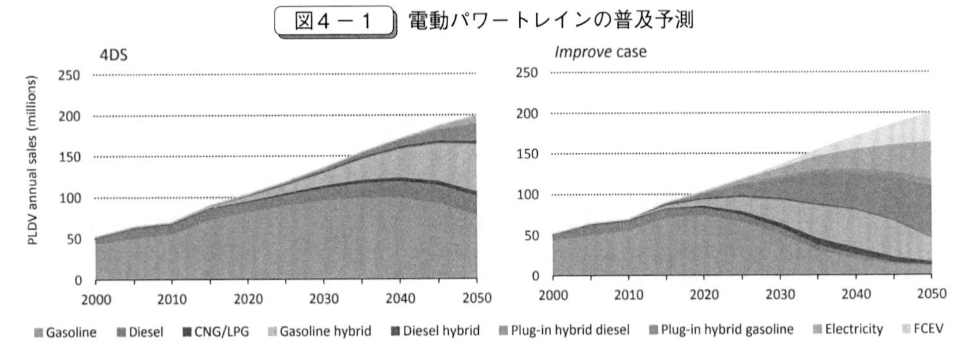

（出所）International Energy Agency. "Energy Technology Perspectives 2012," p.443. http://www.iea.org/publications/freepublications/publication/ETP2012_free.pdf（2016年7月11日アクセス）。

3．完成車メーカーのパワートレイン電動化の動向

（1）トヨタ／レクサス

① 電動パワートレインの開発概況

トヨタは，環境対応車として，内燃機関の改良に加え，HEV，PHEV，FCEVと全方位で研究開発を進めている。そのなかでもHEVを環境対応車の中核に位置付け，多様な車種のHEV化を進めてきた。図4－2に示すように，トヨタは当初，HEVをディーゼル車やガソリン車，代替エネルギー車，BEVと並ぶ燃費改善技術の1つとして位置付けていた。しかしその後，ハイブリッド技術をディーゼル車やガソリン車，代替エネルギー車，BEVを跨いで適用される上位技術として位置付けを変えた。すなわち，走行状況に応じた最適な動力の制御や回生ブレーキによるエネルギーの回収，停車時のアイドリングストップ機構などを，複数のパワートレインに共通して適用する技術と考えるようになったのである。

同社は，究極的にはFCEVを環境対応車の本命と位置づけ，研究開発を続けてきた。2002年12月にFCHV，2007年にはFCHV-advをともに限定リース販売している。そして，2014年12月に量産型FCEVであるMiraiを発売した。FCEVの普及には，水素供給インフラの整備が必要であり，他メーカー

図４－２　トヨタにおけるHEVの位置づけの変化

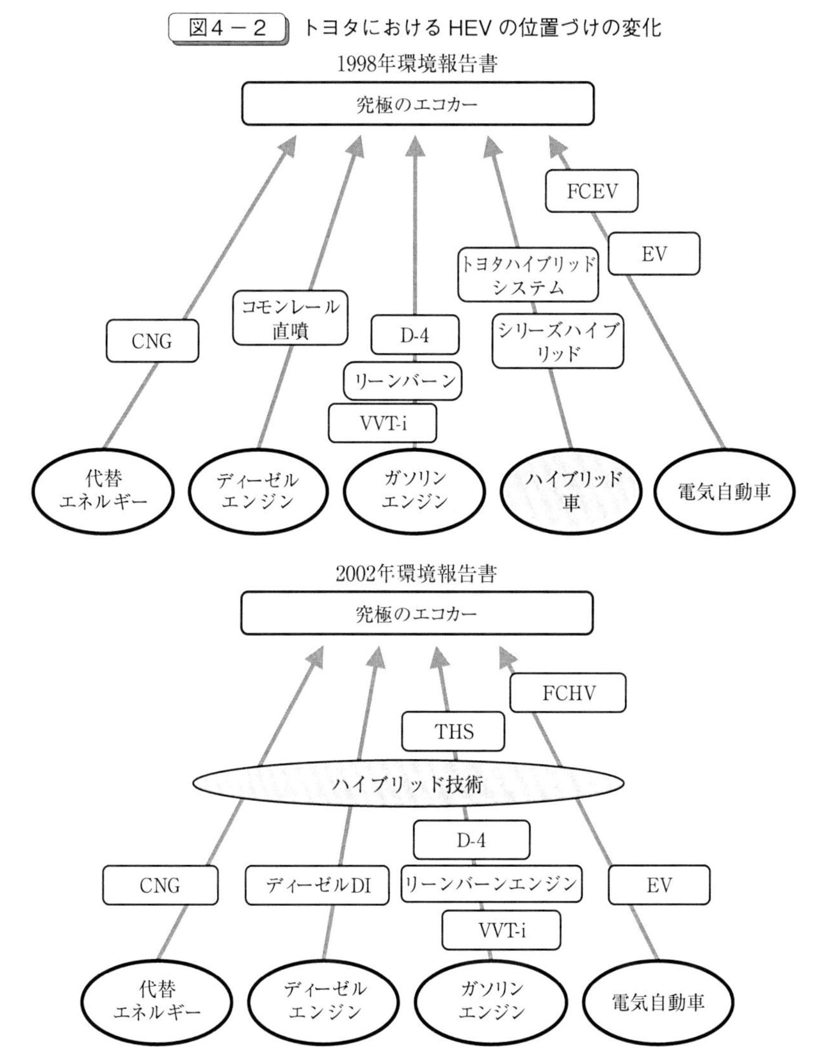

（出所）トヨタ自動車『環境報告書 1998』p.36 および『環境報告書 2002』p.18。

による FCEV 投入を促すため，同社が単独で保有している特許約 5,680 件を無償開放することを決定している[1]。

一方，BEV については基礎研究を進めつつも，商品投入には慎重であった。しかし，カリフォルニア州の ZEV 規制（Zero Emission Vehicle）や中国の NEV

規制（New Energy Vehicle）の進展を受け，2016年12月にBEVの開発を推進する専任部門を立ち上げた。さらに，2017年8月には，マツダとの資本提携に合意し，BEVのプラットフォームを共同開発することを発表した[2]。

② トヨタ／レクサスの環境対応車の市場投入推移

トヨタにおけるパワートレイン電動化の戦略を，具体的な車種展開の推移から見ていく。図4－3は，同社における主要な車種の展開を時系列で整理したものである。トヨタは，環境対応車は普及してこそ意味があると考え，充電インフラに依存しないHEVを中心に据えてきた。同社のハイブリッドシステムは，HEVの旗艦車種のプリウスの投入とともに進化してきたため，プリウスのモデルチェンジを時代区分の基準とした。

図4－3から第1に，トヨタがHEVを電動パワートレインの中核に据えていることが改めて分かる。1997年12月の初代プリウスの市場投入を皮切りに，期を追うごとにHEVモデルを増やしている。HEV専用車種であるプリウスやSAI，アクアだけでなく，既存のICEVモデルにもHEVを設定している。また，投入モデルの市場セグメントも小型車（アクアなど）から大型車（アルファード）まで幅広い。車型も多様で，セダン（プリウス，カムリなど）からハッチバク（アクア，ヴィッツ），ワゴン（カローラフィールダー），ミニバン（アルファード，エスティマなど），SUV（ハリアー，C-HR，RAV4など）までフルラインでHEVを投入している。

第2に，こうした幅広い商品投入を可能にするために，ハイブリッドシステムの小型化と性能向上，機能の多様化が進められた。トヨタのハイブリッドシステムは，1基のエンジンと2つのモーターに独自の動力分割機構を組み合わせたシリーズ・パラレル方式を採用している。初代プリウスに搭載されたハイブリッドシステムはTHS（Toyota Hybrid System）と呼ばれ，第2世代プリウスには，THSをさらに小型化・軽量化・高効率化したTHS-IIを搭載している。第1期には，通常のHEVに加え，1基のエンジンと2つの電動モーター，CVTを組み合わせたTHS-Cを第2世代のエスティマに搭載している。さらに，2001年に発売されたクラウン・マイルド・ハイブリッドには，電源電圧を通

図4－3　トヨタの電動パワートレイン車種の展開

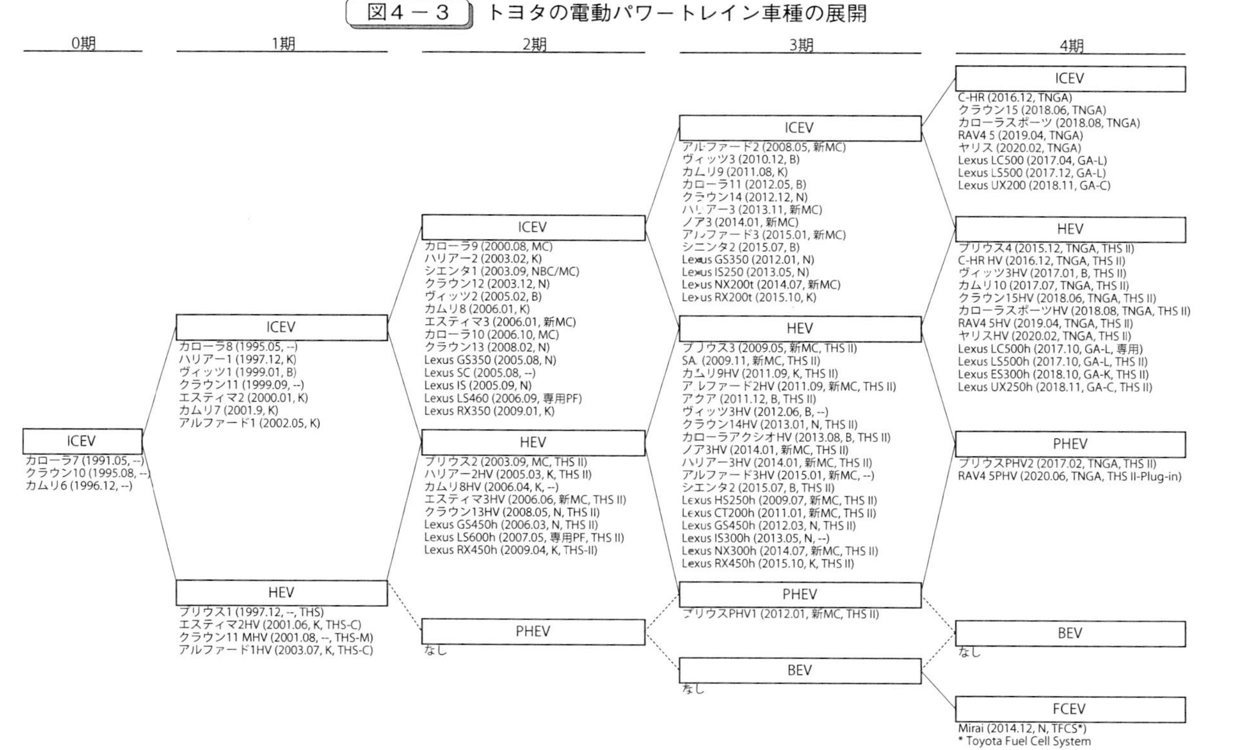

注1：各期のHEV/PHEVは，同期のプリウス発売後に投入されたモデル。各期のICEVは，同期のプリウス発売時に量産中だったモデルあるいは次期のプリウス発売前までに市場投入されたモデル。なお，ICEVは代表的なモデルのみを掲載している。

注2：モデル名後の数字は，世代を表す。（　）内は，ICEVは（発売年月，プラットフォーム），HEV/PHEVは（発売年月，プラットフォーム，ハイブリッドシステム）を表す。

資料：トヨタ自動車の各車カタログデータ，Fourin（2014）『世界乗用車メーカー年鑑』，『Motor Fan illustrated』Vol.68, 2012などより筆者作成。

常の12Vから36Vに昇圧し，発電機兼用モーターを搭載した簡易型のHEV（THS-M）を搭載している。

第3期に投入された第3世代プリウスでは，電動モーターからの出力を減速して伝えるリダクション機構THS-IIを採用し，電動モーターの小型化と軽量化を図った。その後，電動モーターからの出力を高速域と低速域の両方に対応する2段変速式リダクション機構THS-IIを開発し，後輪駆動車のHEVモデルも投入した。THS-IIと組み合わせるエンジンも直列4気筒（1.5L，2.0L）からV型6気筒（3.3L），V型8気筒（5L）まで多様である。

第3に，上記の特徴と関連して，ハイブリッドシステムを搭載する車種のプラットフォームも多様である。これまで投入されたHEVモデルのプラットフォームは，小型車を対象とするBプラットフォーム，中小型車向けのMCプラットフォームとその後継である新MCプラットフォーム，大型前輪駆動車向けのKプラットフォーム，大型後輪駆動車向けのNプラットフォームと幅広い。このことから，プラットフォームごとにハイブリッドシステムの搭載レイアウトを調整する，いわゆる擦り合わせ設計が行われてきたと推測できる。逆にいえば，多様なプラットフォームに搭載可能となるようにハイブリッドシステムを小型化するとともに，多様なエンジンや駆動方式に対応できるようにバリエーションを増やしてきたといえる。

しかし，第4期に入ると，第4世代プリウスの発売に合わせ，複数のセグメントに対応する統合プラットフォームであるTNGAを開発した。これにより，パワートレインの搭載方法が標準化され，モデルごとのハイブリッドシステムの搭載方法も共通化が進む可能性がある。

第4に，電動化率を高めたPHEVやBEVの投入には慎重である。PHEVは，第3期の2012年1月にプリウスPHV，第4期の2017年2月に第2世代プリウスPHV，2020年6月にRAV4 PHVを投入しているのみである。初代プリウスPHVの充電電力による電動走行距離は25km前後に限られていた。2代目プリウスPHVでは，米カリフォルニア州のZEV規制などへの対応のため，電動走行距離を68.2kmにまで延長している。BEVについては，これまで初代RAV4 EVを1996年に，テスラと共同開発した2代目RAV4 EVを2012年に限定的に販売したのみで，本格的な量産モデルのBEVは投入していない。その一方，FCEVは，量産モデルであるMiraiを2014年12月に約720万円で発売している。

（２）日　産

①　電動パワートレインの開発概況

日産は，BEVを環境対応車の中核に位置付けている3)。2010年12月に発売された初代LEAFは，Cセグメントに投入された初めての量産型BEVといえる。LEAFは，既存のICEVモデルからの派生ではなく，BEV専用車種として開発された。一充電当たりの走行距離を伸ばすために，大量のリチウムイオン電池を搭載できる車体構造とした。2017年９月には，２代目LEAFが発売された。

BEVの心臓部となるリチウムイオン二次電池は，NECとの合弁会社（オートモーティブエナジーサプライ社）で開発した専用品を調達してきた。しかし，2017年８月，二次電池事業を売却することを決定し，今後リチウムイオン二次電池は，オープンに購入する方針としている。

また，パワートレイン電動化については，BEV一本やりではなく，HEVも投入している。当初は，トヨタからの技術ライセンスによるHEVモデルであったが，その後，電動モーター１つとクラッチ２つを組み合わせたパラレル方式のハイブリッドシステムを独自開発した。

ただし，同社にとって環境対応車の本命はあくまでもBEVとしており，HEVはそれまでのつなぎの技術という位置づけである。例えば，2016年12月に発売を開始したノートe-Powerは，内燃機関を専ら発電用に用いて，電動モーターで走行するシリーズ方式のHEVである。電動モーターによる走行特性を実現しつつ，二次電池の能力不足による一充電当たりの走行距離の短さをエンジンによる発電で補う構造としている。

②　日産の環境対応車の市場投入推移

日産におけるパワートレイン電動化の変遷を整理したのが図４－４である。

図4－4　日産の電動パワートレイン車種の展開

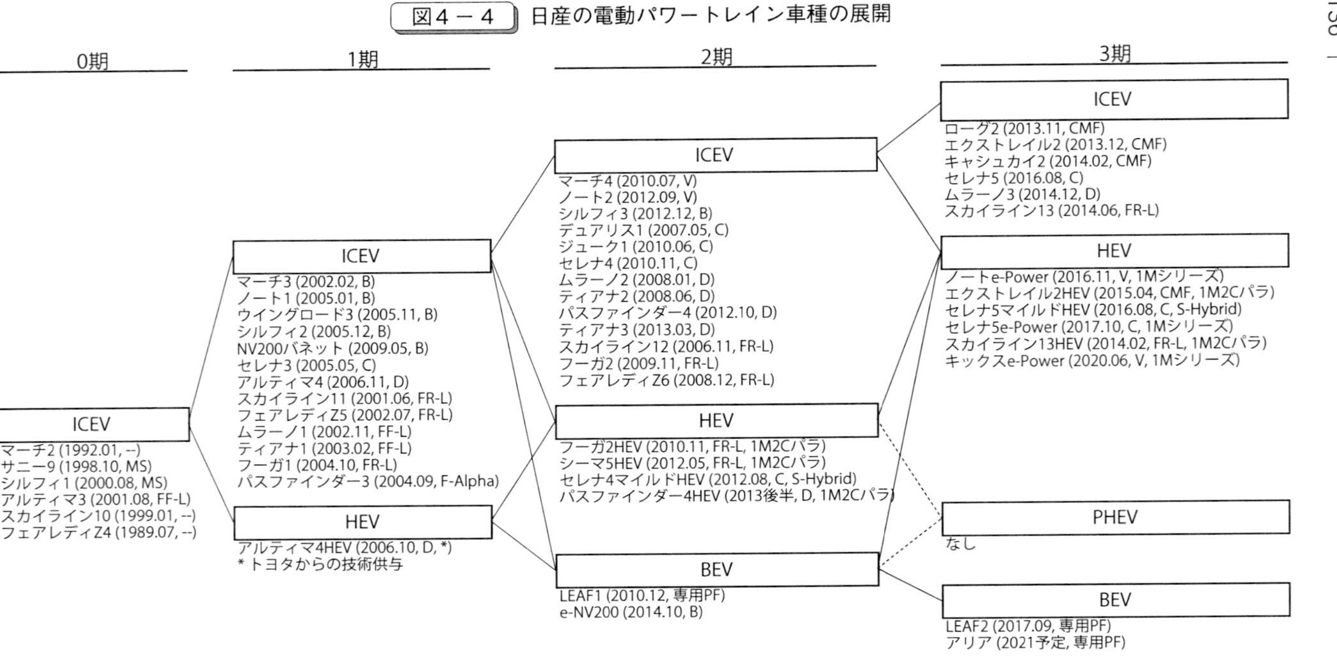

注1：第1期のICEVは，アルティマHEVの発売時に量産中だったモデルと初代LEAFの発売までに投入されたモデル。第2期のICEVとHEVは，初代LEAFの発売時に量産中だったモデルおよび最初のCMFベース車種が発売されるまでに投入されたモデル。第3期は，CMF以降に発売されたモデル。

注2：モデル名後の数字は，世代を表す。（　）内は，ICEVは（発売年月，プラットフォーム），HEV/PHEVは（発売年月，プラットフォーム，ハイブリッドシステム）を表す。ICEVは各プラットフォームの代表的なモデル。

注3：1M2Cパラは，1モーター，2クラッチ，パラレル式を表す。

資料：日産自動車の各車カタログデータ，Fourin（2014）『世界乗用車メーカー年鑑』，『Motor Fan illustrated』Vol.68, 2012などより筆者作成。

同社における初めてのHEVモデルの投入を第1期，初代LEAFの投入を第2期，新たな車両設計戦略の基盤となるコモンモジュールファミリー（CMF）により開発された車種が投入された時期を第3期と区分した。図4－4から次のことが分かる。

第1に，日産はBEVを環境対応車の本命と位置付ける一方，PHEVとFCEVの量産モデルは市場投入していない。ただし，本命とするBEVの投入モデルは極めて限られている。乗用車はCセグメント向けハッチバックのLEAFのみであり，2010年の初代発売から，2代目へのフルモデルチェンジまで7年の間が空いている。2014年には2モデル目のBEVとしてe-NV200が発売されたが，Bセグメント向けの商用車であり，一般消費者向けの乗用車モデルは事実上LEAFのみであった。LEAFは，大量のリチウムイオン電池を床下に格納するために専用の車体構造をとっている。このことは，LEAFと同量の二次電池をICEVベース車に搭載してBEVを派生的に開発する妨げとなると考えられる。

第2に，日産のHEVモデルは中大型車を中心に展開されてきた。同社が投入した最初のHEVは，2006年に発売されたアルティマ・ハイブリッドであるが，これはトヨタからハイブリッドシステムのコンポーネントと制御システムの提供を受けて開発された車種であった。日産独自のハイブリッドシステムが搭載されたのは，2010年11月に発売されたフーガ・ハイブリッドからである。エンジンに電動モーター1つとクラッチを2つ組み合わせたパラレル方式のハイブリッドシステムである。これをDセグメント以上の後輪駆動車（2代目フーガ，5代目シーマ，13代目スカイラインなど）や前輪駆動車（4代目パスファインダー，2代目エクストレイル）に搭載していった。これは，サイズが大きく車重の重いモデルの燃費をハイブリッドシステムにより底上げすることで，商品性向上とともに，企業平均CO_2排出量の削減を狙ったものといえる。

一方で，Cセグメント以下の中小型車（マーチ，ノート，ティーダなど）については，エンジン排気量のダウンサイジング，アイドリングストップや減速回生機構の導入，変速機の効率向上といった，従来型の燃費改善が積み重ねられていった。Cセグメントでは，ミニバンのセレナに，発電兼用モーターを用いてエンジンを補助する簡易型のハイブリッドシステム（S-Hybrid）を導入することで，コスト増加を抑えつつHEV化を実現している。こうした背景には，車載スペースに余裕がないうえ，価格帯の低い中小型車ではハイブリッド化による価格アップを吸収できないとの判断があったと考えられる。

第3に，同社では，ICEV→HEV→PHEV→BEVへと段階的に電動化率を高めていくのではなく，第2期においてICEVから（借り物のハイブリッドシステムを経ているが）BEVへと一気に飛んでいる。日産独自方式のHEVモデルと初代LEAFは，同じ第2期に並行して市場投入された。しかし，BEVを本命と位置付けつつも，航続距離の制約や車両コストの高さ，充電インフラの未整備など，2010年頃におけるBEVの普及見通しは未だ立っていなかった。

そこで，企業平均CO_2排出量を削減するには，HEVが必要であるという消去法の論理でHEVモデルの投入がなされた可能性がある。日産は2012年2月に次世代のモジュラー型車両プラットフォームとしてCMFを発表しているが，基本的には内燃機関の搭載を前提とした構造になっている。CMFベースの車種としては，2013年12月に発売された2代目エクストレイルがあるが，HEVバージョンが市場投入されたのは，1年半後の2015年4月である。その後は，CMFベース車種でのHEVモデルの投入はない。

しかし第4に，第3期に入ると，BEVとHEVとの間に有機的な連携がみられるようになる。2016年11月に発売されたノートe-Powerは，エンジンを発電専用とし，電動モーターで駆動するシリーズハイブリッド方式をとった。同モデルの電動モーターとインバーターは，LEAFからの流用[4)]であり，一見BEVからHEVへの後戻りに見える。同様の方式のHEVをミニバンおよび小型SUVにも採用し，2017年10月にセレナe-Powerを，2020年6月にはキックスe-Powerを発売している。

BEVの弱点は，充電当たりの走行距離の短さ，充電時間の長さ，高コストな二次電池ゆえの車体価格の高さにあるが，e-Powerシリーズでは，エンジンを最も効率の良い回転数で回して発電させることで，走行距離の不安や充電時間の長さの問題を払しょくするとともに，搭載する二次電池の容量を減らすことで車両コストの低減も実現した。内燃機関を搭載することでZEVではなくなるが，BEVの弱点（航続距離，充電時間，価格）を解消しつつ，BEV特有の乗り味（加速感，減速回生効率，ワンペダル的操作感など）をノートやセレナといった普及帯の市場セグメントで消費者に体感してもらうための仕掛けといえる。

（3）ドイツ勢の動向

①　電動パワートレインの開発概況

ここで参考までに，ドイツにおけるパワートレイン電動化の事例も見てみよう。ドイツメーカーは，環境対応車としてCO_2排出量の少ないディーゼルエンジン車を当面の中心に据え，マイルドHEVやPHEV，BEVへと徐々にパワートレイン電動化を進めていくシナリオを描いていた。通常のHEVに関しては，トヨタが基本特許を網羅的に抑えていることや高速域での走行性能や燃費改善効果に課題があることなどから，必ずしも積極的ではなかった。

しかし，2021年の欧州環境規制では，CO_2排出量を企業平均で95g/km以下に削減する必要があることから，製品ラインナップ全体の燃費改善を図るため48VマイルドHEVの開発が進められた。48VマイルドHEVは，電源電圧を48Vまで昇圧することで，発電機兼スターターの高出力化と小型化の両立やワイヤーハーネスの細径化・軽量化，エンジン補助領域の拡大，減速回生効率の向上などを可能とするシステムである[5)]。システム構成をフルHEVに比べ簡易にできることから，追加的コストを抑えつつ相応の燃費改善効果を幅広い車種で得られると考えられた。

2011年6月には，ドイツメーカー5社（VW社，Audi社，Porsche社，Daimler社，BMW社）で48VマイルドHEVの共通仕様を策定することで合意している。2013年には，48Vシステムのベースとなる規格「LV148」を決定し，さらに2014年にはドイツ自動車工業会（VDA）が品質管理規格「VDA320」として仕様を公開した。協調領域として，48Vシステムの品質安全の規格や使用電圧の領域，電力システムが故障した時の対応などが定められた。一方，モーターや電池，パワー半導体など各機器のコア技術については，競争領域と位置づけている[6)]。こうした業界ルール作りにより，技術的不確実性を低減し，48Vシステムの中核であるスターター兼オルタネーター，48V 電源から 12V 電源へ電力を変換する DC/DC コンバーター，ワイヤーハーネスなどをサプライヤーが開発・製造しやすい環境づくりを行っているといえる。

しかし，2015 年 9 月に発覚した VW 社のディーゼルエンジンの排ガス不正問題を境にドイツメーカーのパワートレイン戦略は大きく変わることになった。VW 以外にも Daimler や BMW，仏 Renault や Peugeot のディーゼル車にも排ガス不正が疑われる事態となり，ディーゼルエンジンに対する風当たりが強くなった。パリ市やマドリード市，アテネ市では 2025 年までに市内へのディーゼル車の乗り入れを制限することを発表した。さらに，イギリス政府とフランス政府は，2040 年に ICEV の発売を禁止することを相次いで発表した。こうした状況を受け，ドイツメーカー各社は，パワートレイン電動化を前倒しし，PHEV と BEV を一気に多車種展開する方針を打ち出すようになった[7)]。

② VW の環境対応車の市場投入推移

ドイツメーカーの中で最も販売台数の多い VW グループ（VW 社，Audi 社，Skoda 社，SEAT 社）におけるパワートレイン電動化の推移を図 4 − 5 に整理した。初めての HEV が投入された 2010 年を第 1 期，複数のブランドをまたいで適用されるモジュラー・プラットフォームである MQB（Modular Transverse Matrix）と MLB（Modular Longitudinal Matrix）の導入時期を第 2 期とした。電動パワートレインモデル専用のモジュラー・プラットフォームの導入時期を第 3 期と位置付ける。なお，Porsche 社については，VW グループによる完全子会社化が 2012 年であること，高級スポーツカーブランドとして独自のパワートレイン戦略をとっていることから，今回の分析からは除外した。

第 1 に，MQB や MLB といったモジュラー・プラットフォームより前では，電動パワートレインモデルは極めて少ない。コンパクトカーの VW Jetta HEV と中型 SUV の VW Touareg HEV のみである。環境対応車の主力は，燃料の直噴化と小排気量化により燃費向上を図り，過給により動力性能を補ったディーゼルエンジン車やガソリンエンジン車であった。欧州（とくにドイツ）では，高速道路を高速巡航することが多いことから，エンジン排気量を小さくし

図4－5　VW グループの電動パワートレイン車種の展開

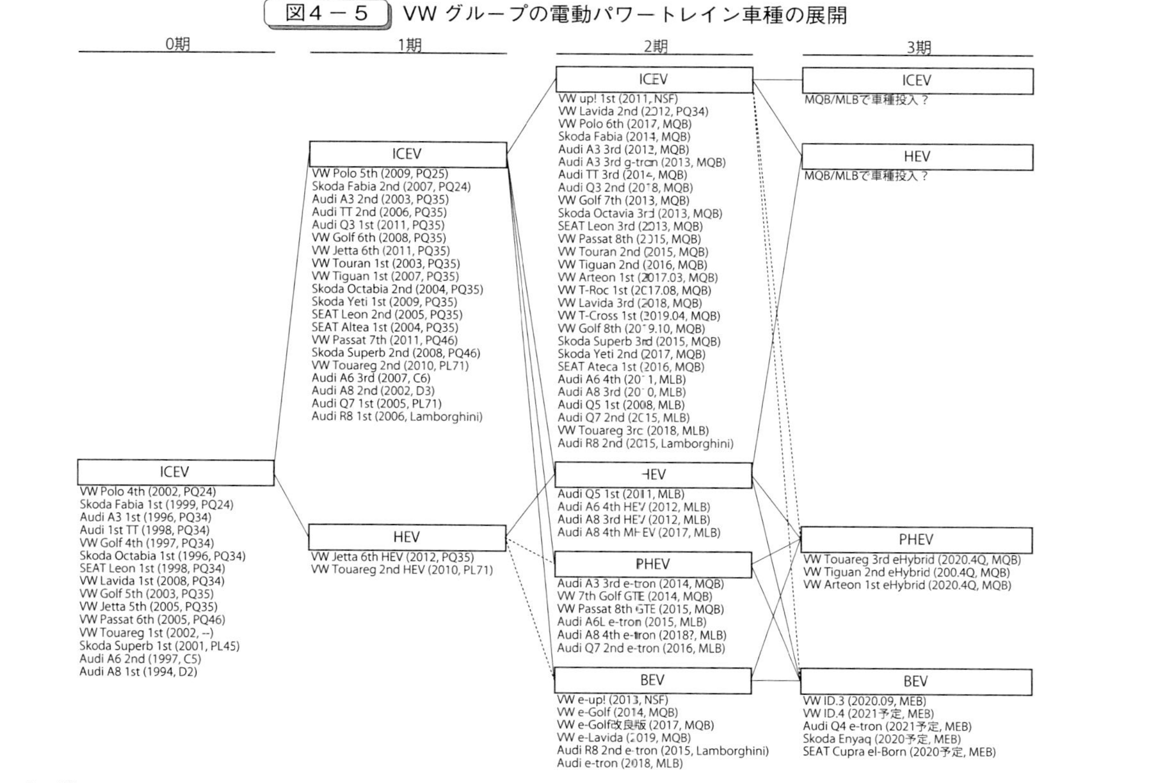

注1：第1期のICEVは，Touareg HEVの発売時に量産中だったモデルとMQB/MLBベースモデルが発売されるまでに投入されたモデル。第2期はMQB/MLBベースモデル。第3期は，MEBによる開発計画。
注2：モデル名後の数字は，世代を表す。（　）内は，ICEVは（発売年月，プラットフォーム），HEV/PHEVは（発売年月，プラットフォーム）を表す。ICEVは各プラットフォームの代表的なモデル。
資料：VWグループの各車カタログデータ，Fourin（2014）『世界乗用車メーカー年鑑』，『Motor Fan illustrated』Vol.68, 2012などより筆者作成。

たり，気筒休止したりすることでエネルギー損失を抑えるという考え方が主流であった。

第2に，MQBおよびMLBの世代から急速にHEVやPHEVが増やされていった。先行したのはAudiで，比較的大型のセダン（A6とA8）やSUV（Q5）にHEVモデルを投入している。ハイブリッドシステムは基本的に共通で，2Lガソリンエンジンに8速ATと1つのモーター，リチウムイオン電池を組み合わせたパラレル方式である。クラッチを切り替えることで電動走行や巡航時のコースティング（慣性）走行も行うことができる。また，Audi A8に48Vマイルド HEVを初めて投入している。

PHEVは，コンパクトカーのAudi A3とVW Golf 7，中型車のVW Passat，大型車のAudi A6やA8，Q7が発売された。PHEVのシステム構成は，大きく2種類ある。中小型車（A3，Golf，Passat）は，1.4Lガソリンエンジンに6速デュアルクラッチトランスミッションと1つのモーター，リチウムイオン電池を組み合わせるパラレル方式である。大型車は，2Lガソリンエンジン（A6，A8）もしくは3Lディーゼルエンジン（Q7）に8速ATと1つのモーターをリチウムイオン電池と組み合わせたパラレル方式となっている。いずれもクラッチの切り替えにより，電動走行とコースティング走行が可能となっている。Audiは特に，ハイブリッドシステムを，燃費改善のみならず，加速性などの動力性能の向上手段として位置付けている点に特徴がある。BEVについても順次車種を増やしていっている。小型車のVW e-up!とコンパクトカーのe-Golf 7，中国向けモデルのe-Lavida，Audiからはe-tronと高級スポーツカーのAudi R8が発売された。

第3に，全期間を通して，プラットフォームの共通化戦略を徹底している。第0期に当たる1990年代から第1期の2000年代まで，小型車向けのPQ24/PQ25プラットフォーム，コンパクトカー受けのPQ34/PQ35プラットフォーム，中型車向けのPQ46プラットフォーム，エンジン縦置き中型車向けのPL45/PL46プラットフォームが，ブランドを超えて多様な車種に適用されている。第3期以降は，エンジン横置き前輪駆動車用のMQB，エンジン縦置き車用のMLBをベースとして，やはりブランドをまたいで多彩な車種が開発されている。

第4に，今後は電動車両向けのモジュラー・プラットフォームであるMEB(Modular Electrification Toolkit）をベースに一気に多様な車種を開発する予定となっている。2018年末までにPHEVとBEVを合わせて10車種以上投入することが発表された[8]。MEBの実用化は2020年頃を予定していたため，これらの車種はMQBもしくはMLBをベースに開発されるとみられる。VWグループは，MEBをベースに，2020年までにPHEVとBEVを20車種以上，2025年までにBEVを30車種以上投入することを公表している[9]。2020年秋からはMEBベースで開発された最初のBEVであるID.3の納車が欧州で始まる予定である。これまでは，BEVの車種が少なく，走行条件などにも制約が多かったことから，BEVがユーザーを選ぶ状況にあった。しかしVWは，MEBにより多様な選択肢を提供することで，ユーザーがBEVを選べる環境を提供しようとしていると考えられる。

4．パワートレイン電動化の九州自動車産業への影響

以上のように，各社ともパワートレインの電動化を進めているが，それは従来の内燃機関車（ICEV）から電気自動車（BEV）への一足飛びの変化を意味するわけではない。二次電池や電気モーターの技術的あるいは経済的制約を踏まえつつ，内燃機関（ガソリン／ディーゼル・エンジン）を併用する形で，段階的な電動化を進めているのである[10]。では，このような完成車メーカーによるパワートレイン電動化の動向は，九州の自動車産業にとってどのような意味を持つのだろうか。そして，九州はどのように対応すべきなのだろうか。

(1) 既存の部品集積への影響

まず，九州に立地する完成車メーカーの生産車種を見てみよう。トヨタ九州が生産するレクサス5車種は，すべてHEVバージョンが設定されている。レクサスESおよびCTはHEV専用車，UX，RX，NXはガソリンエンジンタイプとHEVタイプの両方がある。トヨタは当面HEVを電動パワートレイ

ンの主力に据えており，トヨタ九州はすでにHEVの生産に従事している。日産九州の生産車種については，セレナがガソリンエンジンタイプ，マイルドHEVタイプ，e-Power搭載タイプ（シリーズHEV），エクストレイルがガソリンエンジンタイプとHEVタイプ（パラレルHEV）を有する。他方，輸出向け車種のローグはガソリンエンジンタイプのみである。日産車体九州の生産車種は，ガソリン車（一部ディーゼルあり）が中心でありHEVはない。日産のBEVモデルはいまだ限定的であり，その生産は追浜工場（神奈川県）である。したがって，九州で生産される日産の電動パワートレインモデルは，HEV（1モーター2クラッチのパラレル方式およびe-Powerのシリーズ方式）が中心となると考えられる。なお，ダイハツ九州の生産車種はすべてガソリンエンジン搭載の軽自動車である。このように，今後徐々にパワートレイン電動化が進んでいくとはいえ，九州の自動車産業集積の観点からすれば，すでに進行している路線から大きく外れるものではない。

次に，九州で操業する部品産業への影響を検討してみよう。パワートレイン電動化によって直接的な影響を受けるエンジン部品や電装部品，駆動系部品は，完成車メーカー自ら内製（例えば，トヨタ九州苅田工場や小倉工場，日産の横浜工場，ダイハツ九州の久留米工場）していたり，大手一次部品メーカーの本社工場などで集中生産して九州まで輸送したりしている（居城・目代，2013）。パワートレイン電動化に密接にかかわる機能系部品は，先行開発段階から完成車メーカーと協力して開発する必要があるとともに，生産設備にも大きな投資が必要であることから，本社地区で集中生産する方が合理的であるためである。

他方，九州で調達される部品は，インストルメントパネルや燃料タンク，シートといった輸送効率の悪い大物部品や，自動車の組立順序に従って短時間で納品しなければならない品目が多い（目代，2013）。これらの部品を加工組立し，完成車工場に納品しているのは，九州域外から進出してきた大手部品メーカーの九州工場である。九州の地場部品メーカーの多くは，こうした進出部品メーカーに供給する構成部品の生産やメッキなどの一部工程に従事している。より具体的には，九州の地場メーカーが生産しているのは，車種ごとに固有な設計となる内装部品や外装部品が多く，パワートレインの電動化のいかんにかかわらず必要な部品ともいえる。そのため良くも悪くも，九州の自動車部品産業はパワートレイン電動化のいわば埒外にあり，短期的には電動化の影響は大きくは受けないといえる。

（2）パワートレイン電動化に対する中長期的な対応

とはいえ，電動化の動きを新たな機会として捉える取り組みもある。九州自動車・二輪車産業振興会議によれば，九州にはカーエレクトロニクス関連の事業所が252社立地している[11]。その内訳は，福岡県107か所，佐賀県10か所，長崎県20か所，熊本県22か所，大分県37か所，宮崎県19か所，鹿児島県37か所である（表4－3参照）。主要品目の用途は，パワートレイン分野が43件，駆動・制御系分野が65件，ボディ系分野が55件，安全分野が48件，その他が90件となっている。これらの事業所の製造品目は，車載電装品のリードフレームやコネクター，組込ソフトウェアなどのクルマに直接組み込まれるものから，半導体製造装置や産業用ロボット，金型などの製造装置・部品，半導体等の設計・試作・評価，素材の試験などの支援領域まで実に幅広い。いわば潜

表4－3　九州カーエレクトロニクス関連企業

	事業所数	製品分野									使用分野					従業員規模		
		ECU	半導体素子	ソフトウェア	センサー	アクチュエータ	バッテリー関連	生産設備・装置	関連部品	その他	パワートレイン分野	駆動・制動系分野	ボディ系分野	安全分野	その他	1～99人	100～999人	1,000人以上
福岡県	107	11	8	39	17	5	3	33	25	24	23	31	29	25	30	75	25	7
佐賀県	10	2	3	0	1	1	1	2	2	2	3	7	0	2	2	7	3	0
長崎県	20	2	3	4	2	1	2	7	1	7	2	8	6	3	7	10	10	0
熊本県	22	1	0	1	4	0	0	8	12	5	4	6	5	2	9	12	10	0
大分県	37	1	6	3	2	1	3	9	27	9	1	7	7	7	15	26	11	0
宮崎県	19	2	1	0	3	0	1	2	1	15	8	5	7	3	7	6	12	1
鹿児島県	37	3	4	1	3	2	1	4	6	13	2	1	1	6	20	22	5	0
計	252	22	25	48	32	10	11	65	74	75	43	65	55	48	90	158	76	8

（出所）九州自動車・二輪車産業振興会議のデータベースより筆者作成。

在的にカーエレクトロニクスと関連する事業所が含まれている点には注意が必要であるが，クルマの電動化が新たなビジネス機会となりうる企業群が一定規模存在することを示している。

取り組みの方向性としては，第1に今後の動向を踏まえて電動化と直接関連する領域への参入を図る取り組みがある。例えば，福岡県は2003年に設立した「北部九州自動車産業アジア先進拠点プロジェクト」で電動化を強化テーマの1つとして地元企業の支援を続けている。上述のカーエレクトロニクス関連企業立地マップは，元々，九州に立地する電子・電装系企業を把握し，中京地域や関東地域の大手部品メーカーへの広報活動のために作成されたものである。さらに，カーエレクトロニクス展示商談会を適宜開催するとともに，カーエレプロモーターと呼ばれる支援人材を中京地域と福岡に各1名配置し，顧客企業の情報収集，地元企業の発掘，両者のマッチング等の支援に従事している。2019年12月からは，電動車分野への地元企業の参入を支援するため「自動車電動化部品研究会」を開催している（表4－4参照）。2020年2月14日に開催された研究会では，電動車両向け駆動ユニットの開発・販売のためにデンソーとアイシンが合弁で設立した（株)BluE Nexusから安部静生氏を招き，車両電動化の方向性，カーメーカーの戦略，解決が求められる技術的課題等について最新の動向を地場企業と共有している。

第2に，パワートレイン電動化に伴って派生的に生じる機会を模索する方向性がある。例えば，エンジン駆動から電気モーター駆動に変化することによ

表4－4　自動車電動化部品研究会

日時	テーマ	講師	実施組織
第1回 2019年 12月4日	講演1「世界的な車の電動化と我が国の戦略“自動車新時代戦略会議 中間整理”について」 講演2「電動車の技術と進化：電気自動車を中心に」	経済産業省 製造産業局自動車課 課長補佐 髙橋一幸氏 一般財団法人日本自動車研究所 電動モビリティ研究部 人見義明 氏	主催：北部九州自動車産業アジア先進拠点推進会議 共催：公益財団法人北九州産業学術推進機構自動車技術センター
第2回 2020年 2月14日	講演1「パワートレイン電動化の未来をどう読むか」 講演2「電動化の歩みと今後の課題」	九州大学ビジネススクール准教授 目代武史 氏 株式会社 BluE Nexus 取締役 安部静生 氏	

り，車室内の静粛性が一段と求められるようになる（松島，2019）。電動走行中は，エンジンによる振動騒音はなくなるが，その分だけロードノイズが却って気になるようになる。さらに，モーターやインバーターが発する電動車に特有の音への対策も必要となる。モーターの騒音は，音圧の絶対値はエンジンに比べ小さくとも，次数成分の音が人間の耳には感じやすく独自の対策が必要になってくる（近藤，2020）。単純に遮音材や吸音材を増やすだけでは，車両重量の増加につながり燃費対応で不利に働く。そこで，電動化に対応した遮音材や吸音材の開発と製造が求められる。例えば，(株)フコク（福岡県柳川市）は，九州大学大学院人間環境学研究院および福岡工業技術センターと共同で，次世代自動車に求められる高機能防音材の研究開発に取り組んだ。同社はもともと寝具メーカーで，多角化の一環として2003年から自動車用フロアカーペットの供給に乗り出した。防音材には，燃費向上のための軽量化とともにHEVやBEVに特有な音響特性への対応が求められる。ところが，防音性能は材料の重量に依存するため，軽量化は遮音性の低下をもたらす。そこで同社は，吸音材であるフェルトに遮音性能を補強するためのフィルムを組み合わせるとともに，フェルト／フィルムの組み合わせ構造の研究に取り組んだのである[12)]。車両静粛性に関する素材や部品は，パワートレイン電動化のタイプによらず必要であることから，ニーズに関する不確実性は相対的に低い。九州をはじめとする地方の地場企業がサプライチェーンの一翼を担っていることもあり，非常に有望な領域といえる。

5．おわりに

長期的には，自動車の電動化は着実に進んでいくものと考えられる。電動化には様々な選択肢（例えば，HEV，PHEV，BEV，FCEV）があり，現時点ではどの技術がいつ主流となるのか見通すことはできない。完成車メーカーやメガサプライヤーは，それぞれの戦略的思惑にしたがって研究開発にしのぎを削っている。こうした世界の電動化トレンドを把握しておくことは大前提的に必要なことではある。例えば，第４節で紹介した部品研究会やカーエレプロモーターによる情報収集，展示会への出展を通じた顧客企業のニーズ調査は，電動化トレンドをつかむ上で有益な機会である。

一方で，大手メーカーの電動化戦略がそのまま地方の自動車産業の産業戦略になるわけではない。多くの場合，九州や東北といった地方の自動車産業集積地は，生産サテライト拠点にすぎず，次世代自動車の研究開発に従事していない。電動化に直接かかわるシステムやデバイスの開発は，完成車メーカーや大手部品メーカーが取り組んでいる。したがって，地方の地場企業が容易に参入できる領域とはいいがたい。

しかし，電動化に伴って派生的に生じる課題は，地場企業にとっても取り組み可能であるとともに，生産サテライト拠点としての地位を維持するためにも対応が求められる。例えば，電動化に対応した防音対策や電磁ノイズ対策，軽量化対策などである。あるいは，ICEVにおける主な素材は鉄であったが，電動化車両においては樹脂やアルミニウム，マグネシウムといった軽量化に寄与する素材の採用が進む可能性がある。そうした異種材を機械的に接合する技術や化学的に接着する技術も重要なテーマとなる[13)]。電動化そのものに関連したシステムや部品ではなく，その周辺にあるシステムや部品，素材，およびその製造方法に関する研究開発や実用化は，地方の自動車産業が優先して取り組むべきテーマといえる。地方は地方の実情を踏まえた戦略を考える必要がある。

謝　辞

本章の一部は，目代武史，岩城富士大（2017）「パワートレイン電動化へ向けた技術選択と不確実性への対応戦略」『研究技術計画』32(4)，409～423ページの内容をアップデートし再構成したものである。転載を許可いただいた同誌編集委員会に御礼申し上げる。

【注】

1）トヨタニュースリリース（2015年1月6日）http://newsroom.toyota.co.jp/en/detail/4663446（2017年9月22日アクセス）

2）トヨタニュースリリース（2017年8月4日）http://newsroom.toyota.co.jp/en/

detail/18012121（2017年9月22日アクセス）

3）日産は，中期経営計画「日産パワー88」で，2016年度までにBEVを累計で150万台販売することを目標とした。http://www.nissan-global.com/JP/DOCUMENT/PDF/FINANCIAL/PRESEN/2011/MTP2011_presentation_599_j.pdf（2017年9月30日アクセス）

4）『日経Automotive』2017年1号，35ページ。

5）48Vとしているのは，感電時の人体への影響を考慮したためである。これ以上の電圧に昇圧すると，車両の絶縁構造が高度となるとともに，製造段階では感電防止の措置をとる必要がある。また，整備士にも低圧電気取扱特別教育の受講が必要となり，コストアップにつながる。

6）『日経Automotive』2015年12月号，44ページ。

7）2021年の欧州環境規制は，企業平均のCO_2排出量をクレジットと呼ばれる指標で算出するが，PHEVはHEVに比べて非常に有利にクレジットが計算される。すなわち，PHEVのCO_2排出量は，電動走行距離に応じて割り引いて算出されるのである。欧州の燃費測定法である「ECE R101」では，CO_2排出量の軽減係数を計算し，車種ごとのCO_2排出量を軽減係数で割ることで規制対象となるCO_2排出量を算出する。軽減係数の計算式は，（25km＋電動走行距離）／25kmと定義されている。なお，25kmは欧州の都市部における平均的な走行距離に基づいて設定された定数である。例えば，新欧州ドライビングサイクル（NEDC）のCO_2排出量が110g/kmで，電動走行距離が35kmのPHEVの場合，軽減係数は（25km＋35km）／25km＝2.4となる。この軽減係数で割り引くことで，当該PHEVのCO_2排出量は，110g/km÷2.4＝45.8g/kmと計算される。さらに，欧州の2021年規制では，CO_2排出量が50g/km未満の車種は，販売台数が割り増されて（2020年は2台，2021年は1.67台，2020年は1.33台，2023年以降は1台）カウントされるため，企業平均CO_2排出量を大きく押し下げる効果がある。

8）「独VW，電動車両を10車種以上投入，18年末までに」『日本経済新聞』2017年3月15日。

9）Volkswagen Strategy 2025. https://www.volkswagenag.com/presence/investorrelation/events/2016/strategie-2025/Presse_englisch_NICHTanimiert_Version_24.pdf（2017年9月26日アクセス）

10）このような段階的なパワートレイン電動化の完成車メーカーにとっての戦略的意義については，Mokudai（2020）および目代（2020）を参照されたい。

11）福岡県ホームページ「北部九州自動車産業アジア先進拠点プロジェクト」 https://www.pref.fukuoka.lg.jp/contents/car-project.html（2020年6月30日アクセス）

12）本技術開発は，平成23年度3次補正予算にて戦略的基盤技術高度化支援事業に指定されている。事業名「自動車用軽量フロアカーペットのための高機能防音材及びその製造技術の開発」https://www.chusho.meti.go.jp/keiei//sapoin/portal/seika/2011/23484014007.pdf（2020年8月21日アクセス）

13）九州大学次世代接着技術センターは，革新的接着技術の大規模国家プロジェクトの推進拠点として「界面マルチスケール4次元解析による革新的接着技術の構築」（代表者：九州大学大学院工学研究院 田中敬二教授）に取り組んでいる。本研究は，国立研究開発法人 科学技術振興機構（JST）未来社会創造事業 大規模プロジェクト型「Society5.0の実現をもたらす革新的接着技術の開発」の一部であり，接着現象を分子レベルで解明し，革新的な接着技術の確立を目指している。自動車分野は革新的接着技術の応用分野であり，研究開発から社会実装までを一貫して行うことを目指している。

参考文献

Mokudai, T. (2020), "Strategic flexibility in shifting to electrification: a real options reasoning perspective on Toyota and Nissan," *International Journal of Automotive Technology and Management*, 20(2), pp.137-155.

居城克治・目代武史（2013）「転換点に差し掛かる九州自動車産業の現状と課題」『福岡大学商学論叢』58(1/2)，17～47ページ。

折橋伸哉・目代武史・村山貴俊編著（2013）『東北地方と自動車産業：トヨタ国内第3の拠点をめぐって』創成社。

近藤隆（2020）「自動車の電動化時代に高まる静音化と熱マネジメントの重要性」『工業材料』68(1)，16～22ページ。

長島聡（2013）「欧州OEMのモジュール戦略」『自動車技術』67(9)，14～20ページ。

西岡正・目代武史・野村俊郎（2018）『サプライチェーンのリスクマネジメントと組織能力："熊本地震"における「ものづくり企業」の生産復旧に学ぶ』同友館。

松島正秀（2019）「EV化の部品メーカーへの影響」中嶋聖雄，小林秀夫，小枝至，西村英俊，高橋武秀編『「100年に一度の変革期」を迎えた自動車産業の現状と課題』柘植書房新社。

目代武史（2013）「九州自動車産業の競争力強化と地元調達化」『地域経済研究』24，15～27ページ。

目代武史（2020）「車両プラットフォームと柔軟性」『自動車技術』74(9)，2～7ページ。

第5章

48V マイルドハイブリッド車と中国地方[1) 2)]

岩城富士大

1. 本章の構成

2021年から欧州において一層強化されるCO_2排出量に関する規制（以下ではCO_2規制）を筆頭に，主要各国などでも自動車の環境規制が厳しくなっている。自動車メーカーはこれに対応して，電動車（電気自動車，プラグインハイブリッド自動車，ハイブリッド自動車，燃料電池自動車）の開発を急ぎ，多様な電動車を市場に投入している。当然のことながら，自動車産業を地域経済の柱の1つとしている中国地方もその影響は免れない。

そこで，第2節では，中国地方の自動車産業の現況を概観した上で，地域の自動車産業にパラダイムシフトをもたらしたモジュール化および電動化・エレクトロニクス化への取り組みについて述べる。第4章でも，目代教授と共にパワートレインの電動化について述べたが，本章ではそれを踏まえてさらに議論を深めていきたい。

第3節では，48V マイルドハイブリッド車の概要について解説した上で，環境規制の動向とこれに対する電動車の開発経緯について概観する。そのうえで，日本ではあまり重要視されてこなかったものの，欧州や中国において近年，採用が急速に拡大しつつある48V マイルドハイブリッド車について，その特徴や狙いと電動車の今後の見通しを述べる。

第4節では，一連の電動化の動きがマツダ，そして中国地方に与える影響について考察する。

第5節では，電動化への対応の一環として文部科学省の助成を受けた医工連携研究プロジェクトで取り組んだ，パワーエレクトロニクス研究およびハイレゾサウンド研究について紹介する。

第6節では，(財)ひろしま産業振興機構カーテクノロジー革新センターのCASEに向けた取り組み，具体的には新技術トライアルラボ，カーテク人材育成，そしてカーテクベンチマーク活動について紹介する。

以上，中国地方の自動車産業振興支援の取り組み事例を紹介することで，東北地方など他の地域産業支援の参考に供したい。

2．モジュール化：中国地方にとって最初のパラダイムシフト

(1) 中国地方の自動車産業とモジュール化

中国地方は，九州とほぼ同規模のおよそ年間150万台の完成車生産能力を持つ自動車産業集積地であり，自動車産業は一貫して地域経済を支える枢要な柱の1つである。自動車関連産業は，域内製造品出荷額の28.5%を占め，全就業人口の1割強の雇用を生み出す極めて裾野の広い産業である。完成車の生産台数は，1990年のバブル崩壊以降低迷したが，2000年以降は順調に台数が回復した。その後，2008年のリーマンショックの影響に加え，長く続いた円高の影響もあり再び生産状況は低迷したものの，2012年度以降はマツダのCX-5や新型アテンザといったヒット商品の投入と円高の修正により反攻に転じて2018年度には1,561千台になった。しかしコロナの影響が出始めた2019年度は1,419千台に微減，2020年度には大きな影響が予測されている。

現在，中国地方には，マツダおよび三菱自動車工業（以下，三菱自工）の2社の完成車メーカーが工場立地し，マツダの宇品工場（広島県），防府工場（山口県）と三菱自工の水島工場（岡山県）の3つの完成車工場がある。とくにマツダは，本社機能とプラットフォームからエンジン，キャビンまでフルの開発機能を同一拠点に持つという，地方の自動車メーカーとしてはユニークな形態となっている。マツダは，他の日本車メーカーと比べて輸出比率が高いのが特徴

である。国内生産台数に占める輸出台数の割合は，2019年の実績値でみると，85.2％と国内メーカーの中で最も高く，為替相場の変動に影響されやすい体質となっている。これに対応すべく現在，稼働中のメキシコ工場に続いてトヨタとアメリカ工場を2021年に完成の予定で建設中である。

図５－１は，中国地方の自動車メーカーならびに主要部品メーカーの立地状況を示している。中国地方の自動車産業には，金型，機械加工（切削，研削，研磨など），塑性加工（鍛造等），鋳造，表面処理，樹脂成形等の基盤技術において高度な技術やノウハウが集積している。また，東部を中心に半導体，センサー，制御ソフトなどの技術集積がある。

現在，自動車産業はCASEの開発へ向けて100年に一度のパラダイムシフトの渦中にあると言われている。一方，中国地方の自動車産業ではかつて，もう1つのパラダイムシフトともいえるモジュール化を経験した。以下ではまず，モジュール化とそれに対する対応について述べていく。

モジュール化は，生産のモジュール化（1995年～）から，企画開発のモジュール化（2012年～），そして電動化のモジュール（2016年～）へとその狙いを変えながら自動車の基幹技術として変化し続けている。二番目の波は2021年からの欧州 CO_2 規制強化をはじめとする電動化／エレクトロニクス化の波である。

（２）モジュール化の波（生産のモジュール化から企画設計のモジュール化，そして電動化へ）

自動車生産の効率化を目指したモジュール化は，各社それぞれの工夫で1970年代頃からスタートしていた。日米欧で幅広くモジュール化が企業戦略として真剣に論議されたのは，1995年4月に79円25銭まで急激に円高が進み，日米の貿易アンバランスが顕著となってこれを是正しようとして日本に対して自動車部品の輸入拡大要請が米国からなされた際が最初であった。部品としての輸入要請は機能や価格面から不調に終わったことから，部品より大規模なモジュールとしての一括購入で問題を解決しようと，1998年10月にJAMA/MEMA（日，米部品工業会）によるモジュール化協議が実施された。その後，モジュール化は自動車生産を効率化させるためのツールとして各社で採

図5－1 中国地方における主要な自動車関連企業の立地状況

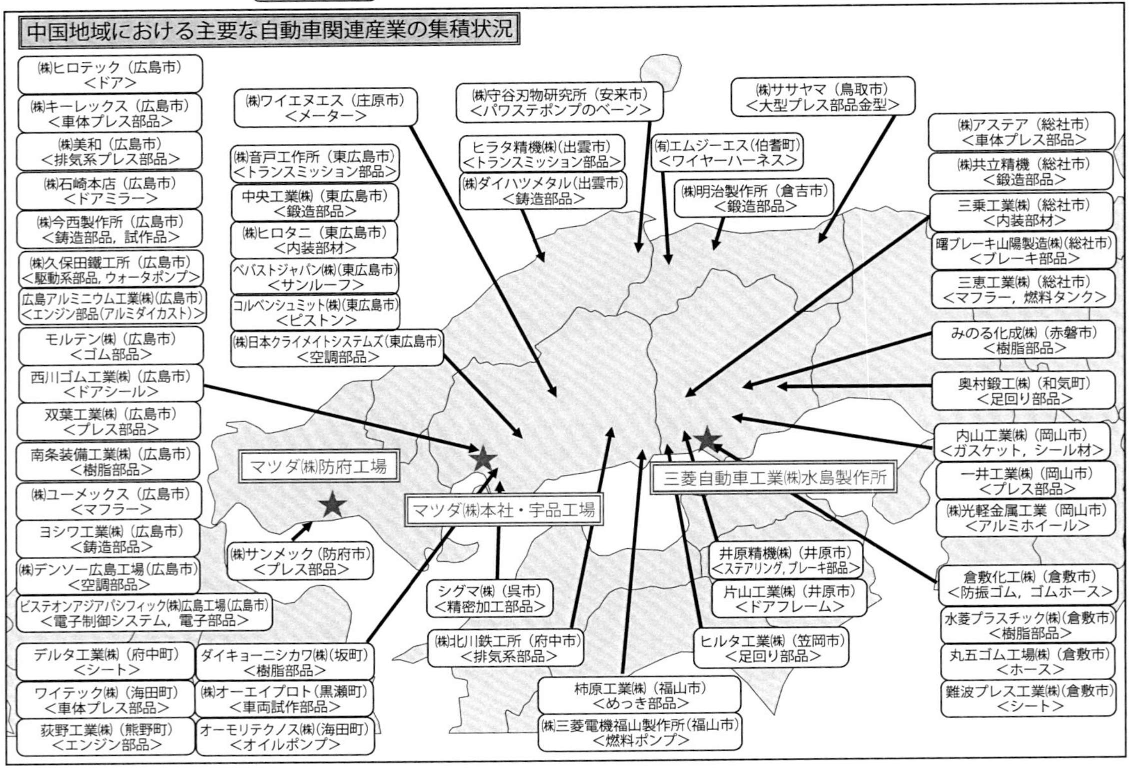

中国地域における主要な自動車関連産業の集積状況

(株)ヒロテック（広島市）＜ドア＞
(株)キーレックス（広島市）＜車体プレス部品＞
(株)美和（広島市）＜排気系プレス部品＞
(株)石崎本店（広島市）＜ドアミラー＞
(株)今西製作所（広島市）＜鋳造部品，試作品＞
(株)久保田鐵工所（広島市）＜駆動系部品，ウォータポンプ＞
広島アルミニウム工業(株)(広島市)＜エンジン部品(アルミダイカスト)＞
モルテン(株)（広島市）＜ゴム部品＞
西川ゴム工業(株)（広島市）＜ドアシール＞
双葉工業(株)（広島市）＜プレス部品＞
南条装備工業(株)（広島市）＜樹脂部品＞
(株)ユーメックス（広島市）＜マフラー＞
ヨシワ工業(株)（広島市）＜鋳造部品＞
(株)デンソー広島工場(広島市)＜空調部品＞
ビステオンアジアパシフィック(株)広島工場(広島市)＜電子制御システム，電子部品＞
デルタ工業(株)（府中町）＜シート＞
ワイテック(株)（海田町）＜車体プレス部品＞
荻野工業(株)（熊野町）＜エンジン部品＞
ダイキョーニシカワ(株)(坂町)＜樹脂部品＞
(株)オーエイプロト(黒瀬町)＜車両試作部品＞
オーモリテクノス(株)(海田町)＜オイルポンプ＞
(株)ワイエヌエス（庄原市）＜メーター＞
(株)音戸工作所（東広島市）＜トランスミッション部品＞
中央工業(株)（東広島市）＜鍛造部品＞
(株)ヒロタニ（東広島市）＜内装部材＞
ベバストジャパン(株)(東広島市)＜サンルーフ＞
コルベンシュミット(株)(東広島市)＜ピストン＞
(株)日本クライメイトシステムズ(東広島市)＜空調部品＞
(株)守谷刃物研究所（安来市）＜パワステポンプのベーン＞
ヒラタ精機(株)(出雲市)＜トランスミッション部品＞
(株)ダイハツメタル(出雲市)＜鋳造部品＞
(有)エムジーエス(伯耆町)＜ワイヤーハーネス＞
(株)明治製作所（倉吉市）＜鍛造部品＞
(株)ササヤマ（鳥取市）＜大型プレス部品金型＞
マツダ(株)防府工場
(株)サンメック（防府市）＜プレス部品＞
マツダ(株)本社・宇品工場
シグマ(株)（呉市）＜精密加工部品＞
(株)北川鉄工所（府中市）＜排気系部品＞
柿原工業(株)（福山市）＜めっき部品＞
(株)三菱電機福山製作所(福山市)＜燃料ポンプ＞
三菱自動車工業(株)水島製作所
井原精機(株)（井原市）＜ステアリング，ブレーキ部品＞
片山工業(株)（井原市）＜ドアフレーム＞
ヒルタ工業(株)（笠岡市）＜足回り部品＞
(株)アステア（総社市）＜車体プレス部品＞
(株)共立精機（総社市）＜鍛造部品＞
三乗工業(株)（総社市）＜内装部材＞
曙ブレーキ山陽製造(株)(総社市)＜ブレーキ部品＞
三恵工業(株)（総社市）＜マフラー，燃料タンク＞
みのる化成(株)（赤磐市）＜樹脂部品＞
奥村鍛工(株)（和気町）＜足回り部品＞
内山工業(株)（岡山市）＜ガスケット，シール材＞
一井工業(株)（岡山市）＜プレス部品＞
(株)光軽金属工業（岡山市）＜アルミホイール＞
倉敷化工(株)（倉敷市）＜防振ゴム，ゴムホース＞
水菱プラスチック(株)(倉敷市)＜樹脂部品＞
丸五ゴム工場(株)（倉敷市）＜ホース＞
難波プレス工業(株)(倉敷市)＜シート＞

（出所）中国経済産業局作成。

用が加速し技術開発競争が激化した。生産のモジュール化は2012年以降，企画設計のモジュール化（プラットフォーム戦略）へと進化し，その後，環境対策の一環としての電動化の進展に合わせて，フォルクスワーゲンが2016年に電気自動車用のモジュール化（電動化プラットフォーム）を発表し，各社も追従して，モジュール化は大きく変化してきている。

（3）エレクトロニクス化の波

モジュール化に続き，動力性能と環境性能，安全性能を向上させるために，EFIやABS，エアバッグ，ナビゲーションシステムなどが次々と登場してカーエレクトロニクス化が急速に進化してきた（図5－2）。カーエレクトロニクス化は環境規制の強化に連動してエンジンの電動化が急速に進み，ストロングハイブリッド車，電気自動車，プラグインハイブリッド車，燃料電池自動車の登場に加えて，欧州の2021年からのCO_2規制強化を目前にして2016年に48V

図5－2　カーエレクトロニクス化の進化

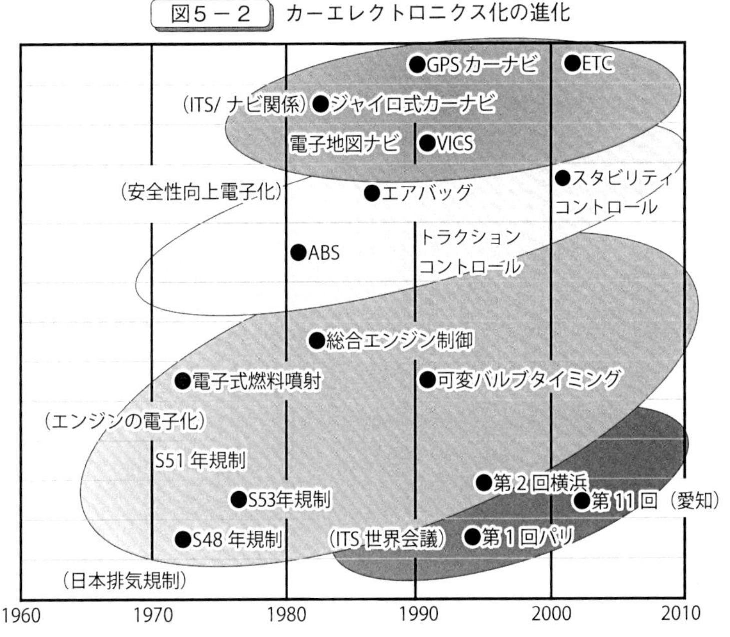

（出所）岩城（2018b）197ページ，図8－2を転載。

マイルドハイブリッド車が登場するなど，電動化プラットフォームは拡大の一途をたどっている（表5－7参照）。本章の表題に掲げている48Vマイルドハイブリッド車について，第3節にて詳述する。

（4）生産のモジュール化への対応

自動車におけるモジュール化は1990年代，メディアに「欧州からモジュールの黒船が日本を直撃する」とまで言われた，自動車生産のモジュール化の大きな波であった。特に，中国地域では2000年当時，マツダが欧州フォードと小・中型車（B/Cカークラス）を，欧州の拠点において共同開発する計画があり，現地で共同開発した図面を日本へ持ち帰って生産する予定といわれ，欧州開発の図面と一緒に欧州のモジュールサプライヤーが中国地方に押し寄せるとの懸念が発生した。

欧州のサプライヤー委託型のモジュール生産に慣れていない地場のサプライヤーに大きなインパクトが出るという予測から，地域をあげてモジュール化の技術開発へ取り組んだ。その成果については，岩城（2013a）にて述べたので参照いただきたい。

生産のモジュール化が，初めて大きく取り上げられたのは，1995年のSAE大会でGMの部品部門が分社化して成立したばかりのデルファイがサブアッセンブリー型モジュール（Assembly Integration Module）を発表した際のことで，世界的にモジュール化が進んでいくきっかけとなった。

モジュールにはサブアッセンブリー型のモジュールと機能統合型モジュール（Functional Integration Module）がある。自動車メーカーのメイン組立ラインに予めサブアッセンブリーされた部品の集合体をジャストインタイムで投入することで，メイン組立ラインを簡素化するとともに，部品メーカーとの労務費格差などによる固定費の削減を目指すのがサブアッセンブリー型モジュールである。1995年代以降，欧州や米国を中心に，このサブアッセンブリー型のモジュールが広まっていった。一方で，日本では自動車メーカーと部品サプライヤーとの間で労務費に大きな差が無いことから自動車メーカーでの社内組立が多く，サブアッセンブリー型モジュールはあまり普及しなかった。マツダは，

2002年発売のアテンザから，レイアウト上，近くにある部品群を1つの単位と捉え，機能統合や部品の廃止やVEによる大幅なコスト低減（変動費の低減）を志向した機能統合型のモジュールを採用した（ドア，コックピット，センターパネル，フューエルモジュール等）。欧米のサブアッセンブリー型と日本で始まった機能統合型モジュールは，それぞれの特徴を生かしつつ進化し自動車の主要な生産技術として現在に至っている。

（5）円高による部品購入の要請　JAMA/MEMAによる日米モジュール協議

（2）で書いたように1998年当時，円高を背景に米国は日本に自動車部品の輸入促進を強く要請した。しかしコスト，機能や品質面から部品単品での商談が難航すると，モジュールとしてまとめての輸入要請がなされた。表5－1および表5－2は，1998年10月に開催された（社）日本自動車工業会（JAMA）

表5－1　欧米におけるモジュール化

		コックピット	フロントエンド	テールゲート	ドア	Fr/Rrサス	ルーフ
VW		S	S	S	S	S	S
AUDI		S	S		S	S	S
メルセデスベンツ		S		S		S	S
	MCC	S	S	S	S	S	S
GM		S	S		S	S	S
Ford		S	S		S	S	S

欧米では主要モジュールをサプライヤーにアウトソース
ただし，戦略的モジュールはカーメーカー組立も存在する

S　サプライヤー組立

（出所）1998年のJAMA/MEMA協議用データ（幹事会社・本田技研作成）を2005年時点のデータで筆者が調査，修正。

表５－２　日本におけるモジュール化

	コックピット	フロントエンド	（センターパネル）	ドア	Fr/Rrサス	ルーフ	他のサプライヤー組立モジュール
トヨタ	I		S	I	I		センタークラスター HVAC，燃料ポンプ
日産	K			I	K	K	燃料タンク 燃料ポンプ
マツダ	I	I	S	I	I	K	バンパーアッセンブリー 燃料ポンプ
三菱	I			I	I	I	HVAC，燃料ポンプ
富士重工	K	S	S	I	I	S	HVAC，燃料タンク 燃料ポンプ，ダンパー，エアバッグ
スズキ	I			I	I		燃料ポンプ 燃料タンク
ダイハツ	I			I			燃料ポンプ
本田	I	I		I	I		車体構成パーツ，燃料ポンプ

日本でも機能統合モジュール化によりサプライヤーによる組立（構内外注含む）が増加している。しかし，技術やコストのブラックボックス化防止の観点から大幅には増大しないと予測。

I 社内組立　K 構内外注　S サプライヤー組立

（出所）1998年のJAMA/MEMA協議用データ（幹事会社・本田技研作成）を2005年時点のデータで筆者が調査，修正。

と米国自動車部品工業会（MEMA）の協議に向けて，幹事会社であった本田技研工業が各社のモジュール化の状況を調査してまとめた欧米及び日本におけるモジュール化の比較表である。これらの図から読み取れる通り，欧米のモジュール化はサプライヤー委託組立型，日本のモジュール化は社内組立型が主流として発展していたことが判る。

（6）マツダにおける生産のモジュール化への対応

マツダは，トヨタ，日産と比較して生産規模が小さかったこともあり，多品種少量となっていた生産を効率化するために，欧米でモジュール化が本格化してくる1990年代以前の1972年から宇品工場で本格的なモジュール生産方式を導入し，以降本社工場，防府工場に相次いで導入し進化させていた。

2003年5月26日に開催された，日経オートモーティブテクノロジーズデイのモジュール講演で（株)アイアールシーが発表したモジュール化への対応状況の資料（表５－４）で見ると，JAMA/MEMA協議の直後（2003年時点）の調

表５－３　マツダにおけるモジュール化の履歴

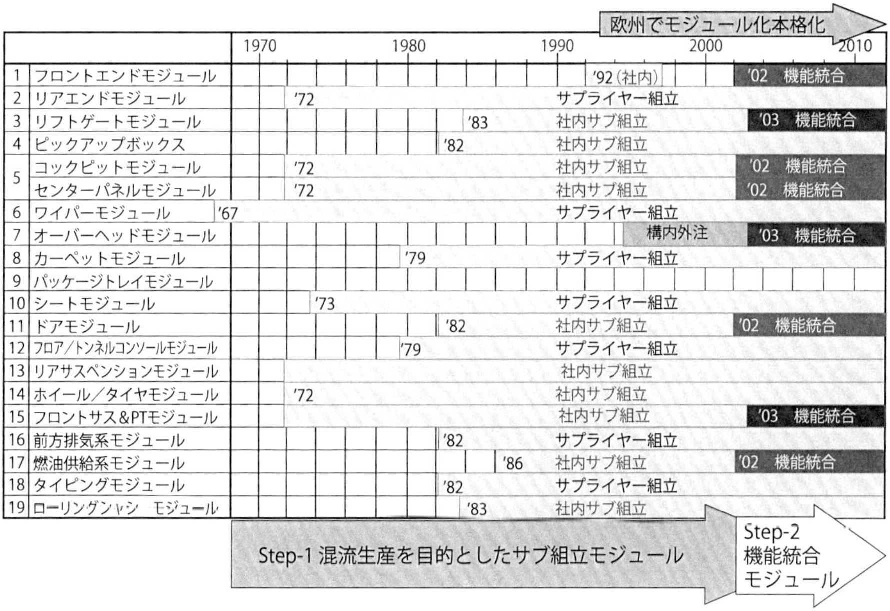

No.	モジュール	開始年	組立形態	機能統合
1	フロントエンドモジュール	'92（社内）		'02　機能統合
2	リアエンドモジュール	'72	サプライヤー組立	
3	リフトゲートモジュール	'83	社内サブ組立	'03　機能統合
4	ピックアップボックス	'82	社内サブ組立	
5	コックピットモジュール	'72	社内サブ組立	'02　機能統合
5	センターパネルモジュール	'72	社内サブ組立	'02　機能統合
6	ワイパーモジュール	'67	サプライヤー組立	
7	オーバーヘッドモジュール		構内外注	'03　機能統合
8	カーペットモジュール	'79	サプライヤー組立	
9	パッケージトレイモジュール			
10	シートモジュール	'73	サプライヤー組立	
11	ドアモジュール	'82	社内サブ組立	'02　機能統合
12	フロア／トンネルコンソールモジュール	'79	サプライヤー組立	
13	リアサスペンションモジュール		社内サブ組立	
14	ホイール／タイヤモジュール	'72	社内サブ組立	
15	フロントサス&PTモジュール		社内サブ組立	'03　機能統合
16	前方排気系モジュール	'82	サプライヤー組立	
17	燃油供給系モジュール	'86	社内サブ組立	'02　機能統合
18	タイピングモジュール	'82	サプライヤー組立	
19	ローリングシャシ　モジュール	'83	社内サブ組立	

欧州でモジュール化本格化（1970, 1980, 1990, 2000, 2010）

Step-1 混流生産を目的としたサブ組立モジュール

Step-2 機能統合モジュール

（出所）筆者作成。

表５－４　モジュール化への対応状況

部品	トヨタ		日産		ホンダ		三菱		マツダ	
	1999	2003	1999	2003	1999	2003	1999	2003	1999	2003
エンジン部品	◎	◎	○	○	◎	◎	◎	◇	○	◎
パワートレイン部品	△	△	○	◎	△	△	△	△	△	◎
足回り部品	○	◎	○	◎	◎	◇	○	○	○	◎
外装品	○	◎	◎	◎	△	◎	△	◎	◎	◎
内装品	◎	◎	◎	◎	◎	◎	◎	◎	◎	◎
車体電装品・用品	○	○	○	◎	○	△	△	△	△	◎

（出所）（株）アイアールシー資料。

査で，マツダは国産車の中でモジュール化へ幅広く対応していたことが判る。

マツダの取り組みに対応して，中国地方の企業では，開発した樹脂材料を上手に使ったモジュールの外郭，いわばモナカの外皮を作る技術力が十分に育っていた。しかし，コアとなる高付加価値部品であるあんこ，すなわちエレクトロニクスの部分への対応が課題として残された。カーエレクトロニクス化への取り組みについては，後程述べていくが，その前にこれまで述べてきた生産のモジュール化の進化に加え2010年代に新しく登場した開発における，企画設計の効率化を狙いとした**新しいモジュール化（企画設計型のモジュール化）と，最近になって登場したモジュールの電動化への対応**について述べてみたい。

（7）企画設計型のモジュール化

2011年に，フォルクスワーゲンより第二のモジュール化ともいえる企画，設計領域のモジュール化：MQBが提起され，これを追って各社から企画設計型の新しいモジュールが導入されている。

フォルクスワーゲン　MQB

MQBは2012年2月に発表した新しいモジュール開発方式で，エンジンを横向きに搭載するFF車用の設計要素のセットを意味する（設計要素のセット＝“Modular Matrix”）である。従来のプラットフォームという大きな塊をより細かな設計要素（フォルクスワーゲンの呼び方では“Toolkit”）に分解し，それぞれの要素に適切なバリエーションをあらかじめ用意してそれらの要素間のインターフェースもあらかじめ定義し，要素間の多様な組み合わせを取りまとめたものをMQBと呼んでいる。これらの設計要素の組み合わせを変えることで，様々な車種を柔軟かつ効率的に創出することを狙いとしたもので，2012年発売の「ゴルフVII」，アウディ「A3」から採用され，同グループのセアト，シコダなどの各車両にも順次展開されていった。

日産　CMF

日産CMF（Common Module Family）は2012年3月に発表され，エクストレイルを皮切りにルノーのメガーヌ等多車種に展開しているFFとFFベースの4WD車用の新しいモジュール開発の方式である。車両を4つの物理的な領域に分け，さらに電気・電子領域をE/Eアーキテクチャーとして1つのまとまりとし，これらの組み合わせにより柔軟に個別車種を創出する開発コンセプトである。4つのモジュール領域はエンジンコンパートメント，コックピット，フロントアンダーボディ，リアアンダーボディを指し，4大モジュールと呼ばれている。

マツダ　CA（コモン・アーキテクチャー）構想

CA構想は，マツダが2006年から取り組んでいる「モノ造り革新」の柱の1つである。車格やセグメントを超えて共有された設計思想に基づき，多様な車両を効率よく開発する車両開発コンセプトである。具体的には，車両を構成する主な領域ごとに，車種を超えて共有する設計思想を設定し，これを個別の車種に転写することで効率的な車両開発を図ることを目指している。CX-5で2012年2月に採用され，その後アテンザ，アクセラ，デミオ，CX-3，ロードスター，CX-30へとフルモデルチェンジに合わせて順次採用が進んでいる。

トヨタ　TNGA

トヨタTNGAは2015年12月発売の4代目「プリウス」を皮切りに，順次，トヨタの各車種に採用され，2020年にはグローバル販売台数の約半分を占めるとされる。TNGAは，より高い運動性能とデザインの自由度およびコスト削減を両立させることを狙いとして開発される新型プラットフォーム，あるいはその開発方針である。トヨタは，CCC21活動の成功などに見られるように，従来から部品の標準化や共通化に長けているが，TNGAではより幅広い車種を対象に標準化や共通化をグループ全体で進めている。

（8）電動化に対応したモジュールの登場

MQBは10年継続して使用できるとされた企画設計型のモジュールであったが，フォルクスワーゲンはMQB発表の2011年から僅か5年後の2016年パリ・オートサロンにおいて，電動化へ対応した新しいモジュールMEBを発表した。これは2021年に予定される欧州CO_2規制に向けた電動化の急展開への対応であった。このフォルクスワーゲンの電動化に向けた急な動きを受けて，各社も相次いで電動化モジュール戦略を発表した。電動化に向けた動きについては，節を改めて詳しく触れるが，ここでは，各社の電動化モジュールについて概観する。

フォルクスワーゲン　MEB

2016年のパリ・オートサロンで電気自動車用のモジュール「MEB（Modular Electric Drive Kit)」を発表，2019年9月27日に第1弾の「ID.3」の量産を開始した。MEBはフォルクスワーゲングループの採用に加えて，フォードもMEBプラットフォームを使って電気自動車を2023年までに市場に導入する予定と発表されている。

日産　CMF－EV

電気自動車用モジュールプラットフォーム「CMF－EV」は，まず日産「アリア」に採用されて2021年に商品化される予定で，ルノーにも展開される。

マツダ　CA構想

CAの電動モデルのスカイアクティブ－Xは2019年24Vマイルドハイブリッドで登場，今後，48Vマイルドハイブリッドの採用も予定されている。電気自動車モデルのMX-30は，2020年5月から宇品第1工場（広島県）で生産を開始している。

トヨタ　e－TNGA

標準化や共通化をグループ全体で進めている。電気自動車向けの「e－TNGA」は，2021年に中国向けに発売されるレクサスから導入され，車種の拡大とともにスバル（旧・富士重工業）にも共通使用される予定である。

以上みてきた，各社の車両開発アプローチの発展経路を模式的に示したのが図5－3である。

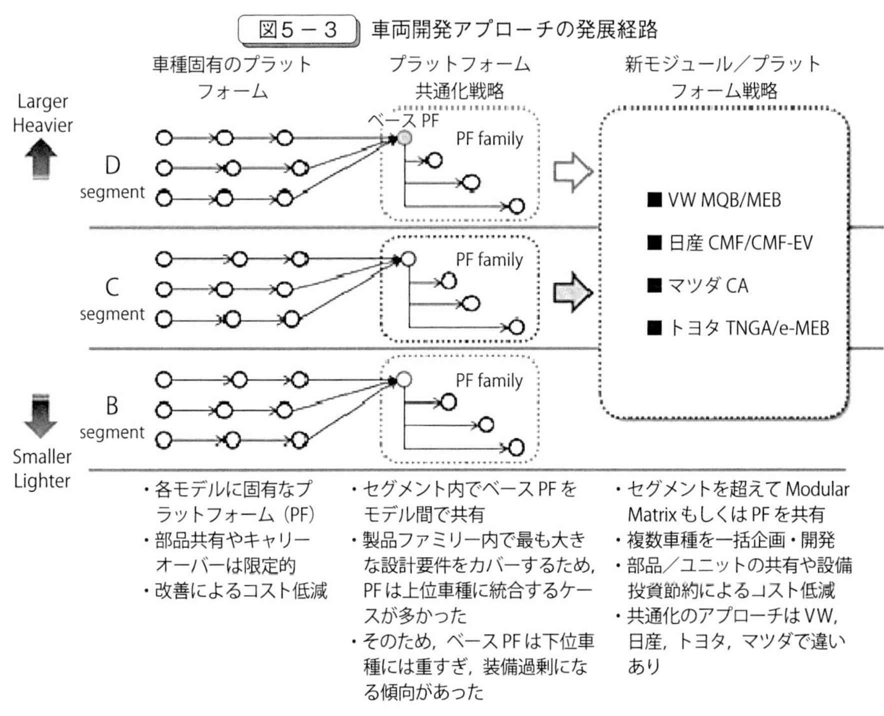

図5－3　車両開発アプローチの発展経路

（出所）目代・岩城（2013）図1を一部改変（新モジュールプラットフォーム戦略の発展経路に，電動化に対応したプラットフォームを加筆）。

3．48V マイルドハイブリッド車とは

48V マイルドハイブリッド車は発電機とモーター兼用のシステムである。アイドリングストップとエンジン駆動力のアシストにより，低コストで燃費を約 15％向上させることができる。この方式はトヨタ・プリウスに代表されるストロングハイブリッド車のように，短距離はモーターのみの駆動による EV 走行が可能な方式とは異なり，最大 10 キロワット程度の小型モーターを搭載し，走行初期のエンジンの駆動力をアシストする。そして，アイドリングストップや減速回生を行うことで燃費向上に寄与する。欧州における CO_2 規制は完成車メーカーが EU 域内で販売する全ての乗用車の CO_2 排出量の平均値を

採用しているため，市場に投入する全ての車両に対して幅広くCO_2削減策を講じなければならない。その際に同システムはストロングハイブリッド車よりも簡易な方式で一定程度燃費を向上させることができるため，特に欧州の完成車メーカーを中心に2017年から実用化を目指した動きが見られており，中国もこれに追従しようとしている。かたや日本ではその動きが全くといっても差し支えないほど見えてこない48Vマイルドハイブリッド車について，2014年度から2016年度にかけて実施した欧州および中国の部品サプライヤーや委託開発機関の訪問調査及びモーターショーなどの視察を基に考察し，さらにその中国地方に与える影響について検討してみたい。

（1）環境規制について

世界中で実施されている環境規制は，図5－4のように構造要件と性能要件の2つに大別される。

構造要件の規制では，米国カリフォルニア州を筆頭に11の州で2016年から実施しているZEV（Zero Emission Vehicle）規制のように一定割合の電動車の販売が必須となる。ここでの電動車には，FCEV（燃料電池自動車），BEV（バッテリー電気自動車），PHEV（プラグインハイブリッド自動車）が含まれる。加え

図5－4　自動車関連の環境規制

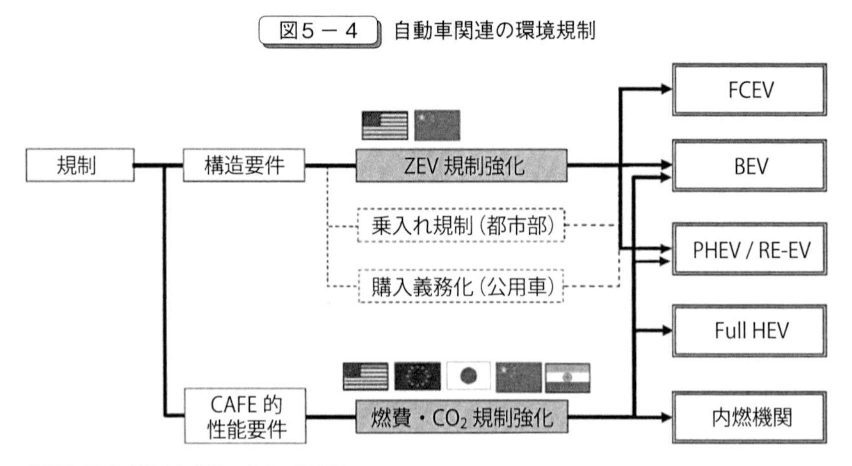

（出所）岩城（2018b）図8－4を一部改変。

て，一部で行われている，都市部への乗入れ規制や公用車の電動車購入義務化もこれに該当する。中国も ZEV 相当の規制を行っている。

CAFE（企業平均）的な性能要件の規制は，欧州を筆頭に日米中印など広範に行われており，燃費・CO_2 規制の強化が柱となっている。規制の対象には，電気自動車，プラグインハイブリッド自動車，レンジエクステンダー EV（RE-EV）に加えてフルハイブリッド自動車（Full HEV），内燃機関自動車が含まれる。

（２）CO_2 規制からみたグローバルな環境規制の動向

欧州における CO_2 規制は，世界の先陣を切って 2015 年には既に 130g/km と極めて高いレベルであり，2021 年に 95g/km，さらに 2025 年には 81g/km とガソリン車やディーゼル車単独では達成不可能な厳しいレベルとなり，もし規制値が達成できなければ超過分に応じた重い罰金が科せられる厳しいものとなっている。各国の CO_2 規制値は，図５－５のように欧州の規制値を追う形で強化されてきている。

図５－５　主要国・地域における CO_2 規制　縦軸：CO_2 排出量（g/km）

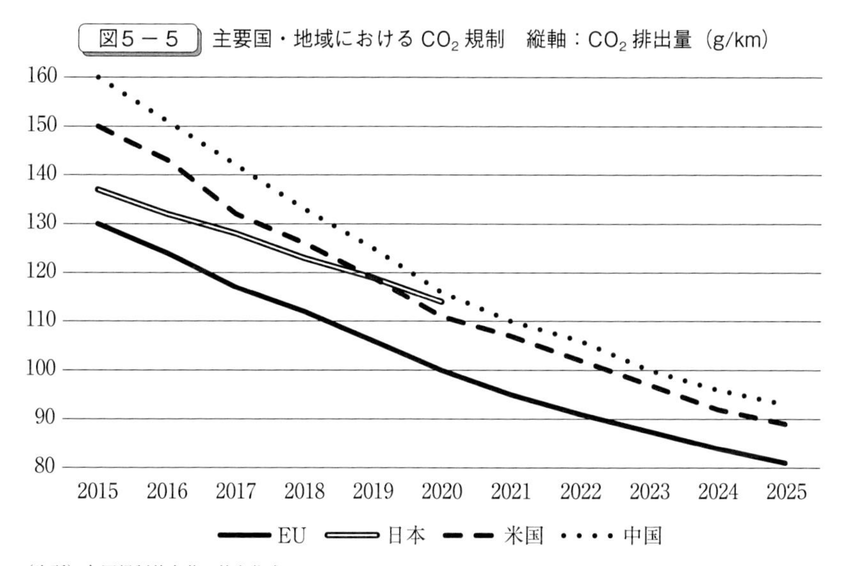

（出所）各国規制値を基に筆者作成。

（3）システム別 CO_2 削減のポテンシャル

ボッシュによるシステム別の CO_2 削減のポテンシャルに関する分析が表5－5である。

表5－5　システム別 CO_2 削減のポテンシャル対比

システム	CO_2 改善率
48 Vマイルドハイブリッド	15%
革新的 CE	12%
エンジン熱マネジメント改善	25%
DE DI（ダイレクトインジェクション）	15%
EV	100%
CE DI（ダイレクトインジェクション）	15%
PHEV（プラグインハイブリッド）	65%

（出所）ボッシュ提供 2015 年資料。

経済産業省も 2020 年に向けて各種 CO_2 削減策の効果と追加コストを公開している[3)]。図5－6中の点線部分は欧州で幅広く使われてきたエンジンのダウンサイジングによる効果であり比較的低コストかつ有効な対策であったが，欧州における 2021 年からの CO_2 規制対応には対策効果が不十分として電動化のメニュー（一点鎖線）が出現した。2010 年現在，低排出ガソリン車で 118g/km，クリーンディーゼル車が 121g/km，ストロングハイブリッド車が 70g/km であることを考慮すると，全車平均で 95g/km という規制値は非常に厳しく，ほぼ全ての車についてストロングハイブリッド車同等の CO_2 排出水準にまで削減することを要求するのに等しい。

（4）2021 年 CO_2 削減目標の達成についての専門機関の予測

まず，2015 年に欧州の環境団体 TRANSPORT ENVIRONMENT が，欧州の 2021 年からの CO_2 規制値達成に向けての達成予測を公表している[4)]。今後 CO_2 排出量改善度が 2008 年から 2014 年までの平均値で進むと仮定すれば，ボルボ，日産，PSA，トヨタ，ダイムラー，ルノーを含む，約 4 割の自動車メー

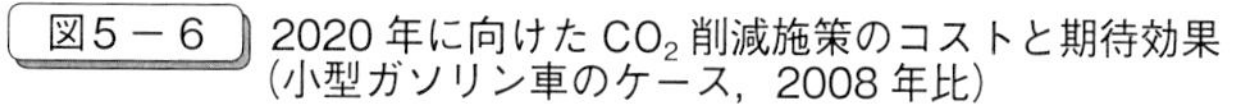

図5－6　2020年に向けたCO_2削減施策のコストと期待効果（小型ガソリン車のケース，2008年比）

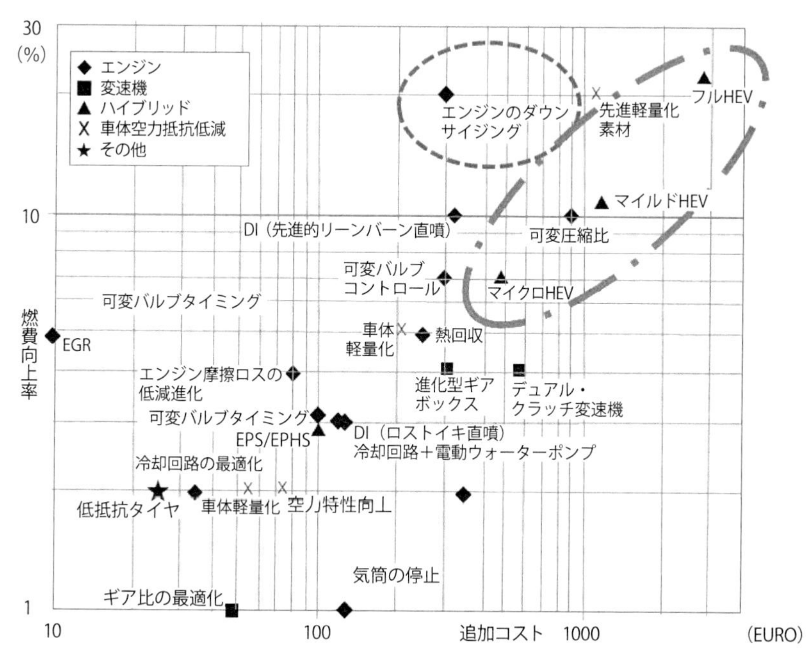

（出所）岩城（2018b）図8－11を転載。
原資料：経済産業省「平成25年度産業技術調査事業重要技術分野に関する技術動向等調査　調査報告書」より引用。

カーしか2021年までには達成できないと予測した。とりわけ達成が難しいと指摘した自動車メーカーには，GM，現代，ホンダ，フィアットが含まれる。

2018年には財務省「世界の自動車燃費規制の進展と電動化の展望」（三井物産戦略研究所）の分析で，2015年の達成度実績から見て2021年規制の達成には大きな乖離があり困難であるとの分析がある。

2020年1月には，イギリスのPAコンサルティングも達成予測を公表した。状況は依然として厳しく，フォルクスワーゲン，ダイムラー，BMW等主要メーカーが目標に到達するのは苦しいと指摘し，各社単独でのペナルティを予測した。各社とも軒並み高額の罰金が予測される厳しい状況のもと，2021年規制達成に向けて，各社は電動化技術を中心に懸命な開発を続けている（表5－6）。

表5－6　EU 2021 年の CO_2 排出量達成予測とペナルティ予測

順位	メーカー名	実績（g CO_2 ／ km）				予測		予想罰金額（百万ユーロ）
		2016	2017	2018	2021目標	2021	差異	
1	トヨタ	105.5	103.1	100.9	94.9	95.1	+0.2	18
2	PSA	110.4	111.9	113.9	91.6	95.6	-4.0	938
3	ルノー日産三菱	111.2	111.7	108.2	92.9	97.8	-4.9	1,057
4	現代起亜	124.7	121.5	118.9	93.4	101.1	-7.7	797
5	VW	120.4	121.5	121.1	96.6	109.3	-12.7	4,504
6	BMW	122.9	121.5	123.6	102.5	110.1	-7.6	754
7	フォード	120	120.8	122.7	96.6	112.8	-16.2	1,456
8	ダイムラー	125.3	127.0	130.4	103.1	114.1	-11.0	997
9	ホンダ	126.5	127.2	126.8	94.0	119.2	-25.2	322
10	フィアットクライスラー	120	119.9	125.4	92.8	119.8	-27.0	2,461
11	ボルボ	121.5	124.4	129.5	108.5	121	-12.5	382
12	マツダ	127.7	130.8	134.8	94.9	123.6	-28.7	877
13	ジャガーランドローバー	150	151.7	151.5	130.6	135	-4.4	93

（出所）PA Consulting's analysis shows top car makers will face € 14.5bn fines for missing the EU's CO_2 emissions targets PRESS RELEASE 13 JANUARY 2020 をもとに筆者作成。

なお，EU の規制ではメーカー間で CO_2 排出量をプールすることが認められており，基準達成に程遠いメーカーでも，余裕を持って基準をクリアしたメーカーとプールすることで合意できれば，ペナルティを軽減可能である。そのため，執筆時点（2020 年下半期）においては企業間の交渉が活発化している[5)]。

（5）欧州における内燃機関自動車の電動化の方向性

トヨタはプリウスの発売時より，エコカーの中核技術としてアイドルストップ及び減速エネルギー回生を挙げている（171 ページ，コラム 5 － 1 参照）。2014 年から 2016 年にかけて欧州において電動化の動向に関する調査を実施した際，欧州勢もエコカーのキー技術としてアイドルストップ及び減速エネルギー回生技術を重要視していることを表明した。ボッシュは，表 5 － 7 の通り，エンジン車の電動化が本格化する最初の段階を 48V マイルドハイブリッド車と定義し，以降ストロングハイブリッド車，プラグインハイブリッド自動車へと移行していくとの方向性を示した。ストロングハイブリッド車は，トヨタが欧州に投入した際には高速走行性能が不足することから欧州での評価はさほど高くな

表５－７　エンジン車電動化のステップ

CO₂削減の潜在能力							感電限界：60V	
名称	スタート／ストップ Base Line Start/Stop	スタート／ストップ Advanced Start/Stop (20km/h)	スタート／ストップ Start/Stop Coasting (120 ㎞ /h)	12 V MHEV マイルド ハイブリッド	24 V MHEV マイルド ハイブリッド	48 V MHEV マイルド ハイブリッド	SHEV ストロング ハイブリッド	PHEV プラグイン ハイブリッド
CO_2排出レベル（g）	119			(104～106)	96～117	121～129	64	28
システム電圧	(12 V)	(12 V)	(12 V)	12 V	24V	48 V	200V/650V	200V/650V
Power Device	―			MOSFET	MOSFET	MOSFET	IGBT	IGBT

（出所）ボッシュでの調査ノート（2015 年３月）を基に筆者加筆作成。

かった。その後，モーターアシスト走行の強化により評価が高まるとともに，中核技術であるアイドルストップ及び減速エネルギー回生が CO_2 削減を進める上でのキー技術として，その重要性，汎用性が認知されるに至り，48V マイルドハイブリッド車の登場を生んだともいえる。次に，欧州エンジン車電動化のステップについて述べる。

①　スタートアンドストップシステム（かつて欧州ではマイクロハイブリッドと呼ばれていたこともあった）

スタートアンドストップ（日本の呼称はアイドリングストップ）は，車両が交差点で停止するとエンジンを停止して停車中の燃料消費を防ぐものである。最近では８キロメートル程度に減速すると停止を予測してエンジンを停止するものも登場した。更に欧州では時速 20 キロメートル以下の車速でエンジン停止を行うものや時速 120 キロメートル程度までの走行中に惰性走行するものも開発されている。減速中に発電機を制御してバッテリーやキャパシターに電気エネルギーを蓄えて，照明や空調機器などの電力に使うことで発電用の燃料消費を削減する，減速回生システムを備えたシステムも出現している。

② マイルドハイブリッド車

CO_2発生の大きい発進加速時に，発電機を制御してモーターとしてエンジンをアシストするシステムで，電源電圧が12Vのシステムから24V，48Vのシステムまで種々ある。代表的な48 Vマイルドハイブリッド車で特徴を述べる。

48 Vマイルドハイブリッド車はストロングハイブリッド車に比較してモーターのアシスト能力が低く，CO_2削減効果が若干劣るものの，低コストであるため幅広く採用が可能なことから販売車両全体のCO_2排出量の総平均の削減が必要な欧州では，有効な手段としてフォルクスワーゲン，アウディ，BMW，ダイムラー，ポルシェ，ボルボ，プジョーシトロエン，ボッシュ，ヴァレオ，コンチネンタル，マグナ，シェフラー，インフィニオンなど，自動車メーカー，メガサプライヤーを中心に積極的に推進しており2016年から2017年に量産が始まった。減速回生で生み出すエネルギーを48Vで有効に利用し，限られた車速までではあるがモーターアシストを行う。専用の駆動モーターを持たず，モーターとジェネレーター兼用のデバイスを中心に，シンプルな構成で低コスト，かつ搭載性を高めた簡易型のハイブリッドシステムである。この特徴を生かして今後幅広く採用されることが予測され，欧州と同様の環境条件から，中国においても48 Vマイルドハイブリッド車が盛んに採用される方向にある。当初日本での採用の動きは鈍かったが，12 Vマイルドハイブリッド車を推進するスズキや24Vマイルドハイブリッド車を採用したマツダには48Vマイルドハイブリッド車投入の動きが出て来ている。

③ ストロングハイブリッド車

1997年12月に世界初となる量産ハイブリッド自動車トヨタ・プリウスが誕生して以来，CO_2排出量削減や燃費向上対策の代表的なシステムとして日本を中心に急速に採用が伸びている。マイルドハイブリッド車との差は，電源電圧で200Vレベルの電源電圧を600V程度に昇圧し大電力モーターを使用し，動力性能と減速回生の効率化によって環境対策とのバランスを高水準で取ったシステムとなっている。初代プリウス発売以降，技術的にも生産台数からもトヨタの独壇場ともいえる。その後，ストロングハイブリッド車はホンダ，日産等の日本車や韓国車を中心に採用されている。2020年6月に，中国政府はストロングハイブリッド車を2021年から「低燃費車」に位置付けて優遇策を実施することが明らかになり，更に販売が伸びると予測される。

④　プラグインハイブリッド車

ストロングハイブリッド車のバッテリー容量を大幅に拡大して，エンジンを停止してのEV走行の距離を60㎞程度に拡大したものでストロングハイブリッド車の上位展開システムといえる。ストロングハイブリッド車が重量車のCO_2削減には少し力不足の感がある事や米国，中国においてZEV車やNEV車として認められなかったこと，トヨタの圧倒的なストロングハイブリッド車の経験知に対抗するなどの位置づけで，欧州や中国では上級車，重量車へのプラグインハイブリッド車の採用が拡大している。

コラム5－1　ハイブリッド技術―減速回生技術の重要性

トヨタは98年にプリウスを発売したとき，「環境報告書1998」でハイブリッド技術の適用範囲をハイブリッド車用として，CO_2削減に取り組むと提示していた（第4章図4－2　上図）。ところが4年後，2002年の環境報告書ではハイブリッド技術の適用範囲を大きく拡大しすべての環境対応自動車へ適用している（第4章図4－2　下図）。実は，これこそが環境自動車のポイントだろうと考える。それまではハイブリッド車は電気自動車とかガソリンエンジン，ディーゼルエンジンと並んだ，環境対策車の1つとの位置づけだったが，2002年になって減速回生の技術，ハイブリッド技術は，全てのエコカーに通用させるべき非常に重要な技術であるとトヨタは認識したと思われる。実際，欧州勢がそれまで電気自動車一辺倒だったのが，最近，急にハイブリッドと言いだしたのはハイブリッド技術のコアたる減速回生技術こそがCO_2削減に有効に効くということを，20年遅れではあるが認識したのではないか。

（6）48V マイルドハイブリッド車が注目された背景

第一に，電圧が48Vと比較的低電圧である為に，パワーデバイスがフルハイブリッド車で使用される高価なIGBT（Insulated Gate Bipolar Transistor）ではなく，より安価なFET（Field effect transistor）が使えること。

第二に，12Vマイルドハイブリッド車と比較して48Vマイルドハイブリッド車は通電電流値が4分の1となり，ウォーターポンプ，冷却ファン，リア熱線ウィンドウ，電動ターボ，電動コンプレッサーなど大容量の電動補機が可能となるとともに，ワイヤーハーネスが細径化されて軽量化されるため，コストの大幅な削減が実現できる。詳しくは（9）①を参照されたい。

第三に，エンジン回転数のバラツキを考慮しても電源電圧は人体の感電限界とされる60V以下であり，フルハイブリッド車，プラグインハイブリッド自動車，電気自動車が採用している高圧システムのように感電の恐れがないことから，整備等に免許が不要でサービスメンテナンスが容易となる。そのため，先進国はもとより途上国にも有効な技術と考えられている。

第四に，48Vとはいえ，モーターは近年比較的強力なものが開発され，高速走行域等でのモーターアシストが可能となった。そのため，非力と言われた初期のストロングハイブリッド車並みか，それ以上の走行性能が期待できる。

その一方で，48Vマイルドハイブリッド車の電気系統には12V系とは異なる課題がある。200 V～700 Vの電圧を使うストロングハイブリッド車やプラグインハイブリッド自動車，電気自動車ほどの高電圧ではないが，12V系の自動車用一般電装品ではあまり必要とされない，スイッチやノイズ，リークなど以下に示す高圧対策が必要であり，注意が必要である。

① スイッチ，リレーの短絡・絶縁性能の強化，半導体化等のアーク対策
② 電磁放射ノイズ，シールドなどEMC（Electromagnetic Compatibility）性能の強化
③ 端子間リーク，回り込み防止，防湿，防水性能強化等のリーク対策

（7）48Vマイルドハイブリッド車のプラットフォームへの影響

48Vマイルドハイブリッド車のプラットフォームは，12V系の内燃機関車に対し追加，変更されるものとして，比較的小型の48Vバッテリーパックの追加，インバーターを持つECU（Engine Control Unit）への変更，そしてオルタ

表５－８　48Vマイルドハイブリッド車　４種のモーターマウントによるプラットフォーム

マウント形態	モーター出力	バッテリー容量	CO_2削減効果	BAT	PCU	BRM	INV	SMG	ISG	採用国
内燃機関（e.g.belt）	10kW, 55Nm	250-1,000Wh	9-12%	○	○	○				米欧中
トランスミッション（eMT, eAMT, eCVT）	10-15KW, 55Nm	500-1,000Wh	12-19%	○	○	○	○	○		日欧中
クランクシャフト（ISG）	15kW, 250Nm	500-1,000Wh	9-13%	○	○		○		○	米欧
トランスミッション（eDCT）	15kW, 55Nm	500-1,000Wh	12-19%	○	○		○	○		欧

（出所）ボッシュでの調査ノート（2015年３月）を基に筆者作成。

ネーターにモーター機能を追加したISG（Integrated Starter Generator）の装着がある。48Vマイルドハイブリッド車プラットフォームの種類としては，このISGを従前のオルタネーターとの兼用，トランスミッションへの挟み込み，独立しての装着など，必要な伝達トルクやコスト，レイアウトの容易さなどを勘案して，表５－８に示す４種類のプラットフォームが想定されている。

（８）48Vマイルドハイブリッド車の全世界市場規模予測

ドイツのコンチネンタルは，2016年に発表した2030年時点の全世界のパワートレイン生産量予測の中で，スタート・ストップ装置付きを含めたガソリン車およびディーゼル車が60%，残る40%が電動車，そのうちの半数以上を48Vマイルドハイブリッド車と予測しており，一挙に電気自動車化が進むとは予測していない（図５－７）。エンジンも備えた電動車であるマイルドハイブリッド車，ストロングハイブリッド車，プラグインハイブリッド車が大きなシェアを占めていることから，少なくとも2030年頃までは，電気自動車の開発のみならず，電動化に適したエンジンの開発も重要な課題と考えられる。

ドイツのボッシュは，世界４極の自動車市場における，2025年時点での48Vマイルドハイブリッド車の市場シェア予測を行っている（表５－９）。大気汚染対策が急がれる中国を筆頭に，欧州，北米で需要が高まり，ストロングハイブリッド車が主力の日本でも48Vマイルドハイブリッド車に一定の需要があるとの予測を行っている。

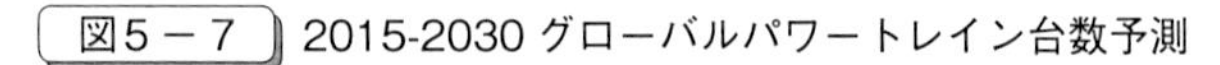

図5－7　2015-2030グローバルパワートレイン台数予測

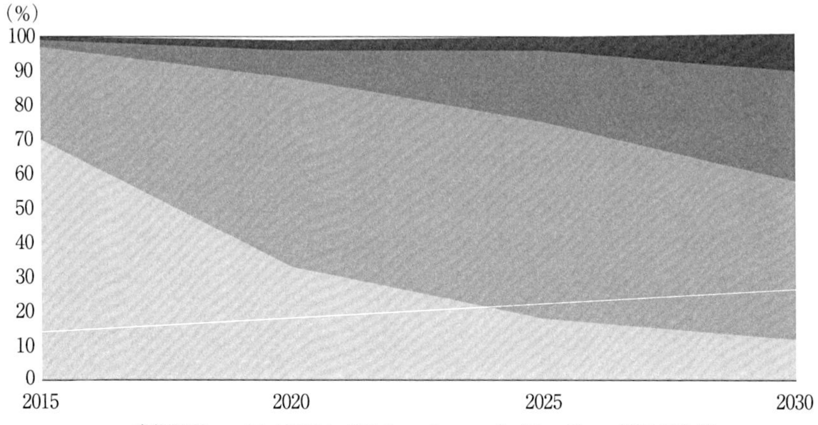

（出所）岩城（2018b）図8－15のデータを基に，筆者作成。
原資料：ドイツ・コンチネンタル社提供資料。

表5－9　48Vマイルドハイブリッド車市場シェア予測

（年）	欧州	中国	日本	北米
2020	10	10	3	5
2025	25	30	12.5	25

（出所）ドイツ・ボッシュ社提供資料。

（9）48Vマイルドハイブリッド車　その他の観点

①　48V電動補機ビジネスの発生

内燃機関自動車では標準となっている12Ｖ電源システムでは，ワイヤーハーネスの電流値の限界（電圧降下や発熱）からみて消費電力は500ワット（40アンペア）程度が対応の限界とされており，これ以上のパワーが要求される補機は電動化が困難であることから，エンジンから直接駆動させるメカニカル補機が主体となっている。48Vマイルドハイブリッド車では電源を48Ｖ化する事で，電流値が1/4となりワイヤーハーネスの電流値の限界から逃れて，多くの補機が電動化対応が可能となるとともにワイヤーハーネスを細径化，軽量化出来ることで小型化や制御が容易となる。

ボッシュは補機類の電動化について，48Vマイルドハイブリッド車システム

図5－8　48V電動補機ビジネスの出現

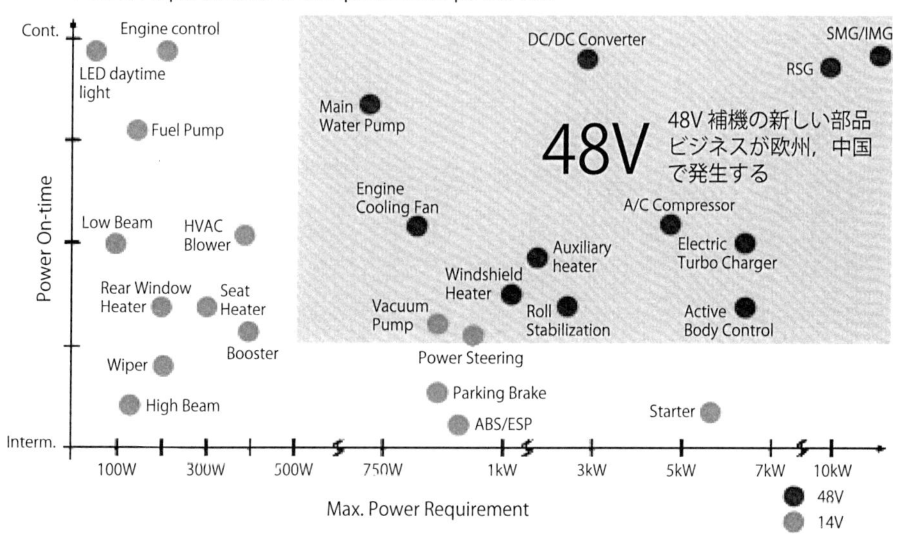

（出所）岩城（2018b）図8－17　原資料：ドイツ・ボッシュ社提供資料。

では図5－8のようにウォーターポンプ，冷却ファン，リア熱線ウィンドウ，電動ターボ，電動コンプレッサー等の大電力補機（グレーの地色部分で表示）の電動化が実現し，新たな48V電動補機のビジネスが発生することを指摘している。

② 48Vハイブリッドシステムの部品変化は？

2014年10月14日にフォルクスワーゲンのヴォルフスブルク本社で，フォルクスワーゲン主催の48Vマイルドハイブリッド車の部品展示会が開催された。欧州勢は2021年のCO_2規制開始を見据えて2016年から48Vマイルドハイブリッド車を市場投入すると既に発表していた。そのため，ヴォルフスブルクでの展示会では，様々なシステム，部品の金型品が各社から出展されており，48Vマイルドハイブリッド車スタート直前の様子が充分に窺えた。当時展示されていた部品の写真を資料1に掲載しているので，ご覧いただきたい（資料をご覧になる際は，創成社HP（https://www.books-sosei.com/）にアクセス願いたい）。

フォルクスワーゲンでの展示会から半年後の2015年3月のジュネーブモーターショーや2015年10月のフランクフルトショーでは，48Vマイルドハイブリッド車の展示で2016年からの市場投入に向けて準備が完了していることを感じた。ボッシュ提示の48Vハイブリッドシステム，ストロングハイブリッド車，マイルドハイブリッド車といった3種類の金型品が展示され，量産が近いことを示していた。当時，展示されていた展示パネル，部品，金型の写真を資料2に掲載しているので，ご参照いただきたい。

コラム５－２　48VマイルドハイブリッドシステムとマイクロEVの登場

本章主題の48Vマイルドハイブリッド車そのものではないが，マイクロEVの登場はこれも新たな48V電動補機ビジネスの発生といえる。ここではマイクロEVについて一言述べておきたい。

マイクロEVは車輌サイズについて軽自動車と原付2輪車との間に該当する2人乗りの車両で，最高速度60㎞/h程度で原付2輪よりは馬力がある。市街地での走行には十分な動力性能を確保して，シティコミューターとして今後普及が期待されており，これまでも各社からマイクロEVが世界各地にてパイロット的に少数販売されてきた。なお，第6章にもタイにおけるマイクロEVの展開についての記述がある。

仏シトロエンは2020年7月9日，小型シティコミューター電気自動車の「AMI（アミ）」をフランス本国で正式に発売し，14歳から運転免許なしで運転が可能なコミューターとして話題を呼んでいる。日本でもこれまで，トヨタ，日産，ホンダ等から先行実験車が発表されていたが，2019年6月に開催された「トヨタのチャレンジ，EVの普及を目指して」と題された電動化説明会でトヨタ自動車の寺師副社長は，乗車定員2名で最高速度60㎞/h，1充電あたりの走行距離を100㎞に設定した「超小型EV」を2020年冬に正式発売することを発表した。日本でも国交省において，技術要件や道路交通法や道路運送車両法，保険制度を検討中であり，今後の動きからは目が離せない。

マイクロEVは2人乗りコミューターとして大都市のコミューターや目的地までの最終短距離移動「ラストワンマイル」を担う超小型EVや，農村，高齢者などの足，そしてCASEのS：シェア車両用としての活用が考えられる。CAFE（企業平均燃費）引き下げにも寄与すると想定されるため，48V マイルドハイブリッド車の生まれ故郷の欧州や中国，そして日本でも近距離用のコミューターやシェア車としても可能性を感じる。さらに，バッテリーパックやモーター，DC-DC コンバーターなど主要機器について，マイクロ EV には 48 V マイルドハイブリッドシステム部品を応用できる可能性がある。今後大量に生産される 48V マイルドハイブリッド車の部品が流用できるとなると，部品産業にとってはマイクロ EV48V システムおよび部品への事業展開には大いなる可能性を感じる。

中国地域においては，マツダは残念ながら近年軽乗用車は自社では生産していないためにマイクロ EV での事業展開の可能性については期待薄であるが，日産と共同で軽乗用車を担当する三菱自工の水島工場（岡山県）では，マイクロ EV 車生産の可能性があると思われ，中国地方にとってマイクロ EV は 48V マイルドハイブリッド車のシステムの活用と併せて，いずれ大きなインパクトが出てくるかもしれないと期待している。

(10) 拡大が見込まれる中国の 48V マイルドハイブリッド車市場

中国では，米国 ZEV 規制同様の NEV（New Energy Vehicle の略で EV/PHEV 等を指す）が厚く保護されてきている一方で，48V マイルドハイブリッド車への関心が高まっている。中国政府は 2020 年 6 月に，従来はガソリン車と同一視してきたストロングハイブリッド車を「低燃費車」と位置づけて優遇する政策の導入を最終的に決め，2021 年 1 月から実施すると報道されている。補助金削減による電気自動車の販売低迷を受けて，環境対策の加速にはストロングハイブリッド車の普及が必要だと判断したのだという[6]。ストロングハイブリッド車優遇策を受けて 48V マイルドハイブリッド車に対する優遇処置の可能性が報じられている[7]。環境対策に実用的なハイブリッドとして 48V マイルドハイブリッド車を「低燃費車」と位置づけて優遇する方向のようで，48V マイルドハイブリッド車は欧州に加えて中国でも今後成長していくと予測される。すでに，48V マイルドハイブリッドシステムを採用したベンツ C クラスと E クラスの販売台数は 2020 年 1 ～ 6 月に計 6 万台を超え，日系のストロングハイブリッド車に迫る勢いを見せている。

背景には，欧州の，とりわけドイツの完成車メーカーが中国市場で大きな存在感を誇示していることがある。本国同様に中国でもマイルドハイブリッド車の市場を拡大させることは，ドイツの完成車メーカーやサプライヤーにとって大きなメリットがある。そのため，ボッシュやコンチネンタルなどのシステムサプライヤーが，中国の完成車メーカーに提案，市場拡大を試みている。搭載を提案するシステムサプライヤーにとっては，補機部品群をグローバルに共通化し，自社パンフレットに掲載している製品の中から全世界の完成車メーカーに購入してもらった方が開発コストも安価に抑えられる。また共通化することにより，同じ製品の生産量が増え，完成車メーカーにとっても部品単価の低下が期待できる。このように，欧州に加えて世界最大市場である中国において48V市場が開花することは，完成車メーカー，サプライヤー双方にとってプラスの効果が大きい。加えて，中国政府の厳しい環境規制強化に対応するだけの能力，技術力が低いと想定される中国の地場資本メーカーにとっても，追加費用が比較的少なくて済む48Vマイルドハイブリッド車を選択するメリットは大きい。そのため，中国完成車メーカーによる同システムを搭載した車両の発売が相次いでいる。中国における主要完成車メーカーの48Vシステム搭載車両投入計画とシステムサプライヤー概要を表5－10にまとめた。欧米から進出している自動車メーカーに加えて，中国メーカーも幅広く48Vマイルドハイブリッド車を採用している。また，システムサプライヤーの大半を，ドイツ勢をはじめとする欧州勢が占めていることにも注目しなければならない。

(11) Tank To Wheel から Well To Wheel へ

現在は，電気自動車は CO_2 排出量がゼロとカウントされているが，これはTank To Wheelでの算定結果である。最近になって，こうした自動車から車輪までの CO_2 使用量だけではなく，Well To Wheel，すなわち油を吸い上げる油井から車輪までで CO_2 排出量を評価しようとする動きが出て来ている。その際自動車を生産する際の CO_2 排出量もカウントしようとしている。これは，電気自動車に多用されているリチウムイオン電池が製造時に多くの CO_2 を排出することから，電気自動車が全く CO_2 を排出しないという評価では実情に合わないのではないかという考え方から生まれた。これを評価しないと正確な

表5－10　中国における主要完成車メーカーの48Vシステム搭載車両投入計画とシステムサプライヤー概要

メーカー		システムサプライヤー	投入時期
フォルクスワーゲン	上汽VW	ボッシュ，コンチネンタル	2017年
	一汽VW		2017年
GM	上汽GM	ボッシュ，コンチネンタル	2019年
フォード	長安フォード	コンチネンタル	2019年
PSA	神龍汽車	ヴァレオ	2017年
ルノー	東風ルノー	コンチネンタル	2017年
メルセデス・ベンツ	北京ベンツ	ボッシュ	2017年
BMW	華晨BMW	デンソー	2017年
FCA	広汽フィアット	デルファイ	2019年
JLA	奇瑞JLA	ヴァレオ	2019年
東風乗用車		デルファイ	2018年
上汽乗用車		コンチネンタル	2017年
一汽海馬		n.a.	2016年
長城汽車		ヴァレオ	2017年
長安汽車		ボッシュ，デルファイ	2017年
一汽汽車		上海電駆動	2017年
吉利汽車		n.a.	2018年
BYD		内製	2017年
江淮汽車		A123 Systems（電池）	2016年

（出所）フォーイン『中国自動車調査月報』2016年6月，34ページ，他報道資料より作成。

ライフサイクルのCO_2アセスメントとはならない。自動車を生産するところから走らせるところまでのCO_2発生の総量をカウントすると，電気自動車のCO_2排出量は概ね80グラム相当になるのではないかと想定されている（ボッシュ算定）。

この「ライフサイクルアセスメント」の考え方は2025年から2030年ころからの規制に反映させようとしているが，そうなるとCO_2規制対策として，いままで「発生量0g」と算定されてきた電気自動車が絶対優位の対策とはいえなくなるのではないかとの見通しが出ている。フォルクスワーゲンの資料には，改善したクリーンディーゼルのほうが，電気自動車よりもCO_2発生が少ないのではないかとの試算も出ており，今までCO_2対策の観点から将来は電気自動車だといわれていたが，違った方向性の意見が出つつあり電動化の方向性の予測について慎重な検討が必要となってきている。

その中で，48V マイルドハイブリッド車は総量規制に対してコストと性能のバランスに優れた実用的な量産ハイブリッドとして重宝され多用される可能性が出て来たのではないだろうか。

(12) 小　括

以上みてきたように，48 V マイルドハイブリッド車において先行する欧州では，コンチネンタル，ボッシュ，ヴァレオなど複数の欧州サプライヤーが48V システムを開発・販売している。アウディ，フォルクスワーゲン，ポルシェ，ダイムラー，BMW の 5 社が 48V システムを共通化することで 2011 年に合意し，2013 年に標準規格「LV148」を策定し実用化を進めてきた。そして，2016 年から欧州フォード，フォルクスワーゲンやメルセデス，アウディ等が48V マイルドハイブリッド車を発売しており，欧州自動車メーカーとサプライヤーのリードは明白である。

4. 中国地方のカーエレクトロニクス化への対応

本節および次節では中国地方に開発から生産まで全ての機能を置いている自動車メーカー，マツダの電動化への取り組みを紹介し，医工連携研究の中から中国地方における電動化部品への取り組み：電動車用パワーエレクトロニクス開発とハイレゾサウンドの開発について最新の状況を紹介する。

(1) マツダの電動化戦略（資料 3 に関連の図，写真あり）

マツダはエンジンにこだわって開発を進めてきた。2030 年でも 9 割はエンジンが残ると予測されているので，エンジンを重要視するのはよく理解できる(図 5 − 7)。マツダはビルディングブロック戦略と称して，電動系については着実に徐々にやっていくという戦略を採り，2009 年アクセラに i-stop と称するアイドリングストップを採用したところから電動化を始めた。次いで2012年，アテンザにアイドリングストップの高級機である二重層キャパシターを採用したi-ELOOPを採用して減速回生のレベルを高めた。「i-ELOOP」は，モーターは搭載せず駆動力のアシストは行わない。減速時にオルタネーターで発電した電力をキャパシターに蓄える。駆動時はオルタネーターを休止することによってエンジンの負担を減らして省燃費化し，必要な電力はキャパシターから供給するといった仕組みである。なお，ここに述べたアイドリングストップに関連する電子機器は広島地域で生産している。

マツダは2018年，次世代技術について今後の展開計画を公表し，2030年には全ての自社製新車に電動化技術を搭載すると発表した。電気自動車の比率を5%としている中で全てのクルマに電動化技術を…というのは，48Vマイルドハイブリッド車やストロングハイブリッド車，プラグインハイブリッド自動車など，内燃機関に電動化技術を加えた車両を…すなわち減速回生の技術を全面的に展開すると解釈できる。中国地方としても開発してきた電動化技術を製品展開させるタイミングが到来しているのではないだろうか。

マツダは2020年11月時点で市販されている製品では，2019年発売のスカイアクティブXに24Vのマイルドハイブリッドシステムを採用している。通常のガソリン車と比べるとスターター・ジェネレーターとバッテリーパックくらいが変更部品で，24Vマイルドハイブリッドを比較的簡単に実現している。48Vマイルドハイブリッドシステムの導入のタイミングは現時点では不明であるが，モーターショーにおいてマツダ開発幹部は，メディアに対して2021年発売の大型モデルに採用する計画があると明言しており，48Vマイルドハイブリッドシステムがいよいよ中国地方に登場することになると思われる。まさに地域の対応力がどこまで育っているかが問われることになるだろう。

（2）中国地方の自動車部品産業へのリスクと対応

自動車が電動車になると自動車の部品は極めて大きな影響を受ける。中国地方では経済産業省の2006年の地域産業活性化調査（NOVA調査）によりその影響度を分析した結果，ハイブリッド車や電気自動車になるとエンジンが変化したり無くなったりし，トランスミッションも大きく変化する。エンジンが残る場合でも，補機類がベルト駆動から電動化されるなど大きな変化がある。例えば，これまでガソリンエンジンの車は，インテークマニホールドで発生したバキュームをブレーキの倍力装置等に活用していたが，アイドリングストップ機構を採用すると，停車中はエンジンからのバキュームは期待できない。また空調機器もアイドリングストップすると温度調節が効きにくくなり，オーディオやナビの電力源も確保しにくくなる。そのため，相当な対策，すなわちエンジンのみならず様々な補機類も含めた電動化への対応が必要となってくることが分かった。

こうした電動化が与える影響を中国地方で担当している部品について分析した。自動車部品は総計3万点と言われるが，その部品を単価500円以上のモジュールやシステムでまとめると大体200点となる。そのうち中国地方で担当し生産しているのは99品目であった。部品点数でいうと，およそ5割を中国地方で作っている。逆にいうと5割は他の地域から供給されていることになる。その99部品のうちの61部品が電動化により，何らかの影響を受けるということが判った（岩城（2013a）図9－6参照）。地域の部品サプライヤーが，この電動化の波に対応できなければ約6割（61／99）のビジネスが中国地方から無くなるリスクがあることを意味する。中国地方では，こういった分析のもと，綿密なカーエレクトロニクス化戦略を立て対応を続けてきた。詳しくは岩城（2013a）を参照いただきたい。

中国地方では2015年に電動化によるシステム別の部品への影響をさらに詳しく調査した。エンジンが残るハイブリッド車やプラグインハイブリッド自動車であれば，表5－11のように，Aの一部の部品がなくなるか大きく変化してBの部品に若干の変化があるのみであり，電動車であってもエンジンが付いていれば電動化の影響はさほど大きくはないことが判明した。これは，48Vマイルドハイブリッド車においても同様である。一方で電気自動車となった場合はエンジン及び関連部品の大部分が廃止になるなど影響は相当に大きい。詳しくは岩城（2018b）表8－4も参照されたい。

もともと中国地方は機械部品や内装部品に強みのあるサプライヤーは多いも

表５－11　自動車の電動化が地域へ及ぼす影響 HEV，PHEV 化で影響を受ける自動車部品

カテゴリー	A：廃止又は大きな影響	B：若干の変化	C：変化なし
エンジン	過給機，インタークーラー，ノズル	シリンダーブロック，クランクシャフト，ピストン，インジェクター，オイルパン，エグゾーストパイプ，カムシャフト，コンロッド，エアクリーナー，オイルクリーナー	タペット，バルブガイド，コントロールバルブ，油圧電磁弁，プッシュロッド
エンジン関係	スターター，オルタネーター	スパークプラグ，マフラー，PT 制御ユニット，排気管，サイレンサー，車両制御ユニット	燃料ポンプ，インジェクター，ディストリビューター，ラジエーター，ig コイル
トランスミッション	トランスミッション		
補機		オイルポンプ，ウォーターポンプ	
操縦系部品		電動パワーステアリング	左記以外
駆動系部品			プロペラシャフト，ディファレンシャルギア等
ブレーキ系部品		マスターシリンダー，ブレーキシリンダー，ABS，ディスクブレーキ，マスターパック，コントロールバルブ，ハイドロパック，ブレーキドラム	ブレーキシュー
車軸系部品			フロントアクスル，リアアクスル，タイヤなど
車体		燃料タンク，遮音材，ホワイトボディ，シート	ドア，ガラス，ボンネット，バンパー
乗員拘束			シートベルトなど
電装品		メーター，ステアリングロック，ナビ，ワイヤーハーネス	左記以外（パワーウィンドウ，ワイパー等）

（出所）岩城（2018b）表８－３を基に筆者作成。

のの，カーエレクトロニクスには長けていない企業の多い地域である。そこで，クルマの電動化に伴う技術変化を分析し，技術開発を推進するために広島県では医学と工学が連携した研究開発体制を構築し対応した。次世代自動車社会研究会とひろしま医工連携ものづくりイノベーション推進地域を中心とした２つの開発体制で，特に医学と工学との連携に重点を置いて開発力を強化することで，自動車の電動化に対応しつつ，地域産業の高付加価値化をも図っていこうという狙いで技術開発を行った（詳細は岩城（2018b）表８－22～８－24を参照）。図５－９は医工連携研究の活動全体，６分野の活動略図である。詳しくは岩城（2013a）図９－17から図９－18および関連の記述を参照いただきたい。

図5－9　自動車分野医工連携研究会における6分野の活動　研究成果の適用対象例

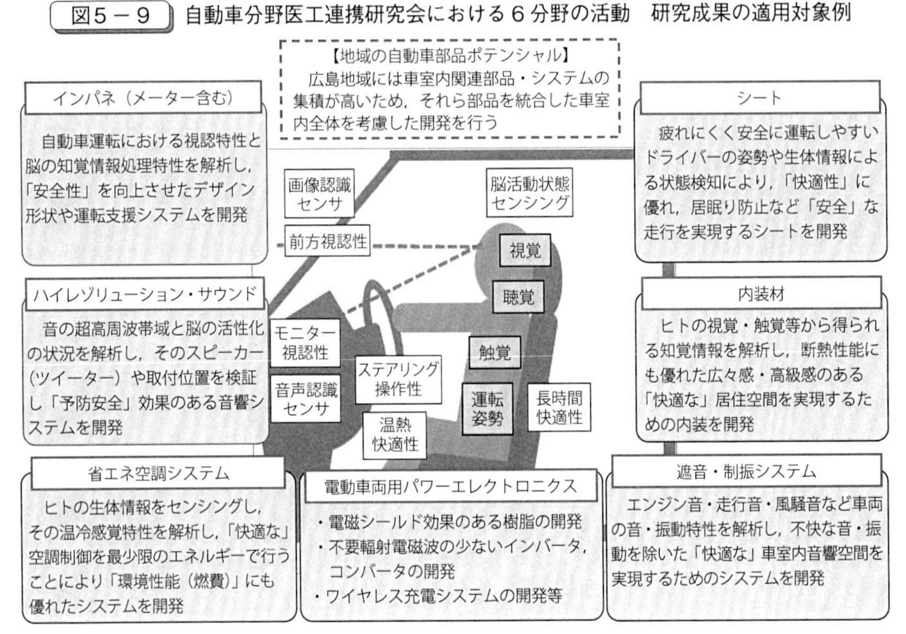

（出所）中国経済産業局作成。

中国地方の部品サプライヤーは，これまでみてきた電動化の進展の中で考慮すべき点は何か？　サプライチェーンとの関係はどうかと，医工連携プロジェクト推進時に改めて分析を行った（表5－12）。中国地方の一番の弱みであり脅威は，将来の電動化に対応する技術がまだまだ中国地方に足りないということであった[8)]。中国地方の重点技術開発戦略として，ハイブリッド車化，電気自動車化といった電動車の増加による中国地方の部品受注喪失のリスクに対し，医工連携の新技術開発により電動化される補機類などの受注を維持することにあった。

もう1つの課題として浮上したのが，部品企業の海外進出への対応である。これについては，特に中国地方では大企業が少なく，海外進出は充分ではない。今後どうしていくのかを考えたときに，参考となるのはモジュール化の検討段階で作成した，自動車メーカーの調達戦略とサプライヤーの海外展開と調達戦略のマップである（図5－10）。

表５－12　中国地方の自動車部品産業へのリスクと対応

①自動車の電動化加速	②部品産業の海外流出
・2006年，在来型石油オイルピーク ・2018年，米国ZEV規制（EV，PHV導入） ・2021年，欧州CO_2，95g/km ・中国エネルギー政策による電動化の動き	・震災以降，日本の抱える６重苦 ・マツダの高い国内生産比率の是正 ・部品の海外調達拡大 ・韓国，中国の部品企業の競合力向上
⇩	⇩
機械加工，樹脂成型主体の 産業が多く電動化に弱点	規模の小さい企業が多い ・海外進出対応人材不足
⇩	⇩
2020年時点で約480億円の 地域部品喪失リスク ・HV17%，PHV8%，EV1%で計算 （A. Tカーニー予測値） ＊医工連携プロジェクトで対応	カーメーカーの調達戦略に 即した対応が必要 ・海外と同等のコスト要求 ・大型部品は海外工場進出が基本 ・多極化／遠方化する海外展開へ追従不可

（出所）中国経済産業局作成。

図５－10　自動車メーカーの調達戦略とサプライヤーの海外展開

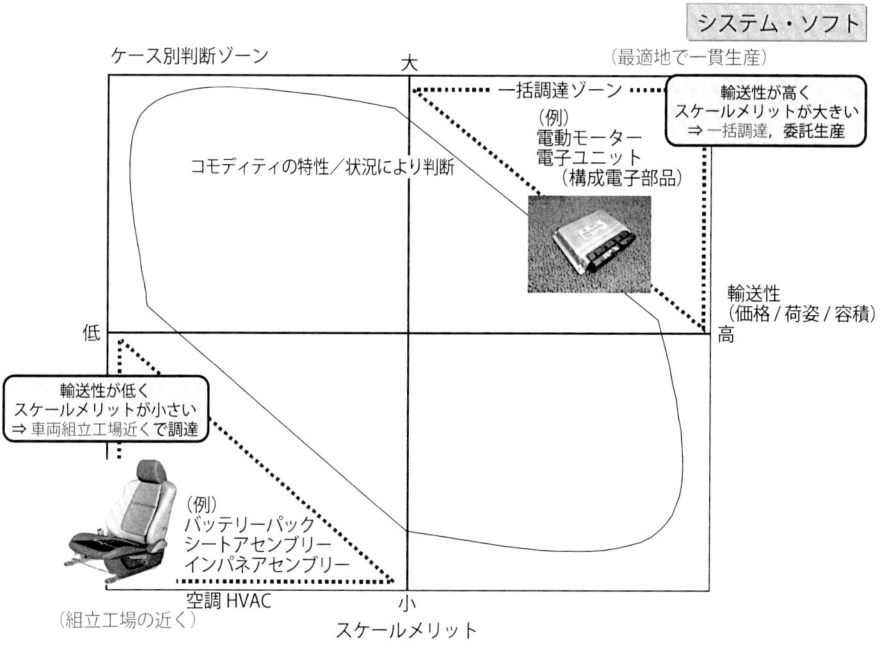

システム・ソフト
（最適地で一貫生産）
ケース別判断ゾーン
大
一括調達ゾーン
輸送性が高く
スケールメリットが大きい
⇒一括調達，委託生産
（例）
電動モーター
電子ユニット
（構成電子部品）
コモディティの特性／状況により判断
低
輸送性
（価格／荷姿／容積）
高
輸送性が低く
スケールメリットが小さい
⇒車両組立工場近くで調達
（例）
バッテリーパック
シートアセンブリー
インパネアセンブリー
空調 HVAC
（組立工場の近く）
小
スケールメリット

（出所）筆者作成。

水平軸は輸送性を示しており，右側が高くて左側が低い。縦軸はスケールメリットで上が大きく，下が小さい。右上と左下に参考事例が書いてあるが，輸送性が高くてスケールメリットが大きい部品，これは最適地で一貫生産をして輸送してくるほうが良い。電動系の部品は，ここが大部分である。一方，バッテリーパック，シートモジュール，インパネモジュール等大きくて重いものについては，組立工場の近くで調達すべきである。エレクトロニクスのシステムソフトは，インターネットを介して運べる（転送）し，かつ，エレクトロニクス製品は一般的に軽量，コンパクトで輸送性が高いので，最適な地域において一括調達でつくることもできるし，集中生産して日本から送ることもできるといったように，部品によってかなり性質が違うと考える。電動系のクルマであろうが従来系の車であろうが，基本は同様である。こういった分析で戦略マップを作成しサプライヤーの海外展開と，自動車メーカーの調達戦略の関係を考慮して，どこで生産するか，どう調達するか，決定していくべきと考えている。

（3）中国地方における電動化部品への取り組み（医工連携研究による地域電動部品産業の創出プロジェクト）

地域に電動化部品を取り込む検討にあたり，エレクトロニクスの産業基盤が十分に無い中国地方として，医工連携研究における電動化部品の県内企業への取り込みに対する着眼点は以下の３点であった。

1．電動化によりメカトロニクス化する部品は，中国地方としては重点的に獲得を検討。
2．輸送効率の観点から地元製造メリットのあるモジュール系の大型部品，バッテリーパック・モジュールや DC-DC コンバーターの生産。
3．電動化基幹部品の構成部品や材料。電動化の基幹部品の構成部品，電動化部品全体までは担当できないかもしれないが，中国地方が強い競争力を持つ樹脂を中心としたモジュール部品，プラスチック技術との組み合わせと医工連携研究で培った技術との組み合わせで推進していく戦略。

この戦略はエレクトロニクスの母体がまだ十分にない中国地方としての戦略であり，例えば中京地方や関東地方などとは全く違う戦略といえる。

図５－11　地域サプライヤー　今仙電機の動き

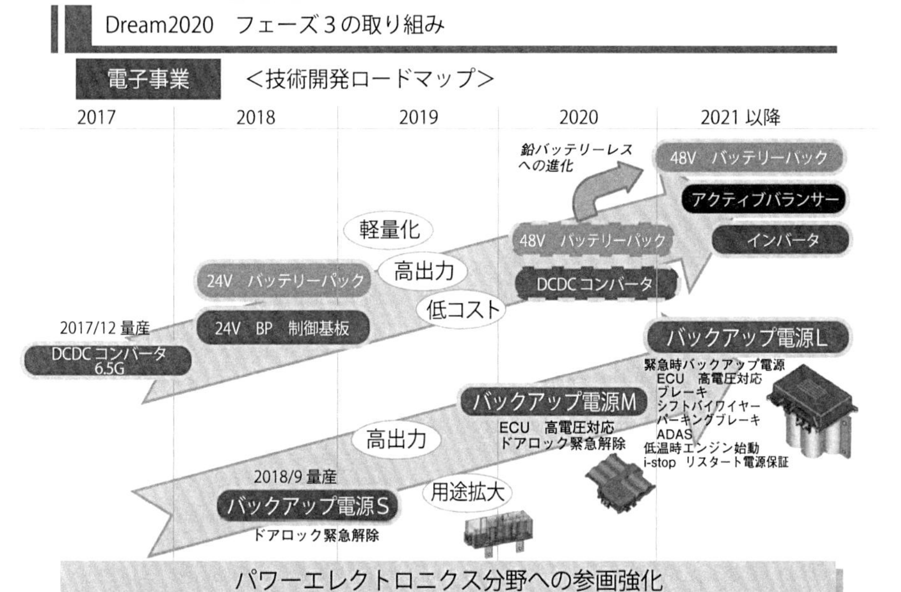

（出所）今仙電機製作所　2019 年 3 月期 決算説明会　IR 資料　34 ページ。

医工連携研究の地域電動部品産業の創出プロジェクトで行った開発商品群は，そのまま 48V マイルドハイブリッドシステムにでも展開可能な電動品開発に直結しており，中国地方のサプライヤーは，図５－11 に示された戦略に沿った形で開発を進めているが，まだ発表される段階にはないので公表されたデータは少ない。マツダの電動化への取り組みを注視しながら現在，鋭意開発を進めている。その事例を２つ紹介する。

① 48VDC-DC コンバーターとバッテリーパック

医工連携研究で共同研究した今仙電機（本社：名古屋，電子部門：広島）は 2019 年 3 月期 決算説明会　IR 資料（図５－11）で 48V バッテリーパックと DC-DC コンバーターの開発を公表しており，中国地方の電動化が進みつつある一端が窺える。

今仙電機製作所はマツダ・アテンザの i-ELOOP（アイドリングストップシステ

ム）で，DC-DC コンバーターを担当した中国地方の電装メーカーである。その後，マツダのスカイアクティブ X に採用された DC-DC コンバーターを担当しており，この取り組みから考えて 48 V マイルドハイブリッドシステム関連部品も近々，中国地方に登場してくると思われる。

② 電動ウォーターポンプの開発

マツダ車の機械式ウォーターポンプを全量生産している久保田鐵工所は，医工連携研究の中国地方電動部品産業の創出プロジェクトで，エンジン冷却用およびモーター・インバーター冷却用の電動ウォーターポンプ開発に取り組んでいる。すでに内部のインペラーの樹脂化には成功しており，引き続き電磁シールド効果のある外部のケーシングの樹脂化の研究を行っている（資料 5 に紹介スライドを掲載）。

5．CASE の時代と中国地方の技術開発　医工連携研究：ハイレゾサウンド研究について

本節では，CASE への先行的な取り組み事例として，ハイレゾサウンドシステムの開発について紹介したい。

（1）大手各社による自動運転車のコンセプト提案

メルセデスは，2017 年の CES にコンセプトカーの F015 を出展した。2017 年 7 月のパリ・オートサロンで発表された CASE の先行車である。自動運転中には，運転者は後向きに着席して，快適な空調や音響システムで会話を楽しみながらの移動が実現するとされている（資料 6 に写真掲載）。

2018 年の CES においてパナソニックの津賀一宏社長は，「自動運転によって，クルマそのものが変わる。クルマが家のような存在になり，『走るリビングルーム』になるかもしれない。そうなれば，これはパナソニックの得意分野。新たなビジネスが作れる」と述べた（資料 6 に写真掲載）。自動運転しているときは車が運転してくれるので，自動車は文字通り動くサルーンになって，この

中で友人と会話をしながら，音楽を聴きながら，インターネットを見ながら快適な空間移動ができるというコンセプトである。パナソニックは，自動運転の車は造れないけれどリビングルームは作れるのでCASEの時代，パナソニックは積極的に参加したいとの発言があり，従来の自動車部品とは違った分野のサプライヤーの参入が期待される。

前節までで述べてきたように電動系の部品が，あるいは機械系の部品がどう変化していくかに加えて，新しいリビングルームの概念が，自動車の新しいカテゴリーとして出てくるということになると，自動車として新しい産業分野がCASEには出てくるのではないかとしてハイレゾサウンドの開発を行った。

（2）ハイパーソニックセーフティとCASE

人間の耳に聞こえない非常に高い周波数の音を人体に浴びせることによって，脳が活性化し快適，覚醒化するとの，自ら音楽集団，芸能山城組を主宰する大橋力氏らによるハイパーソニック効果についての先行研究があり，経済産業省は技術戦略マップ2009にてこのハイパーソニックセーフティをセーフティデバイスとして自動車や航空機などの安全運転に寄与させたいとして技術開発を呼び掛けた[9)]。

ハイパーソニック効果をまずは車載用のオーディオ機器に活用することにより，高音質で，かつ副次効果で居眠り運転や前方不注意防止に効果のある安全システムが実現すると考え，医工連携研究によりその開発を目指した[10)]。研究では，まずは人間の耳に聞こえない非常に高い周波数の音が，音質として嬉しいのかを評価し，そのうえで人間行動へのポジティブな影響があるかを評価していった。ネット配信のハイレゾサウンドやSACD，BD-Aなどを活用して，高音質，軽量で安価なオーディオシステムの開発を行い，音質の嬉しさを評価し，そのうえで人体への影響を確認しようとした。このように医学と工学とを連携させて行うハイレゾサウンドシステム研究は，異分野連携によるイノベーション創成といえる。当研究は，当初音響工学の研究者と地元企業との産学連携研究としてスタートしたが，医師を加えて医工連携として再スタートした。加えて，医学と工学のみの研究では技術に谷があるため，その間を埋める

表5－13 ハイパーソニックセーフティ

創造力	コミュニケーション	技術	市場	現在	2010年	2015年	2020年	2025年
◎		○	○	可聴域上限をこえる超高周波を豊富に含む高複雑性の音が人間の脳幹，視床，視床下部を含む基幹脳ネットワーク（芸術性，快適性，健康を司る）を活性化し，心身機能を高める現象（ハイパーソニック・エフェクト）が日本で発見され，効果的な活用法が研究されている。	脳を活性化するハイパーソニック・サウンドコンテンツとハードウェアの仕様の標準化，同じく知財化。記録・編集・メディア制作・再生など基盤技術の確立。うつ・自殺・暴力・現代病などの防御効果の検証。育児・教育環境で子供の脳を守るコンテンツの開発と実装。モバイル音楽への実装。	ハイパーソニック・コンテンツ・アーカイブ構築とモバイル取得を含む配信。医療・老齢者・障害者・オフィス環境への実装による快適と健康の増進。自動車，船舶，列車，飛行機等の運転席実装による快適覚醒度向上に基づく事故防止。劇場音響のハイパーソニック化による表現効果向上。	パッケージ・放送・配信各コンテンツ音声の全面的ハイパーソニック化による脳機能低下の防御と芸術性の向上。公共空間，公共交通機関，市街地への実装。生活・執務・娯楽・休息環境など社会生活全般への実装による脳機能の改善と快適・健康の増進。	大深度地下，宇宙船，潜水艇など高度閉鎖空間への実装による脳機能低下の防御と快適・健康の向上。ハイパーソニック・バイオフィードバックによる基幹脳ケア。ハイパーソニックサウンドを発信しコミュニケーションするロボット（アニメヒーロー）を開発。

（出所）経済産業省　技術戦略マップ2009。

ために生理認知心理学の研究者も加えた知のネットワークを形成して新しいイノベーションを起こすべく活動した。

① ハイレゾサウンドシステム研究会

1980年代にCDが，ソニー，フィリップスの2社と指揮者カラヤンとによって開発された。CDディスクの記録容量の限界から，耳に聞こえない音は不要として20kHz（キロヘルツ）以上をバサッと切ることで，データ容量を削減してコンパクトな12cmのディスクで車載も可能なCDが実現した。図5－12では横軸が周波数で，CDでは人間の耳に聞こえない20kHz以上の音は完全に切断してある。縦軸の精細度（階調）というのは，デジタルにするときの音の刻みの細かさ。CDは16ビットという比較的荒い刻みで，当時のCDのデータ容量の限界と人間の認知能力のヒアリングテストから決められたものであった。最近になってCDでの音質は十分でないということが分かってきた。

図５－12　ハイレゾサウンドの概要

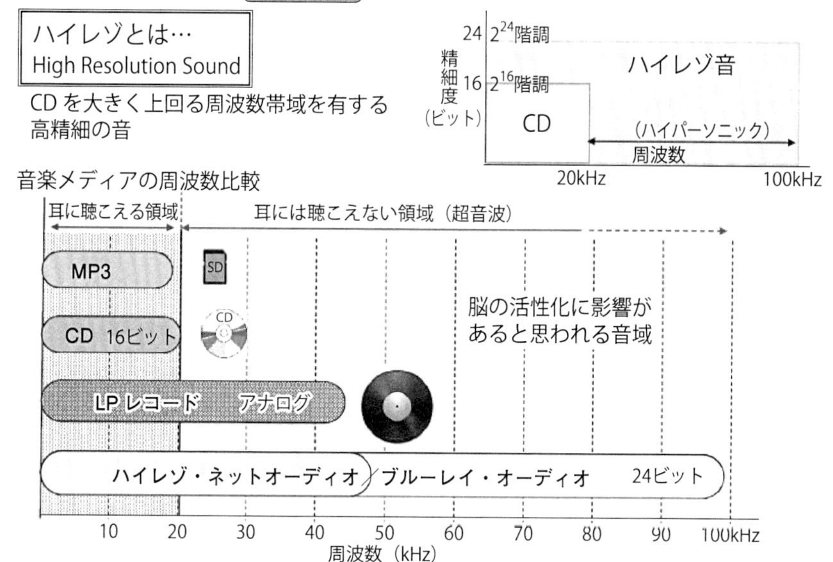

（出所）医工連携研究　ハイレゾチーム。

先述のハイパーソニック効果は 20 年前に認められたにも関わらず，未だに人体がどこでその音を感じ取っているのかは分かっていない。我々の研究会でいろんなツールを使って測定してみると，20kHz 以上の音は耳では聞いていないことは確認できたものの，まだどこで聴いているのか，感じているのかのメカニズムは不明である。しかし，耳に聞こえない高い周波数を含む音楽では，音質を良く感じる，脳を活性化するということは多くのヒアリングテストで確認されつつある。この脳を活性化する音は，居眠り運転防止に役立ちそうだとか，図書館で流したら図書館で勉強する人たちの効率が上がったなどという実験データも出てきた。医工連携研究終了後も研究を継続している。

② 非可聴領域に存在する音について

図５－13 及び図５－14 に示すように，拍手の音や鳥の声などを 100kHz まで測定可能な計測器で周波数分析してみると，20kHz を超えて 100kHz ぐらいまでずっと伸びている音が存在していることが判る。小川のせせらぎとか自然

図5－13 鳥の声の周波数分析

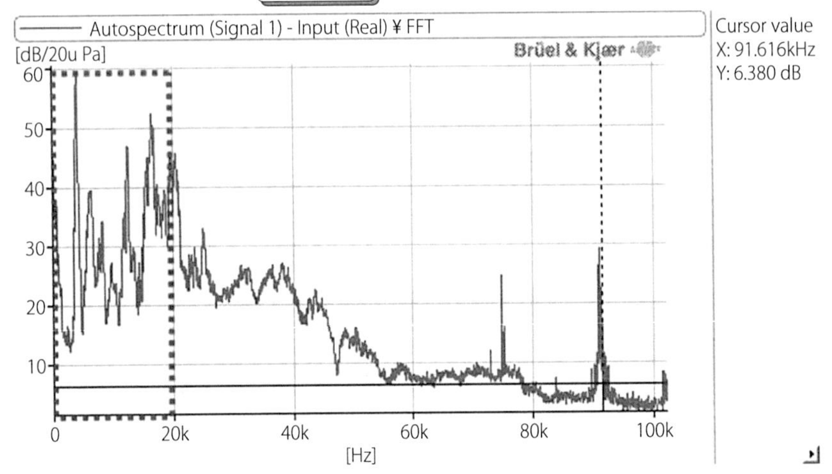

点線内が可聴領域（20khz まで）

図5－14 拍手の音の周波数分析

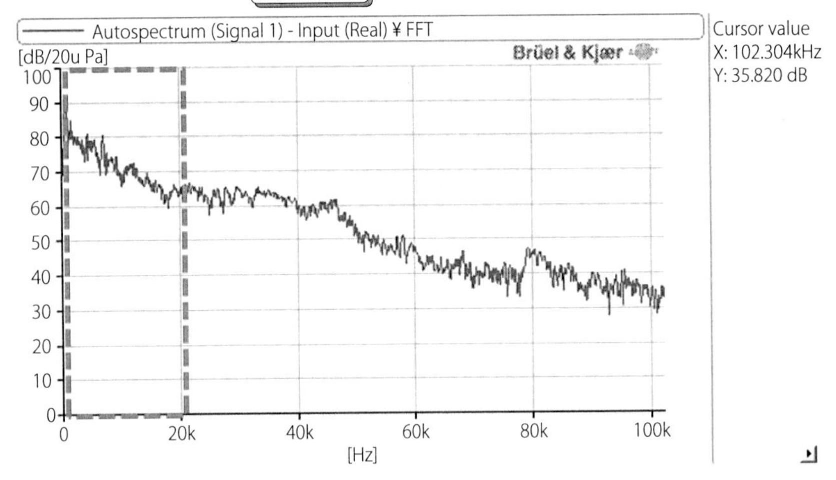

点線内が可聴領域（20khz まで）

（出所）図5－13，図5－14 共に医工連携研究　ハイレゾチーム。

界の風の音なども，同様に可聴限界とされる 20kHz からずっと上まで伸びて音が存在していることが判った。

CD では耳に聞こえないとして切ってしまった帯域より上の音をハイパーソ

ニックサウンド（少し定義は違うが，ハイレゾサウンドとほぼ同意）というが，この帯域の音が存在すること，人間の脳を活性化する現象があるとの研究が蓄積してきたことから，ハイレゾの音楽ソースが発売されるようになった。

ハイレゾ研究に関連して，かつてのアナログのレコードがものすごく音が良いことも解析されている。アナログの音の良さはCDが出て以降も一部のマニアが発言していたが，ハイレゾ帯域の計測器で測定してみると，アナログのレコードは耳に聞こえない周波数帯の音の存在のみならず，グラフ縦方向の精細度が32ビット以上あるといわれておりCDなどに比べて音質の良さが再認識されてレコード盤そのものも復活し再発売されている。

一方，デジタルでもハイレゾサウンドとして，周波数範囲が広く，精細度も24ビットに拡大したことでCDより精細度が高く，周波数特性が広く高音質の音楽ソースが簡単に手に入るようになった。ネットでの配信や，ブルーレイディスクに音楽だけ入れたブルーレイオーディオディスクなどでハイレゾサウンド再生が実現されており，スマートフォンでも採用されるなど，ハイレゾが一般化してきた。

③　医工連携におけるハイレゾサウンド研究結果について

紙面の都合上，ハイレゾの音質比較と生体反応につき抄録しておく（詳細は岩城（2017a）を参照されたい）。

ハイレゾとCD，MP-3の音質を比較した結果

一対比較法のブラインドテストによってハイレゾの高音質は判別でき，その音質識別能力は，被験者の音楽への親密度と密接な関係があることが判った（被験者34人の得点を，音楽活動状況のアンケートに基づき，以下の４つの音質評価グループに分類して解析を行った）。

A：日常，音楽活動や音の評価に関わっている人，現役の演奏家，音楽マニア（8名）

B：音響技術者，生演奏を聴く機会が多い人，普段ハイレゾ音楽を聴いている人（9名）

C：生演奏やハイレゾ音楽は聴かないが自宅や自動車で音楽をよく聴いている人（8名）

D：主に通勤，通学時に携帯音響機器（mp-3）で聴いている人，あまり聴く機会の無い人（9名）

一対比較法による正解率の平均値を音楽経験で分けたA～Dのグループ毎の得点の集計値は，次のようになった。Aは72.9%，Bは64.8%，Cは57.3%，Dは50%。このように音楽に接する機会が多く，音を注意深く聴く習慣を有している人ほど音質の識別能力が高いことが統計上有意に示された。

ハイレゾによる脈波の生体反応

我々はハイレゾの音質評価に加えて，生体反応として脳波や脈波の血流への影響などを研究している。紙面の関係でここでは脈波の結果を述べる。無音，ハイカット音，ハイレゾ音について速度脈波計測システム（アルテットC）による心拍変動スペクトル解析の結果を示したのが図5－15である。

図5－15に表れているように，ハイレゾ音と同一の音源を加工したCD相当のハイカット音とでは脈波に大きな差があることが判った。ハイレゾ音では自律神経活動が活性化され，交感神経及び副交感神経が活性化し，集中力や注意力が充実した心理状態になることが判った。これは先行研究のハイパーソニック現象と類似した現象と考えられ，今後研究を継続しその相関関係を分析し有効な部分について，高音質ホームオーディオ，カーオーディオ，運転の予防

図5－15　速度脈波計測システム（アルテットC）による心拍変動スペクトル解析

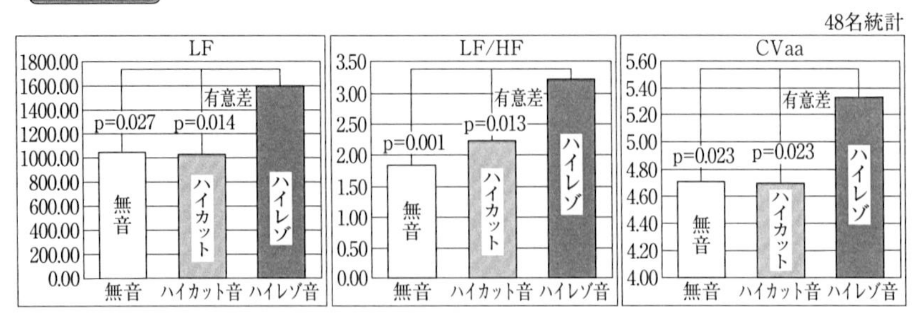

（出所）医工連携研究　ハイレゾチーム。

安全，医学分野，環境音の改善など，各分野に応用を検討していくこととしている。

医工連携研究　ハイレゾサウンド研究報告

2015年，医工連携のプロジェクトは最終報告の結果，高い評価を受けて，3年間の研究期間延長が認められ，2018年3月末までの合計8年間活動を継続した。2015年の「中間報告」の際に使用したスライドについては資料6をご参照いただきたい。図5－16は，2019年1月31日に実施した成果報告会における，地場の電子部品メーカーであるオオアサ電子の長田社長による最終報告である。なお，オオアサ電子はハイレゾスピーカーシステムの製品化を実現している。資料7にそれらの写真を掲載しているので参照されたい。

ハイレゾサウンドの応用分野については，高音質オーディオへの活用，運転の予防安全，生理機能への活用，そして環境音の改善と幅広い応用が期待できることが判った（図5－17）。また，先述の通り，CASEの自動運転車は走るリビングルームとの言があり，オーディオルームとしてのクルマの新しい価値を生かすべく，ハイレゾサウンドによって快適な音響空間になると共に，快適覚醒作用によって，居眠り運転防止や前方不注意防止に効果のある安全システムに応用出来ると考えており，開発を進めていきたい。

6．中国地方のカーエレクトロニクス化強化活動の棚卸：産官学連携

2008年に地域エレクトロニクス戦略をスタートさせた頃，トヨタで中国地域新製品展示商談会が開催された。この商談会に出展展示した部品群のうち電子部品の占める比率は11パーセント，残る89パーセントが機械部品であった。10年経過した2017年，中国地方は再びトヨタで展示会を実施した。広島県では本章で述べてきたようにカーエレクトロニクス化に対して様々な手を打ってきたので，少しはエレクトロニクス関係の商品比率が増えているだろうと棚卸してみたら，結果は僅か1パーセントしか増加していなかった。これは測定の

図5－16　ハイレゾ研究　最終報告

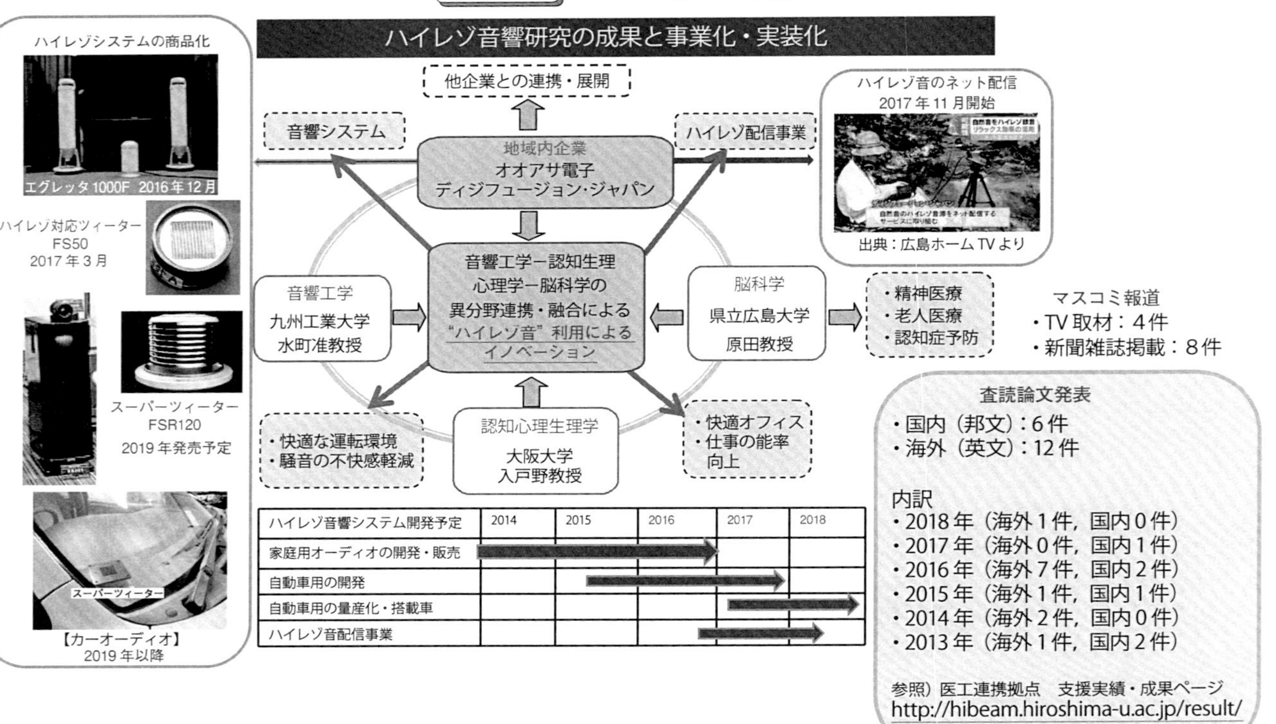

（出所）オオアサ電子　長田社長。

図5－17　ハイレゾサウンドの応用分野

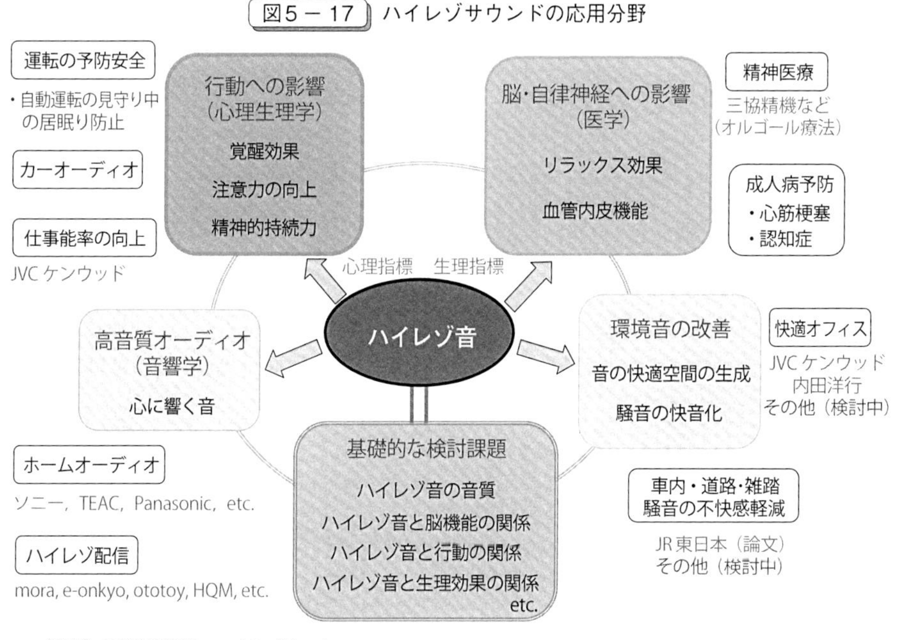

（出所）医工連携研究　ハイレゾチーム。

誤差ともいえる差異で，地域のエレクトロニクス化はまだ全くと言っても差し支えないほど進んでいないといえる残念な結果であった。しかし，これから述べるカーテクノロジー革新センターの各活動を通じた様々な研究開発を進めていることや，地域の自動車メーカーであるマツダが2021年以降，電動系の車を数多く発売する予定であること，医工連携研究をコアとして開発力を強化してきた電動部品群が実現しつつあることなどから，2020年代後半には，エレクトロニクスの比率は格段に増加するのではないかと今後の成果を期待している。

（1）広島地域の産業支援機関の現状　カーエレクトロニクス推進センターからカーテクノロジー革新センターへ [11]

広島県の産業支援財団である，ひろしま産業振興機構カーテクノロジー革新センターの企業支援取り組みの現状について紹介する。2008年に設立されたカーエレクトロニクス推進センターが5年間の活動の後，名実ともに幅広い自

図5－18 ひろしま産業振興機構カーテクノロジー革新センターの事業の概要

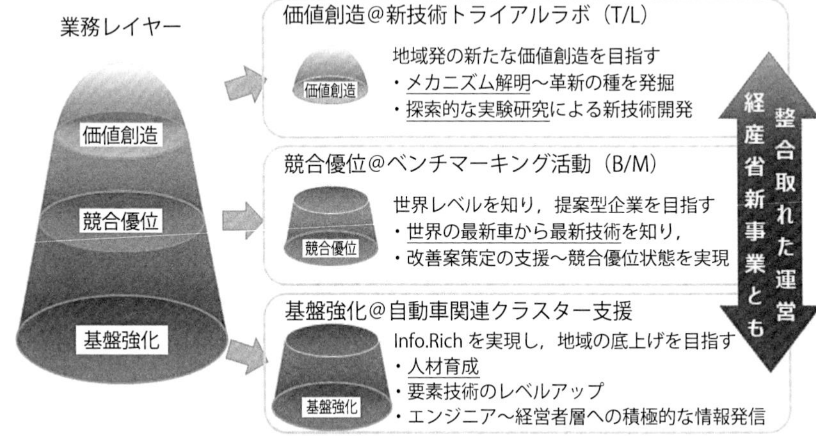

（出所）ひろしま産業振興機構カーテクノロジー革新センター

動車産業支援機関として活動すべく，2013年よりカーテクノロジー革新センターと改名し，カーエレクトロニクスのみならず，機械系も含めて広範囲な支援活動を行っている（図5－18）。カーテクノロジー革新センターに名称が変更された頃，自動車業界ではまさにCASE；100年に1度の大変革が起こっており，カーテクノロジー革新センターでは，ありたい「地域企業像」として，県内外に価値ある提案ができる企業群を実現することにおいてCASEの時代のサプライヤー育成を狙いとして活動していくと宣言し，広島県内の自動車部品サプライヤー218社と事業を推進，人材教育や研究会活動を行っている。カーテクノロジー革新センターの大江良二センター長は「センター活動を『基盤強化』，『競合優位』，『価値創造』の3つのレイヤーに分け，それぞれのレイヤーで「価値ある連携」造りに注力し，そこから生まれる成功事例を少しでも多く実現したいと考えています。そして，広島の地が世界の産業界から興味ある存在になるよう貢献していく所存です」と述べて活動を進めている。なお，全体の流れおよびValue Chain視点でのカーテクノロジー革新センターの中小企業向け技術支援策の全容を表現した図については，創成社HPより資料８を参照されたい。

カーテクノロジー革新センターは，技術・ビジネストレンドのコアに，「CASE：100年に一度の大変革」を置いているが，デジタル技術，バイワイヤー技術，HMI技術，機能統合技術の進展により，現時点でも既にハンドブレーキ，ATシフター，ドアミラー等，地場企業のビジネスへの影響が出始めている。システムの巨大化やサプライヤーのBig Player化の脅威などから，従来の単なる製造原価主義から潜在ニーズに合致する新たな価値を創造する研究・技術開発が必須となり，提案型のサプライヤーへの脱皮を目指して活動している（図５－19）。

「新たな価値の設計」が出来る地域サプライヤーと協業するカーテクノロジー革新センターの事業戦略は，現在，NVH，熱マネジメント，軽量化，質感向上の「ファンダメンタル領域」にフォーカスした事業展開を推進中であり，

図５－19　CASE時代のあるべき地域サプライヤー像について

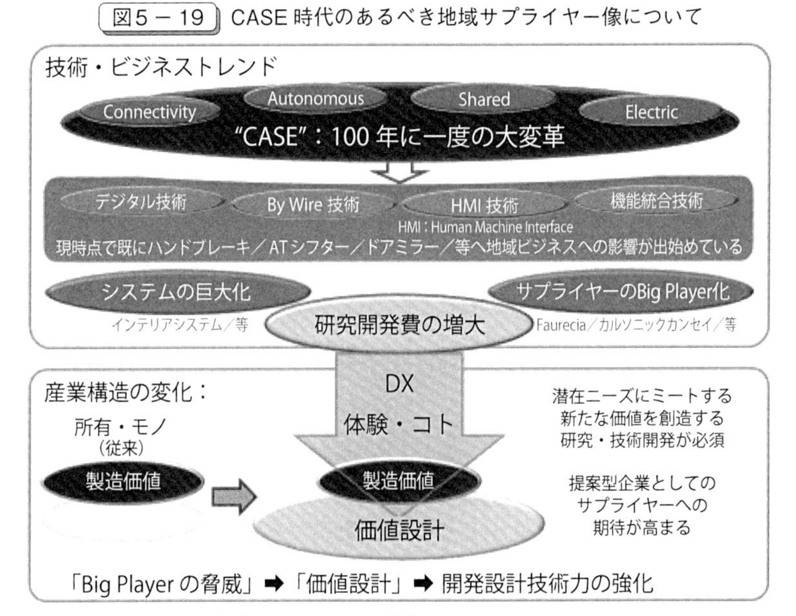

（出所）ひろしま産業振興機構カーテクノロジー革新センター。

プレス技術，成型技術，加工技術のファンダメンタル領域の価値にフォーカスを当て活動中である（資料８の「新たな価値の設計に向けたカーテクＣの事業戦略」を参照)。その中では技術開発力をステップアップする『トライアルラボ』の貢献が高く評価される。なぜなら，技術セミナーを受けただけでは技術力は培われないからであり，共育的な共同研究の場があってこそ，エンジニアは育って行くと考えた上での活動である。

2025年に向けてカーテクセンターのありたい姿を描いている（資料８中の「地域企業像@2025年に向けたBuilding Block」参照)。現在，「広島ならではの戦略領域で世界レベルの価値創造を実現する」と仮に設定しており，次回のひろ自連代表者会議（後述）で審議する予定である。Big-Playerと戦うために広島ならでは（広島の資源活用）のユニーク価値を産学官連携にて創造し，OEMに提案することを目指している。

表５－14は，基盤強化領域である人材育成事業の令和元年の実績・計画である。指導者育成事業として経産省サプライヤー応援隊を活用して進めてい

表５－14　人材育成事業　令和元年度実績と計画，及び累計実績見込み

カテゴリー	セミナー名	レベル	日程	実績／定員	開講年	累計
技術講座	自動車工学基礎講座	中	6/18-19，7/30-31の4日間	150（地域企業136）	H27	578
	実験計画法【新設】	上	7/11-12，10/24-25	39	R1	39
	VE基礎セミナー①	初	5/29-30	28	H21	1,063
	VE基礎セミナー②	初	9/10-11	31		
	VE基礎セミナー③	初	11/14-15	30		
	開発設計VE・応用編	中	1/16-17	24	H28	103
	VE&TRIZ（統合）【更新】	中	10/4	25	H25（R1更新）	224
	Smart Factory講座【新設】	初	eラーニング10月中WEB開講	定員無	R1	
技術者のための仕事力向上セミナー	コミュニケーション	初	2/7	24	H28	95
	コーチング	中	2/27	24	H28	67
	プレゼンテーション	初	8/20	11	H28	47
	プレゼン・スキル応用編【新設】	中	12/3	5	R1	12

※令和元年10月中旬時点での集計。10月中旬以降のものは計画値（定員）。
（出所）ひろしま産業振興機構カーテクノロジー革新センター資料を基に筆者作成。

る。また，表右側部分には平成 21 年度から令和元年度までの人材育成事業の成果の累計を記載している。これまでの累積受講者数は，VE 教育は 1,000 人を超え，自動車工学基礎講座は 500 人を超え，トータル 2,228 名の受講者を輩出している。自動車技術に関する人材育成・教育の向上発展を奨励することを目的として 2009 年に設置された第 8 回技術教育賞を受賞し，2017 年には日本 VE 協会特別功労賞を受賞した。

広島地域では CASE の時代に対応したキー技術として「モデルベース開発」(MBD) を挙げている。モデルベース開発とは，マツダの制御開発のコア技術であり，徹底的なシミュレーション開発により，試作モデル／実機検証を減らし，少ないリソースで品質を確保しつつスピーディー，高効率な技術開発を実現する手法である。クルマ，制御系，乗員，走行環境といった開発対象を「モデル化」し，コンピューター上でシミュレーションを徹底的に実施するものである [12)]。広島県が東広島市のひろしま産学共同研究拠点に設立したひろしまデジタルイノベーションセンター HDIC を活用した広島 MBD セミナーを計画している。MBD（モデルベース開発）を広島地域の基盤技術として構築すべく，そのためのカリキュラム案に従って進められている。

既に実施している「MBD プロセスセミナー」と「MBD アドバンス系（PID 制御／現代制御)」に加えて，地域のビジネスニーズに合わせて次の 3 つのコースを新設する計画である。すなわち,「MBD 制御ソフト系」「MBD　S／W 系」「MBD　IoT 系（スマートファクトリー，データサイエンスなど)」である。このうち,「MBD 制御ソフト系」については，2020 年度にトライアルを行う予定である。

（2）ひろ自連（ひろしま自動車産学官連携会議）について

2010 年 5 月に，広島地域ではトップミーティングを始めた。トップミーティングとは，カーエレセンター活動時に開始された組織で地域の産学官にまたがる，各種の取り組みの価値を最大化するための情報共有と方向付けを行う会議体である。構成団体は，現・ひろ自連の常任である 6 団体（(公財) ひろしま産業振興機構，マツダ(株)，広島大学，中国経済産業局，広島県，広島市）でスタートした。2014 年 7 月には，トップミーティング構成団体共通ビジョンの検討

図5－20 ひろ自連（ひろしま自動車産学官連携会議）概要

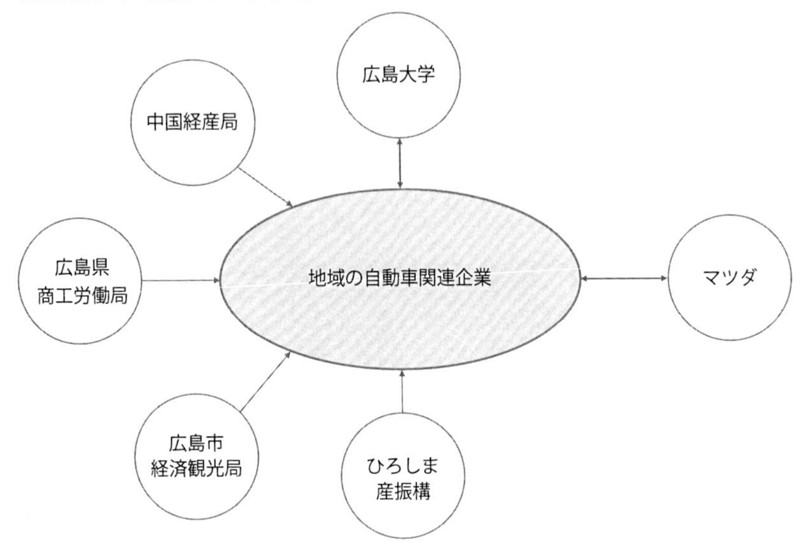

（出所）ひろ自連ホームページを基に，筆者作成。

を開始した，そして，2015年6月に「2030年産学官連携ビジョン」を策定し，ひろ自連の設立にこぎつけ，活動体制を強化した（図5－20）。

「2030年産学官連携ビジョン」は以下のとおりである。

「広島を，自動車に関する独創的技術と文化を追い求める人々が集まり，世界を驚かせる技術と文化が持続的に生み出される聖地にする。

産業・行政・教育が一体になり，イノベーションを起こす人財をあらゆる世代で育成することにより，ものづくりを通じて地域が幸せになる。

広島ならではの産学官連携モデルが日本における「地方創生」のリードモデルとなり，世界のベンチマークとなる。」

ひろ自連とは広島地域のものづくり産業発展への，強い希望と情熱を出発点として，参加団体が自発的に集まり，あるべき姿を考え，産業発展につながるイノベーションのテコになることを目指す産学官連携推進団体である。産業振興や産学官連携の前例に囚われることなく，手探りで組織を作り，本音で語り合いながら定めた「2030 年産学官連携ビジョン」の実現に向け具体的な事業を行っている。そして，自動車産業を中心に，「ひろしま」ならではの成果を出し将来は産学官連携のリードモデルとして全国や他産業に波及させたいという高い志を抱いている[13]。2017 年 6 月には，初のシンポジウム「自動車用次世代液体燃料シンポジウム 2017」を開催した。

（3）カーテクノロジー革新センター　ベンチマーキング活動の現在

これまで紹介した地域のサプライヤー支援活動の中で，地場の企業の数多くのメンバーが参加しているベンチマーキング活動の現在を紹介する。

かつてマツダで設計部長，会長を歴任された渡辺守之氏が，日刊自動車新聞に書かれていた発言に，『**技術屋は自分のやっていることは常に世界で最高のことと思わなければいけない。と同時に，世の中にはもっと優れた物があるのに相違ないと考えろ。この自信と謙虚さのはざまで生き抜くのが技術屋だ**』と述べた（渡辺守之著　技術余話 車づくりの光と影）。

当時設計部長であった渡辺氏は，超一流の技術を開発しようと一人でどんなに頑張っても出来るものではない。世の中にはもっと優れた技術があるので，まずベンチマーキングをして世の中の優れたものを勉強して，その上に GVE（グループ・バリュー・エンジニアリング）という，グループによる VE 活動を実施して，超一流の技術を作って行こう。そのためのスタートとしてベンチマーキング活動が有効であると！ 要は最初に世の中の優れたものの勉強がまずは大事である…とも述べた（図 5 － 21）。

1980 年に発売した，マツダ初めての FF ファミリーカーであった 5 代目ファミリアは世界に通用する FF として本格的なベンチマーク活動をマツダとして初めて実施して競争力を高めた。赤いファミリアとして評判を呼び，記念すべき第一回日本カー・オブ・ザ・イヤー受賞に輝き，米国やオーストラリアなどでも多くの賞を受賞した。国内販売台数でもカローラ，サニーといった強豪を相手に何度も月間販売量ナンバーワンを記録し，月販台数が 1 万 3 千台を超えたこともあった。1982 年には生産開始からわずか 27 ヶ月で生産 100 万台を

図5－21 超一流技術創生へ向けて

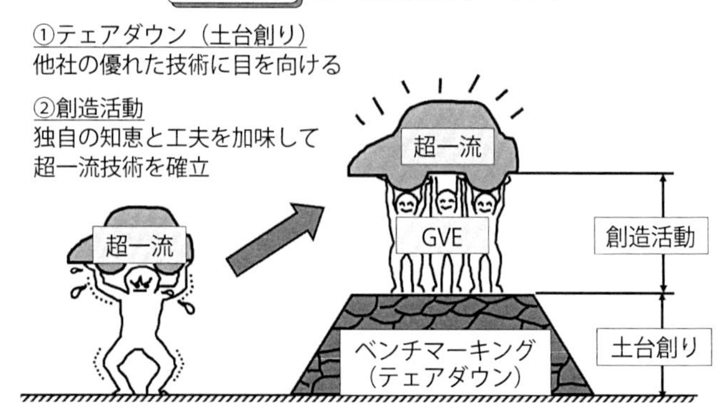

（出所）マツダ株式会社。

達成。それまでの世界最短記録であったGMシボレー・サイテーションの29ヶ月，フォルクスワーゲン・ゴルフの31ヶ月を塗り替える大ヒットになったが，その原動力の1つにベンチマーク活動があったといえる。

マツダのベンチマーク活動はサプライヤーも参加できる仕組みであったものの，分解した部品は比較ボードに貼り付けられてマツダで保管されるため，サプライヤーも独自のベンチマーク活動への要求があった。

超一流技術創成に向けて，先輩の貴重な意見を受けて，カーエレクトロニクス推進センターが設立された1年後，2009年9月にベンチマーキングセンターが，全国の公的ベンチマークセンターの第一号として広島県呉市にある広島県立西部工業技術センター内に設立された。その後，同様の趣旨で日本全国に11ヶ所のベンチマークセンターが設立されることになり，広島県における取り組みはそのきっかけを作ったといえる。

ベンチマーキング活動はカーエレクトロニクス推進センターが設立された1年後の2009年からスタートして，営々と続いている活動で，2020年現在まで毎年1～2台のベンチマーキング活動を行っている。

ベンチマークのため分解する車の調達方法にはひと工夫凝らしている。というのは，自動車購入資金を行政が用意し，分解した部品をサプライヤーに持ち帰らせると贈与となり贈与税が発生する。そうなると，部品をサプライヤーが持ち帰った上での自由な分解・解析が不可能になってしまう。

そこで，中国地方では NPO 的なベンチマーキングセンター利活用協議会を立ち上げ，会員各社で購入資金を出し合って抽選により車を決定し，共同購入した車をベンチマーキングセンター（*）で分解した上で，各社が自社の事業領域の必要部品を持ち帰って解析できるようにした[14)]。

当センターの活動は，一般的なベンチマーキング活動と少し違っている。車両の分解のみに注力するのではなく，まず，完成車の状態で試乗し，車全体の評価を行う。次いでシステム評価が必要な分野については車を貸し出して，各社の開発拠点に持ち帰り，システムとしての評価を行う。その後，会員企業がベンチマークセンター（*）にて共同で分解調査して，部品を持ち帰り詳細分析を行うといった一連のプロセスを取っている。市販されている競合他車のサービス部品を買ってきて分解調査するのとは違い，自社が担当している部品と車全体との関連性を理解しつつ，かつ安価にベンチマーク調査が可能な仕組みとしている。

* 当初，呉市の工業技術センターにベンチマーキングセンターを設置して，分解作業を行ってきたが，現在は自動車整備士育成の教育機関（広島国際学院大学自動車短期大学部）の協力を得て効率的に分解調査を行っている。

ベンチマーキング活動の手順

（１）粗分解・見学　【2 日程度】
（２）細分解・見学　【2 日程度】
（３）分解部品展示見学　【3 日程度】
（４）部品引取り　【2 日程度】

なお，粗分解初日には，ベンチマーキング活動の主催者である（公財）ひろしま産業振興機構カーテクノロジー革新センターのコーディネーターより，ベンチマーク対象車両についての解説，ベンチマーキングポイントの紹介が行われ，その後，広島国際学院大学自動車短期大学部が分解を担当し，サプライヤーは分解作業に立ち会う。分解後，展示会を行ったのち購入した部品を持ち帰って詳細調査を行う。

広島地域におけるベンチマーキング活動はカーエレクトロニクスセンター設立時から始まり，カーテクノロジー革新センターに引き継がれて11年が経過した。その間に分解を実施した車両は，表5－15のように20台に上る。電動車がほぼ半分を占めており，この点からも地域サプライヤーの関心事が判るとともに，最近は欧州車への関心が高まっていることに気がつく。ベンチマーキング活動の成果は，幅広く公開して技術の向上に資するために，主要な車種については日経BP社よりベンチマーキングセンター利活用協議会著として書籍

表5－15 ベンチマーキング活動の履歴

年度	メーカー	モデル名	摘要
2009	スズキ	ワゴンR	スズキグループ展示商談会に向けたBM
	トヨタ	プリウスHV	HV車のBM
2010	ダイハツ	ミラ	ダイハツグループ展示商談会に向けたBM
	日産	マーチ	海外生産車のBM
2011	日産	リーフEV	EV車のBM
2012	トヨタ	プリウスPHV	PHV車のBM
	トヨタ	アクアHV	HV車のBM
2013	ホンダ	N－One	ホンダグループ展示商談会に向けたBM
	スズキ	ワゴンR	軽量化・低コスト技術のBM
	ホンダ	アコードHV	HV車のBM
2014	日産	ノート	軽量化・ダウンサイジング技術のBM
	ダイハツ	ムーブ	軽量化・低コスト技術のBM
2015	トヨタ	クラウン	電動化・高級車のBM
	トヨタ	新型プリウス	電動化の進化
2016	VW	パサート	欧州車のテイスト把握
	日産	セレナ	先進運転支援技術「ADAS」の把握
2017	トヨタ	C－HR	ハイブリッドSUVのBM
	ホンダ	シビック	新世代C－CAR　セダンのBM
2018	VW	Tiguan	欧州SUVのBM
2019	BMW	320i	欧州スポーツセダンのBM

（出所）ひろしま産業振興機構カーテクノロジー革新センター作成資料を一部改変。

化され発売されている。なお，ベンチマーキング活動は，若干の費用負担は要るものの，会員でなくても正式に申し込めば参加を可能とするオープンな形で運営されており，事務局に申し込めば一般の方も参加可能である。

7．おわりに　CASE と地域での取り組みについて

第1章で折橋教授が言及されているCASEだが，私はCASEとして4つの技術を一括して取り上げるというのはタイミングや地域への影響から考えて適切ではないと考える。

すなわちCASEのCAS：「Connected（コネクティッド）」「Autonomous（自動運転）」「Shared & Services（シェア&サービス）」までとE：「Electric Drive（電動化）」とでは地域の産業支援がどうあるべきかを論じる場合，分けて論じるべきと考える。

CASEの概念は，2016年のパリサロン（モーターショー）でメルセデス・ベンツが提唱したが，実際にはその1年前，2015年2月，ドイツのシンクタンク，ローランド・ベルガーのアメリカ支社が提案した『Automotive 4.0』がCASEの先行概念といえる。既に2000年から始まっている『Automotive 3.0』の「Electric Drive（電動化）」に加えて，2030年から本格化するとした「Connected（コネクティッド）」，「Autonomous（自動運転）」，「Shared & Services（シェア&サービス）」の3概念をAutomotive 4.0として提唱したもので，この『Automotive 3.0』と『Automotive 4.0』を合わせたものが，メルセデス・ベンツが提唱したCASEの概念の原形といえる。

2021年に欧州において実施される予定のCO_2規制に向けて，世界が全力で取り組んでいる電動化：Eはまさに現在，喫緊の技術であり，その他の技術，CASEのC，A，Sは少し時間的には先で実用化される次世代技術であり，いずれも重要な技術であることには間違いはないものの，時間軸には少し差があるとともに技術のスケール感でも相当に違っており，地域企業の取り組みとして論議していく場合には，少し先の技術であるCASとすぐにでも必要な電動化技術：Eを一括して取り上げて，地域での実現の可能性など，時間軸を混同

した検討をすべきではないと思っている。

地域におけるCASEの開発については，徒にブームに惑わされるのではなく，時間軸を充分に評価し地域の実力やリソースを念頭に，地域としての戦略を立てて，じっくりと取り組んでいくべきと考える。

【注】

1）本章は，平成26年度科学研究費補助金　基盤研究（A）『日欧自動車メーカーの「メガ・プラットフォーム戦略」とサプライチェーンの変容』（課題番号：26245047，研究代表者：古川澄明・山口大学名誉教授）の研究成果の一部である。

2）本章は，筆者の以下の著作を統合・編集・アップデートしたものである（それぞれの詳細は，参考文献リスト参照)。岩城（2013a），岩城（2013b），岩城（2014），岩城（2015），岩城（2016），岩城（2017a），岩城（2017b），岩城（2018a），岩城（2018b），岩城（2020）。

3）当時は，欧州2021規制は2020年からの実施を予定していた。

4）Transport & Environment「2015 TE cars CO_2 report v6_FINAL」

5）CO_2排出量のプールは，必ずしも資本関係のある企業グループ内（Closed Pools）でなくても，EUの定める一定の条件を満たせば認められる（Open Pools)。欧州連合ホームページ参照。https://circabc.europa.eu/sd/a/9ca98df1-f560-42cd-8d53-275b8c0fe8f2/FAQs%20on%20pooling%20(September%202019).pdf（2020年11月14日アクセス）

なお，トヨタは自社のオープンプールにレクサス，スバル，マツダを入れている。マツダは表5－6の通り，CO_2排出量の基準達成に程遠い状況であったが，トヨタを筆頭とするオープンプールに入ったことで，基準未達成による巨額の罰金負担を免れる見通しである。（レスポンスHP https://response.jp/article/2020/11/10/340199.html 参照：2020年11月14日アクセス）

6）日経電子版2020年6月22日。

7）東洋経済オンライン2020年07月11日。

8）中国経済産業局によるSWOT分析を資料4に載せているので，併せて参照いただきたい。

9）Oohashi et al. (2000）アメリカの脳学会で正式に認められた論文である。

10）現在はハイレゾサウンドとの表記が一般的であるため，今後はハイレゾサウンドと記載する。

11）広島地域の産業支援機関，ひろしま産業振興機構　カーエレクトロニクス推進センターの時代からカーテクノロジー革新センターへむけた一連（2008年度～2020年度）のトピックス／イベントが掲載されている。https://www.hiwave.or.jp/atic/index.php のトピックス／イベントページを参照いただきたい。

12） 2019年12月　マツダ株式会社　個人投資家向け事業説明会「持続的成長に向けた今後の取組」参照。資料3も参照いただきたい。
13） 自動車の独創的技術と文化の聖地を目指して　ひろ自連の設立（2015年6月）ひろしま自動車産学官連携推進会議 議長（当時）　寄谷純治氏談話　https://www.hirojiren.org/hirojiren/ より引用，一部改変。
14） 地域で生産していない部品については，県が費用を分担してサプライヤーの負担を軽減している。

参考文献

Oohashi, Tsutomu et al. (2000), "Inaudible High-Frequency Sounds Affect Brain Activity: Hypersonic Effect", Journal of Neurophysiology 83: pp.3548-3558.
岩城富士大（2013a）「中国地方における自動車産業の課題と取り組み―モジュール化からエレクトロニクス化へ」，折橋伸哉・目代武史・村山貴俊（2013）『東北地方と自動車産業―トヨタ国内第3の拠点をめぐって』創成社，9章。
岩城富士大（2013b）「中国地域自動車関連産業の持続的発展を目指して産学官連携活動」『東北学院大学　経営学論集』3号，9～34ページ。
岩城富士大（2014）「中国地域自動車関連産業の持続的発展を目指して」『東北学院大学　経営学論集』5号，37～53ページ。
岩城富士大（2015）「ひろしま医 工連携・先進医療イノベーション拠点における 人間医工学応用自動車共同研究プロジェクトについて」『東北学院大学　経営学論集』6号，93～110ページ。
岩城富士大（2016）「広島地域における中小企業の可能性と課題」『東北学院大学　経営学論集』7号，131～145ページ。
岩城富士大（2017a）「ハイレゾサウンドとその高齢者への応用」電気設備学会　2017年9月号，20～23ページ。
岩城富士大（2017b）「医工連携研究と地域で作るものづくり」『東北学院大学　経営学論集』9号，77～93ページ。
岩城富士大（2018a）「解説　欧州，中国の48V化（マイルドハイブリッド）と欧州企業動向」『色材協会誌』2018 NOV no.11。
岩城富士大（2018b）「電動化による次世代自動車の環境対応とサプライチェーン」古川澄明編JSPS科研費プロジェクト著『自動車メガ・プラットフォーム戦略の進化―「ものづくり」競争環境の変容』九州大学出版会，第8章。
岩城富士大（2020）「電動化の加速とその中国地方に与える影響」『東北学院大学経営・会計研究』第25号。
目代武史，岩城富士大（2013）「新たな車両開発アプローチの模索―VW MQB，日産CMF，マツダCA，トヨタTNGA」『赤門マネジメント・レビュー』12(9)，613～652ページ。

第6章

自動車産業のパラダイムシフトと新興国・後発開発途上国

―タイ，ミャンマーを中心にアセアンでの取り組みを通じて考察する―

折橋伸哉

1．はじめに

従来主流であった，動力発生装置に内燃機関を採用した自動車（以下，内燃機関自動車）に代わる自動車の在り方については，主に先進工業国や中国といったいわば主要国を中心に多様な議論や試みが行われている。しかし，自動車は主要国だけで使用されるわけではない。第1章でふれたように，自動車という工業製品がもたらされたことで，高速度での移動や大量輸送といった，自動車を使うことによって初めて満たされうるさまざまなニーズを全ての人類が持つに至り，それぞれの文化・社会に適応する形で独特な進化を遂げた結果，世界各地で実に多種多様な使われ方をしている。内燃機関自動車が普及していった際には，各国においてそれまで使われてきた，ヒトや動物などを利用した各種移動・輸送手段を内燃機関自動車が代替して新たな市場を構築したと捉えられるため，主要国で発明されて改良を重ねた自動車を導入して普及を図るということが大きな問題を招くことはなかった。しかし，内燃機関自動車の使用を前提にした各種市場が各国において確立し，それぞれ独特な進化を遂げた現代において，「ポスト内燃機関自動車」への移行にあたって，主要国で形成された製品・システムを再び一方的に押し付けることに果たして問題は無いのだろうか。

また，第1章で既に述べたように，自動車産業は単に自動車という工業製品を生産・販売する産業ではもはやなくなりつつあり，MaaS（モビリティ・アズ・ア・サービス）という言葉に象徴されるようにIT産業やサービス産業との融合が進み，付加価値を生むポイント，すなわち利潤を得られるポイントもシフトしつつある。

そこで，本章では新興国・後発開発途上国におけるモビリティの実態および自動車産業のパラダイムシフトに向けた取り組みを，それぞれの代表的な事例の1つといえる，タイおよびミャンマーの事例を通じて考えていきたい。また，東南アジアにおいて独特な経路で急成長を遂げているMaaSの担い手について，その事業展開のあらましや特徴，強みなどについて概観したい。その上で，そうした事例が東北地方など，日本国内における「自動車産業後進地域」が採るべき方策に与える示唆についても考察を試みる。

2．タイ

（1）内燃機関自動車時代の自動車産業におけるポジション

まず，タイにおける自動車産業のこれまでの歩みを概観する。詳しくは，筆者の前著，折橋（2008）などを参照いただきたい。

1960年代前半のトヨタ自動車などによる自動車組立開始以来，現在に至るまで一貫して純粋地場資本の自動車メーカーは皆無である。なお，長年外国資本100％出資の企業設立が認められていなかったため，タイ最大級の華僑系財閥であるサイアムセメントやタイ王室の資金管理団体などといった地場資本が資本参加していた。当初は，CKD部品を日本から持ち込んで，それを組み立てるのみであったが，1970年代前半に導入された部品国産化政策（段階的に国産化義務拡大）に伴う，日系自動車メーカーの進出要請に応える形で日本の自動車部品メーカーの生産拠点が次第に増加した。

1980年代から，自動車に対する各種規制の緩和に加えて経済成長による購買力向上によってモータリゼーションが本格化することを予感した各メーカーによって生産能力の拡大が進められた。トヨタ自動車，いすゞ自動車，本田技研工業，三菱自動車工業など既進出メーカーによる量産工場の建設が相次いだのに加えて，フォード，GM などアメリカ系も進出を表明した。生産台数の急増に呼応し，日系を中心に自動車部品メーカーの生産拠点進出・増設も加速した。アメリカ系がタイを進出先として選択した決め手になったのも，東南アジアでは最も充実しつつあった裾野産業の集積であった。

そうした矢先に，1997 年 7 月のタイバーツの大暴落を端緒としたアジア通貨危機の影響でタイの自動車市場は著しく収縮し，その販売台数は 1998 年には危機前の 1996 年と比較して 4 分の 1 にまで激減した。生産能力を拡大したばかりであった各社は三菱自動車タイを除いて苦境に陥り，存続するために日本本社から仕向け先の譲渡を受ける形で輸出を開始した。輸出車種の中心となったのは，従来からタイの自動車市場の過半を占めてきた 1 トンピックアップトラックをはじめとする小型商用車であった。国内市場が回復した後も，トヨタ自動車が小型商用車ベースの世界戦略車 IMV（International Innovative Multipurpose Vehicle）の中核拠点に位置付けるなど，輸出をさらに拡大させた。加えてアメリカ系も生産を本格化させたことで，自動車産業の東南アジアにおけるハブ的な存在となった。

小型商用車に次ぐ第二の柱を築くことと，高燃費かつ低公害の小型乗用車への乗り換えを促すこととを目的として，タイ政府は 2000 年代からエコカー政策を実施した。2007 年に第一期を，2013 年に第二期を実施した。詳しくは後述する。日本においてとりわけ話題になったのが，タイ国内での販売力が相対的に劣る日産自動車および三菱自動車工業が，政策による恩典を受けるための条件の 1 つであった最低生産台数をクリアするために，日本への完成車輸出（いわゆる逆輸入）に相次いで踏み切り，本書執筆日現在に至るまで継続していることであった。

このように，内燃機関自動車については，タイは小型商用車および一部の小型乗用車の国際分業の一翼を担う生産国となっている。ただし，タイオリジナルの技術を持つ地場資本メーカーは存在せず，タイの自動車市場の大半を半世紀以上にわたって占めてきた日系多国籍メーカーが一貫してその主役であり続けている。

（2）タイの自動車市場

気候・風土や道路の整備状況，そしてそれらを踏まえて制定された物品税制による影響などから，タイの自動車市場の過半を占めてきたのは小型商用車（1トンピックアップトラックおよびその派生車種）であった。所得水準の向上やエコカー政策の実施などに伴って，バンコク首都圏を中心に乗用車の比率が次第に上昇してきているが，現在もタイの自動車市場の主役は引き続き小型商用車である。

背景には，先述の通り，小型商用車について物品税率が低く抑えられていることに加え，道路整備が進んできたバンコク首都圏以外は依然として悪路が多い上に，バンコク首都圏も含めて洪水が多発していることがある。そのため，車高が比較的高くて水没のリスクがより低く，モノコック構造の乗用車よりも相対的に頑強なラダーフレーム構造を足回りに採用している1トンピックアップトラックが選好されている。貨物運搬のみならず，荷台に座席と屋根を取り付けて乗り合いバスにしたり，ダブルキャブについては乗用車のように使用したりと，タイ人の生活の多様なシーンにおいて使い勝手が良いことも依然として愛好されている所以である。

（3）環境対応自動車および自動車産業のパラダイムシフトへの政策対応と展望

①　低燃費小型自動車優遇政策（エコカー政策）[1)]

タイ政府において外国資本の対内直接投資の誘致政策全般を担っているタイ政府投資委員会（Board of Investment，以下BOI）は，国内自動車産業の大きな柱として成長してきた小型商用車に加えて，世界的に需要の増加が今後共見込める小型乗用車を第二の国内自動車産業の柱とすることを目指し，2000年代半ばからいわゆるエコカー政策のPhase Ⅰを推進した。この政策は，それ以前の同国の自動車産業政策と同様に外国資本による対内直接投資に専ら依存するものであり，表6－1左側の諸条件を全て満たす場合，8年間にわたって法人税が免除となるのに加え，機械設備の輸入関税免除，原材料・部品関税を2年間で90%減免すると共に，物品税を17%に減免するといったものであった（ちなみに，同クラスの非エコカーの物品税は当時30%であった）。

BOIは，Phase Ⅰが一定の成功を収めたのを受けて，2013年8月からPhase Ⅱの募集を行った[2)]。Phase Ⅰとの主な違いは，表6－1の通りである。スペースの関係で表6－1に記していない変更点としては，E85燃料（エタノールを85%，ガソリンを15%の比率で配合した燃料）対応車の税率（12%）が設定されたことと，アクティブ・セーフティー技術の採用が要件に加わったこととがある[3)]。このように参加要件は大幅に厳しくなったが，2014年4月にBOIは，第一弾に参加した5社（日産自動車，本田技研工業，トヨタ自動車，三菱自動車工業，スズキ）がいずれも再び参加したのに加えて，5社が新たに加わって計10社か

表6－1　タイにおけるエコカー政策の概要

項目		Phase Ⅰ	Phase Ⅱ
性能条件	エンジン排気量	ガソリン車：1,300cc以下 ディーゼル車：1,400cc以下	ガソリン車：1,300cc以下 ディーゼル車：1,500cc以下
	燃費	100kmにつき5.0ℓ以下	100kmにつき4.3ℓ以下
	排ガス規制値	ユーロ4以上 CO_2排出量：120g/km以下	ユーロ5以上 CO_2排出量：100g/km以下
投資条件	生産台数	5年目以降　10万台以上	4年目以降　10万台以上 （2019年までに達成義務）
	主要部品の製造	・シリンダーヘッド，シリンダーブロック，クランクシャフト，カムシャフト，コネクティングロッドのうち少なくとも4品目の製造工程をタイ国内に有する。 ・シリンダーヘッド，シリンダーブロック，クランクシャフトの機械加工工程をタイ国内に有していなければならない。	
	投資額	50億バーツ以上（土地代と運転資金を除く）	65億バーツ以上（土地代と運転資金を除く）※1
優遇措置	法人所得税	8年間免除	6年間免除　※2
	機械輸入税	製造機械の輸入関税を免除	
	原料・部品輸入税	部品・部材の輸入関税を2年間，最大90%引き下げ	
	物品税	17%	14%

※1　Phase Ⅰ認定企業は50億バーツ以上。
※2　5年以内にタイ部品メーカーに対する投資または支払いを5億バーツ以上実施した場合は，免除期間をさらに1年間延長。同8億バーツ以上の場合は，さらに2年間延長。
（出所）JETROバンコク提供資料（2015年10月）中の表を一部改変。

ら参加の申請があったと発表した[4]。

② 物品税改正（二酸化炭素排出量ベースへ）

タイ政府は，2016年から自動車購入時に課税される物品税（excise tax）を大幅に改正した[5]。表６－２に示した通り，新たに二酸化炭素（CO_2）排出量によって税率に差を設けており，より環境に優しいエンジンを搭載した自動車へと需要を誘導していこうという政策であるといえる[6]。また，E85燃料または液化天然ガス（CNG）を使用する自動車の税率を5％（エコカーは2％）割り引いているなど，タイ国内において自給でき，かつ環境負荷が石油由来の燃料よりも少ないといわれている代替燃料へと誘導しようという狙いも垣間見える。

表６－２　タイにおいて自動車に課されている物品税（2020年３月現在）

タイプ	エンジン	CO_2排出量（走行１キロあたり）			
		～100g	101g～150g	151g～200g	201g～
乗用車	3,000cc以下	25%		30%	35%
	3,000cc超	40%			
E85/CNG	3,000cc以下	20%		25%	30%
	3,000cc超	40%			
HEV，PHEV	3,000cc以下	8%	16%	21%	26%
	3,000cc超	40%			
EV，燃料電池車		8%			
エコカー	※	14%	17%	n/a	
エコカーE85		12%	n/a		
シングルキャブ	3,250cc以下	2.5%			4%
スペースキャブ		4%			6%
ダブルキャブ		10%			13%
PPV		20%			25%
ピックアップ全種	3,250cc超	40%			

※ガソリンエンジン1,300cc以下，ディーゼルエンジン1,400cc以下。

（出所）BOIホームページ（https://www.boi.go.th/index.php?page=tax_rates_and_double_taxation_agreements）（2020年5月23日アクセス）より筆者作成。

③ 電動車（xEV）推進政策[7)]

タイ政府は電動車推進政策を，いわゆる「中所得国の罠」を乗り越えるべく構想した「Thailand 4.0」という国家戦略の一環として推進している。同構想について詳しくは太田（2019）をご参照いただきたいが，一言でいうと各種先端技術を外国資本の誘致を通じてタイに取り込み，それを足掛かりにして，いずれは先進国入りを目指そうという構想である。ネーミングからも推察できる通り，ドイツ政府主導で進められている「Industry 4.0」の影響を色濃く受けている。自動車分野では，電気自動車（Battery Electric Vehicle 以下，BEV）だけでなく，ハイブリッド車（Hybrid Electric Vehicle 以下，HEV）やプラグインハイブリッド車（Plug-in Hybrid Electric Vehicle 以下，PHEV）も対象となっている。2020年3月に設置後の初会合を開いた国家電動車政策委員会（National Electric Vehicle Policy Committee）は，2025年までに電動車生産の地域ハブとなり，長期目標として2030年には電動車の生産台数75万台をめざすとしている[8)]。ちなみに，2020年6月末現在の電動車の累積登録台数は，HEVとPHEVの合計で16万7,767台，BEVは4,301台となっている[9)]。

表6－3に，タイの電動車奨励政策の概要をまとめた。車両の生産について種別によって得られる恩典は異なるが，いずれの種別についても「総合パッケージ」として以下の項目を申請書類に盛り込むことが条件となっている。

表6－3　タイの電動車奨励政策（車両生産）の概要

種別	各種税免除・減免				申請期限
	機械輸入税	完成車輸入税	法人所得税	物品税	
PHEV	免除	なし	なし	50%減免※3	2017年末[10)]
PHV			3年※1		2018年末
EV		2年	5年※2	2%に※3	
電動バス		なし	3年※1	50%減免※3	

※1　主要部品（バッテリー，モーター，BMS，DCU）の生産を1種追加するごとに1年間免除期間を追加。
※2　主要部品（バッテリー，モーター，BMS，DCU）の生産を1種追加するごとに1年間免除期間を追加。上限である8年間の法人所得税免除取得後に，技術移転を伴った場合にはさらに2年間追加され，計10年間免除される。
※3　プロジェクト内でバッテリーを生産する場合に適用。
（出所）BOIスダラット・ポンピタック氏講演資料『次世代自動車奨励政策と投資機会』を基に筆者作成[11)]。

1．車両組立・主要部品の生産
2．機械輸入，据付計画
3．車両生産計画（1年目～3年目）
4．部品生産・調達計画（車両の組み立て＋3年以内に少なくとも1種類の主要部品を生産することが申請の条件）
5．使用済みバッテリーの廃棄管理計画
6．タイサプライヤーの開発計画

さらに，電動車の主要部品等をタイ国内で生産するメーカーに対しては，機械輸入税を免除するとともに法人所得税を8年間免除する恩典を付与している。EEC（東部経済回廊）指定地域内に工場を立地した場合には，8年間の免税期間満了後にさらに法人所得税を5年間にわたって50％減税している。対象となっている主要部品等には，以下のものが含まれる（英語表記は，BOIスダラット・ポンピタック氏講演資料22ページから引用）。

電動車構成部品

- 空調システム・部品（Air -Conditioning System/Parts）
- 遮断器（Electrical Circuit Breaker）
- インバーター（Inverter）
- 電動機（Traction Motor）
- ドライブ・コントロール・システム（運転制御システム）（DCU）
- 電動バス向けフロント・リアアクセル（Front /Rear Axle for EV Bus）
- バッテリー（Battery）
- バッテリー・マネジメント・システム（BMS）
- DC－DCコンバーター（DC入力電源）（DC/DC Converter）

充電関連

- 充電ステーション（Charging Station）
- 充電ソケット・プラグ（EV connector w/ Plug & Socket）

- 携帯EV充電器（Portable EV Charger）
- 車載充電器（On-board Charger）

タイ電気自動車協会（Electric Vehicle Association of Thailand, 以下EVAT）の幹部によるプレゼンでは，タイにおける電動車政策およびその振興にむけた取り組みを以下の6つの側面に分けて説明していた[12)]。

第一に，対内直接投資に対する支援。まず，BOIのBEV関係の支援スキームがある。輸入関税や法人所得税の免除と物品税の税率引き下げがその柱となっている[13)]。さらに，アセアン・中国FTAを活用して中国製BEVの関税全額免除が実現している。なお，日本製BEV（日産リーフ）の輸入関税は半額免除となっている（表6－3を参照）。

その結果，タイ国内で2020年3月現在販売されているBEVの価格・スペックなどは表6－4の通りである。FOMMは後述するように，生産国はタイ

表6－4 2020年3月にタイ国内で販売されていたBEV

メーカー・モデル	充電ソケット	航続距離	電池容量(kWh)	生産国	輸入関税	物品税	販売価格(バーツ)
Audi e-tron 55 quattro	AC Type 2 & CCS2	417km	95	ベルギー	80%	8%	5,099,000
BMW i3s	AC Type 2 & CCS2	280km	33	ドイツ	80%	8%	3,730,000
BYD E6	AC Type 2	400km	80	中国	0%	8%	1,400,000
BYD M3	AC Type 2	300km	50.3	中国	0%	8%	1,089,000
BYD T3（5席）	AC Type 2	300km	50.3	中国	0%	8%	1,059,000
BYD T3（2席）	AC Type 2	300km	50.3	中国	0%	8%	999,000
FOMM ONE	AC Type 2	160km	11.8	タイ	n/a	0%	664,000
現代Kona Electric SE	AC Type 2 & CCS2	312km	39.2	韓国	40%	8%	1,849,000
現代Kona Electric SEL	AC Type 2 & CCS2	482km	64	韓国	40%	8%	2,259,000
現代IONIQ Electric	AC Type 2 & CCS2	280km	28	韓国	40%	8%	1,749,000
ジャガー I-Pace（S）	AC Type 2 & CCS2	470km	90	英国	80%	8%	5,499,000
ジャガー I-Pace（SE）	AC Type 2 & CCS2	470km	90	英国	80%	8%	6,299,000
ジャガー I-Pace（HSE）	AC Type 2 & CCS2	470km	90	英国	80%	8%	6,999,000
起亜Soul EV	AC Type 1 & CCS1	452km	64	韓国	40%	8%	2,387,000
MG ZS EV	AC Type 2 & CCS2	337km	4.5	中国	0%	8%	1,190,000
MINI Cooper SE	AC Type 2 & CCS2	217km	32.6	英国	80%	8%	2,290,000
日産リーフ	AC Type 1 & CHAdeMO	311km	40	日本	20%	8%	1,490,000
TAKANO CARS TTE500	AC Type 2	100km	11	タイ	n/a	0%	438,000

（出所）EVATホームページ掲載資料（Summary of Battery Electric Vehicle Models in Thailand）を和訳の上で一部改変[14)]。

であるが，技術・経営陣は日本である。「TAKANO CARS」は高野自動車用品製作所のタイ法人で，2020年にマイクロサイズの電動ピックアップトラックを発売した。なお，同社は，東京都大田区に本社を置く，トラック用アフターパーツを主力商品とする企業である。充電ソケットの形状1つ取っても統一することができていないのが，BEVについても内燃機関自動車と同様に自前の技術を持たず，輸入技術に依存せざるを得ないタイの現状を反映しているといえる。

第二に，国内需要刺激策。具体的な施策として以下の取り組みを挙げている。

・政府の車両購入予算の20%をBEVの購入に充てるといった目標を設定すること。
・タイ空港公社（Airports of Thailand, AOT）に対して，より多くのPHEVやBEVを空港リムジンに採用するよう促すこと。
・タイ工業団地公社（Industrial Estate Authority of Thailand）およびタイ科学技術省（MoST）は，EECにおいて電気自動車を使用する。
・タイエネルギー省傘下のエネルギー政策計画室（EPPO）により，タクシーのBEVへの転換を推進する。
・タイ文化省芸術局（Fine Arts Department）は，国有の大規模文化遺産においてBEVを使用する。

いずれも，民間で導入するにはまだ高価すぎるBEVを，まずは公的セクターが積極的に導入を図っていこうという取り組みであるといえる。

第三に，インフラの整備である。エネルギー省と運輸省が電気自動車の充電ステーションの整備計画を立てること。加えて，タイ産業標準機構（TISI）が国立の自動車・タイヤ試験機関の設置に着手し，人材を育成する。

第四に，BEVにかかわる各種標準を策定する。具体的には，タイ産業標準機構がBEVの充電設備，電磁両立性（electromagnetic compatibility），BEV用バッテリー，課金システム用直流メーターの標準の策定を行う。

第五に，使用済みBEV用バッテリーの処理について。タイ工業省が使用済みBEV用バッテリーの処理について計画を策定する。さらに，公害管理局（Pollution Control Department）が，使用済みBEV用バッテリーの処理についての法整備を進める。

第六に，その他の取り組みとして，タイ自動車インスティチュート（Thai Automotive Institute, TAI）が次世代自動車産業を担いうる人材の育成に焦点を当てた生産性向上プロジェクトを推進すること。

全体として，民間主導での電動車普及は，その価格の高さから少なくとも当面は期待できないために公的セクター主導で可能な範囲で導入していくこと，そして将来的にBEVが増えてきた時に必要となるであろうインフラをソフト，ハード両面で準備しておくといった２本柱で当面は対応していこうという国家戦略が垣間見える。

なお，EVATの集計による，タイにおける電動車の新規登録台数の推移について，図６－１を参照いただきたい[15)]。なお，この数字には二輪車，バス，トラック，トゥクトゥクの台数も含まれている。2020年に，とりわけ６月に入ってから急速にBEVが増加していることは注目に値する。

図６－１　タイにおける電動車新規登録台数推移（左軸：HEV/PHEV，右軸：BEV）

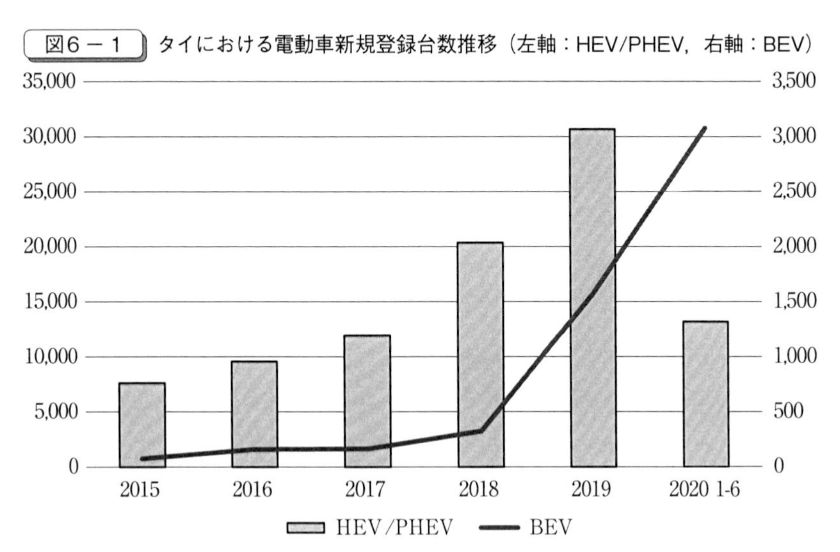

（出所）EVATホームページ掲載資料から筆者作成。

④　日本自動車メーカーなどの対応

太田（2019）が説明したとおり，BOIはHEV，PHEV，BEVの生産について，法人税の免除，生産機械の輸入関税免除などを柱とした投資恩典制度を設けた。制度の適用を申請するメーカーは，基幹部品の製造を含めて電気自動車の生産投資計画を，HEVが2017年12月31日，PHEVとBEVが2018年12月31日にそれぞれ設定された提出期限までに提出した。タイ政府による認可などが報じられた主な日本メーカーの執筆時点直近の動きについて，報道等に基づいて取り上げる。なお，太田（2019）が同論文の表3に，電動車奨励策の概要と主要企業の対応状況をまとめているので，詳しくはそちらを参照いただきたい。

タイ国トヨタ自動車

2019年にカローラHEVの生産を開始し，タイでのHEVの現地生産モデルを，既に生産を開始していたカムリとC-HRと合わせて3モデルとした。2019年5月よりHEV用のニッケル水素電池の現地生産（タイ国トヨタ自動車において乗用車の全生産を担うゲートウェイ工場での内製）および使用済みバッテリーの再生事業も開始しているという。再利用可能なモジュールは，定置用バッテリーステーションとして，工場や家庭の蓄エネとして再利用，また再利用できないものは新設したリサイクル工場に送り，新しい電池原料やステンレス原料とする資源循環スキーム＝3R（リビルト・リユース・リサイクル）を，日本国外では初めて構築したのだという[16)]。

2020年1月7日付で，2018年末に提出していた，東部チャチュンサオ県にある既存工場（ゲートウェイ工場）に投資して生産設備を整え，2023年1月までにBEVとPHEVの生産を始めるという投資計画案が承認された[17)]。

三菱自動車タイ

2019年3月にPHEVの生産の認可を取得し，2021年から「アウトランダーPHEV」の生産を，東部チョンブリ県のレムチャバン工場において年産3,000台規模で開始することを発表した[18)]。バッテリーなどの基幹部品は日本から供給するという。

2020年4月13日に，2018年末に提出していた，2023年までに54億8,000万バーツを投資して，レムチャバン工場に，BEVを年9,500台，HEVを年2万9,500台製造できるラインを設けるという投資計画案が承認された[19]。

タイホンダ[20]

2018年7月にHEVおよびHEVバッテリーの生産の認可を取得し，2019年に新型アコードハイブリッドの生産を開始し，5月にタイ国内で販売を開始した。2020年にはアコードハイブリッドの日本市場向けの生産を，2022年に閉鎖する予定である狭山工場からタイに移管した。

日産自動車タイ[21]

2018年7月にHEV生産の認可を取得し，続いて2019年1月には電動車用バッテリーの生産の認可を取得した。そして，2020年5月にe-POWERを搭載したキックスの生産を開始した。同車種は日本にも完成車輸出しており，2020年6月に発売された。

なお，フォーインの調べによると，メルセデスベンツとBMWがPHEVと電動車用バッテリーについてBOIから生産投資奨励策の認可を受け，2019年に既に生産を開始している[22]。

⑤　タイ国トヨタ自動車による超小型BEVシェアリングサービスの試み[23]

タイ国トヨタ自動車は，タイ最難関の名門大学であるチュラロンコン大学と共同で，超小型EVシェアリングシステム「Ha:mo」を，バンコク市内のチュラロンコン大学構内に2017年12月に導入した。「Ha:mo」は，公共交通手段の最寄り駅・バス停から目的地までの間のラストワンマイルの移動手段を提供する，トヨタ自動車が日本国内外で導入してきた，短距離移動に適した超小型EVのワンウェイ・カーシェアリングシステムである。

ニュースリリースによると，車両はトヨタ車体製の超小型BEVコムス

（COMS）30台を用い，ステーションは大学敷地と最寄り駅やバス停を結ぶ周辺の12箇所に設置し，33台分の駐車スペースを提供する[24]。うち10箇所には充電設備も併設するのだという。そして，サービス対象者は，学生や教員関係者を中心に，地域の方の利用を想定し，利用者は初回登録の後，都度，使用時間に応じた料金を支払うこととなるのだという。

「Ha:mo」は2018年11月に世界遺産として知られる古都アユタヤでも導入された[25]。ここでは，走行に使用する電力の多くについて，駐車場屋根に設置した太陽光パネルで発電した電力を利用しているのだという。ただ，発電した電力をリアルタイムで給電していたのでは電圧が不安定となるために車両の充電には不向きであることから，充電用電力を蓄電するために，HEVの使用済みバッテリーを再利用したバッテリーステーションも設置している。ここで使用されているバッテリーステーションは，前項でふれたタイ国トヨタ自動車のゲートウェイ工場内の使用済みバッテリー再生工場にて製作されたものである。

⑥　タイで花咲きつつある日本のBEVベンチャーFOMM[26]

スズキで15年間二輪車のエンジンや車体の設計を担当した後，トヨタ車体で超小型BEVコムスの企画・開発を手掛けた鶴巻日出夫氏が，2012年に参画したBEVスタートアップのシムドライブを離れて2013年に起業し，神奈川県川崎市に本社を置いているBEVベンチャーFOMMは，2019年3月に同社初の量産モデル「FOMM ONE（フォム・ワン）」をタイにおいて発売した[27][28]。同月に開催されたバンコク国際モーターショーでは，早速1,666台受注した[29]。2019年12月時点では，2,000台に達したという[30]。日系サプライヤーからの調達も含めると，構成部品の約7割をタイで調達しているという[31]。日産リーフとの諸元の比較を表6－5にまとめたので，ご参照いただきたい。

「FOMM ONE」は，同社の社名の由来（First One Mile Mobility＝最初の1マイルの乗り物）の通り，例えば自宅から最寄りの駅や商店までの移動など，近距離走行に特化している。EU（欧州連合）における超小型車向け規格であるL7e規格に準拠しており，規格を制定したEU諸国をはじめ，同規格を採用し

表6－5 FOMM ONE と日産リーフの諸元比較

	FOMM ONE	日産リーフ（S）
車両重量（バッテリー・オプション抜き，kg）	445	n/a
車両重量（バッテリー・オプション込み，kg）	630	1,490
車両総重量（kg）	975	1,765
全長（mm）	2,585	4,480
全幅（mm）	1,295	1,790
全高（mm）	1,560	1,560
ホイールベース（mm）	1,760	2,700
最低地上高（mm）	140	150
トレッド　前（mm）	1,110	1,540
トレッド　後（mm）	1,110	1,555
最小回転半径（mm）	3,800	5,200
乗車定員	4名	5名
電力量消費率（km/kWh）	14.8	6.45 ※
一充電走行距離（WLTC）	160km	322km
最高速度	80km/h	n/a
モーター	インホイールモーター	交流同期電動機
最高出力	10kW/170-800rpm	110kW/3,283-9,795rpm
最大トルク	560Nm/0-170rpm	320Nm/0-3,283rpm
バッテリー	2.96kWh×4	40kWh
充電時間	6時間（タイプ2）	16時間（3kW） 40分（急速充電）

※カタログ掲載の交流電力量消費率（WLTCモード）の逆数の小数点2以下を四捨五入した。
（出所）公表されている両車種の諸元表より筆者作成。

ているタイ以外の国々でも販売できる[32]。電動2輪車について台湾など東南アジア地域を中心に普及が急速に進んでいる着脱式のリチウムイオン電池パックを採用し，第1章でも指摘した通りBEVの最大の欠点である充電時間を抑えることができる。容量3kWhの電池パックを，車両の後部に2個，左右の側部に1個ずつの計4個搭載する。電池パックは1個あたり30kg，交換に要する時間は約5分だという[33]。そして，ガソリンスタンドなどに充電ステーションを配置し，そこで充電済みの電池パックと使用済みの電池パックを交換するビジネスの展開も考えているという。なお，電池交換式のモビリティの可能性については，コラムを参照いただきたい。

2019年に量産を開始したものの，様々な初期トラブルに直面した。そのため，2019年中に2,200台の生産を計画していたが，実際に生産できたのは220台程度にとどまったという。ただ，徐々に生産現場における諸課題を克服しつつあり，日産8台にまで生産ペースを上げてきており，2020年には5,000台の生産を目標としているという。

鶴巻氏がFOMMを立ち上げる契機となったのが，東日本大震災の際に自動車で津波から逃れようとした多くの方々が車ごと津波にのまれて亡くなったことを知り，同様の非常時には車両ごと水に浮くことで救命できるようなBEVを開発しようと思い立ったことがあった。そのため「FOMM　ONE」ではバスタブのような構造を採用し，前輪のホイールが水を吸い込んで後ろに吐き出し，水上でも前進や方向転換ができるのだという[34)]。

技術的な基盤，基幹人材が共に日本由来であり，しかも着想の一定部分を，東北地方などを襲った激甚自然災害から得たFOMMが，最初のメイン市場として日本ではなくタイを選んだことは，その東北地方に居住する日本人として深く考えさせられる。背景には，かねてより言われていることではあるが，日本は各種規制によってがんじがらめであるために，自由な発想でビジネス展開することが難しく，これまでに存在しなかった製品・サービスを導入するのにはかなり高いハードルがあることがある。トヨタ自動車が私有地で実証都市を建設する背景にもこの「岩盤規制」があり，日本はこのままではやがて世界の二流国へと成り下がってしまうのではないだろうか。

コラム６－１　電池交換式のモビリティの可能性について[※1]

BEVの普及の障害の1つとなっているのが，充電に長時間を要することである。これを一挙に解決する，電池交換式のモビリティが登場してきている。既に，台湾など一部地域で二輪車については商業化されており，先述のFOMMもその超小型BEVに採用した。

『日経ものづくり』2019年6月号は，電池交換式の利点を以下の3つに整理している。

第一に，充電の待ち時間がほぼ無くなり，車両を連続して使えること。

第二に，電池技術の進歩に合わせて，最新式の電池に載せ替えることができること。

第三に，1個の電池を多用途に使い回すことができるため，コストダウンしやすいこと。

これに加え，電池交換プラットフォームでの覇権を確保すると，電池の交換サービスで収益を上げるというビジネスモデルを構築できる。さらに，これをハードウェアのメーカーが手掛けることができれば，電池交換サービスの利用データを新たな車両・サービスの開発に活用できるほか，利用者に紐づいた利用データそのものも収益源になりうるという。

ただし，現行の技術では，現実的に電池交換式で対応できるのは超小型モビリティまでで，より大型の車両についてはその分電池の質量も重くなるために採用困難である。

※1 「2輪大手 vs. 台湾，ドイツ，ベンチャー 電池「交換式」モビリティの陣」，日経BP社『日経ものづくり』2019年6月号参照。

3．ミャンマー[35)]

(1) 内燃機関自動車時代の自動車産業におけるポジション

国内での自動車生産については，スズキなど一部メーカーがごく小規模にCKD（コンプリートノックダウン方式）またはSKD（セミノックダウン方式）で生産を行っているに過ぎない。しかも，部品メーカーの集積も皆無に限りなく近く，国内で組み立てられている自動車の部品はそのほとんどを輸入に依存している。

このうちスズキは，戦後賠償関係以外では，ミャンマーに最も早い時期から進出している。近隣のインドにいち早く進出して50%前後の市場シェアを現在まで一貫して維持しているなどと大きな成功を収めていることから，その再現を目指しているといえる。2013年5月に小型トラックCarryの組立を開始した後，2015年7月に小型多目的車Ertigaの組立を開始した。さらに2017年2月に小型セダンCiazの組立を開始して，現在さらに同社のグローバル主力車種であるスイフトを加えた4モデルを現地生産している。2018年には，ヤンゴン近郊のティラワ経済特区にて新工場を稼働させた。さらに，2020年3月に年間4万台の生産能力を持ち，溶接・塗装・完成車組立の工程を備える新工場を同じくティラワ経済特区内に2021年9月に建設・稼動させることを発表した[36)]。

日産自動車は，2013年にTan Chong Motorグループをミャンマーにおける日産車の特約店にするとともに，同グループと共にミャンマー政府からミャンマーにおける自動車の生産と販売のライセンスを受けた[37)]。2017年に，同グループの既存施設（おそらくは，サービスセンターの類）に車両組立ラインを新設して，小型セダン・サニーの組立を開始した。2020年1月に中部バゴー地区に新設した新工場に移転して，引き続きサニー1車種のSKD生産を行っている。執筆時現在，新型コロナウイルスの蔓延の影響で設備輸入が遅延しているというものの，溶接工程と塗装工程を建設中であり，完成し次第CKDに移行するという。2021年にすべて完成した段階での年間生産能力は2万4,000台を予定しているという[38)]。

トヨタ自動車は，2019年に豊田通商と合弁（トヨタ自動車85%，豊田通商15%）で，ティラワ経済特区に車両組立工場を建設することを発表した[39)]。2021年2月から全ての部品を輸入した上で組み立てるSKD方式で，1トンピックアップトラック・ハイラックスを年間生産能力約2,500台で生産する予定だという。同モデルの中核拠点は隣国タイであることから，タイから全ての部品を供給するものとみられる。

（2）ミャンマーの自動車市場

ミャンマーにおいては，新車および中古車の輸入が一定の条件で認められている。そのため，中古車が自動車市場の9割を占めているといわれている。というのは，所得水準が決して高くはないために自動車需要の価格弾力性が極めて高い中で，中古車の輸入が可能であることから，相対的に安価な中古車が選好されるためである。そのため，国内生産メーカーにとって極めて厳しい事業環境であるといえる。

（3）環境対応自動車および自動車産業のパラダイムシフトへの対応と展望

① 電動車について

ミャンマーにおいて電動車を普及させる上では，以下のように，かなり高いハードルがある。

第一に，電動車を整備・補修することができるエンジニアリング人材が不足している。ミャンマー人は，機械を分解し，不具合を修繕した上で再組立することは比較的得意であり，内燃機関自動車であれば対応可能であるという（もっとも，第1章や第5章でも述べてきた通り，最近の内燃機関自動車はかなり電動化が進んできているのだが）。しかし，電動車は必ずしもそうはいかない。一定以上の電気関係の知識が必要となる。実際に，あるミャンマー人エンジニアが内燃機関自動車のつもりで日本製のHEVを分解・修理しようとして感電死したという，痛ましい事故も発生したという。

第二に，気候が電動車に向いていない。気候が高温多湿である上に，熱帯モンスーン気候に属していることから，モンスーンの季節には排水インフラが十分ではないこともあり，大規模な洪水がしばしば発生する。こうした，電動車にとって過酷な気候が，そのシステムにダメージを与える恐れは否定できない。

第三に，電力の供給能力が乏しいこと。通常の電力供給でさえも停電が頻発しているなど不安定で，自家発電装置を備えるオフィスビル・施設が多いのが現状である。したがって，自動車のBEV化が仮に進んだ場合，十分な電力を供給・確保できるのかについて，疑問符がどうしても付く。

② カーシェアリング

同国最大の都市であるヤンゴン都市圏では，スマートフォンの急速な普及に後押しされ，スマートフォンのアプリを活用したアメリカのウーバー・テクノロジーズ社（Uber Technologies，以下，ウーバー）やシンガポールのグラブ社（Grab，以下，グラブ）といったライドシェア事業者と契約したタクシーが急増し，既存の交渉制タクシーを事実上駆逐している[40]。

この背景には，以下のような事情がある。

第一に，タクシー強盗や運転手による性犯罪など，交渉制タクシー利用時の犯罪が増加したこと。それに対して，ライドシェア事業者が提供するプラットフォームには，運転手と乗客の相互評価システムがある。具体的には，乗車した後にお互いに星をつける。この星の数はライドシェア事業者のアプリ上で一目瞭然であるので，犯罪抑止上極めて有効なのである。

第二に，運賃はライドシェア事業者のアプリ上で決まるため，交渉制タクシー利用時の運転手との運賃交渉の煩雑さを避けることができる。

第三に，運賃はライドシェア事業者のアプリ上で，クレジットカードを使って決済するため，現金のやり取りが必要なく，便利であること。乗客はもちろん，運転手にとっても釣銭の用意やタクシー強盗のリスクが軽減できるといった大きなメリットがある。

③　自動運転の導入可能性について

ほとんどの人は，交通法規を遵守していない。赤信号であっても人々は隙を見ては平気で横断する上に，交通標識もほとんど意味をなしていない。自動運転はすべての交通が交通法規を遵守することを前提としていることから，レベル３以上の自動運転はミャンマーでは当分の間実現困難であると断じても差し支えないだろう。

４．東南アジアにおける MaaS の動向

本章で主にみてきたタイ，ミャンマーを含む東南アジアにおける MaaS において覇権を争っているのは，2012 年にマレーシアで創業したグラブと，2010 年にインドネシアで創業したゴジェック（Gojek）社である。両社が事業展開している国々は，表６－６の通りである。両社ともに，オートバイ・バイクや自家用車などによる配車サービスを祖業としているが，今では配車サービスを核とする MaaS のみにとどまらず，料理や生鮮品の宅配やキャッシュレス決済，保険の販売など，生活に密着したいくつものサービスを統合した「スーパーア

表6－6 グラブとゴジェックの事業展開国・進出年

	グラブ	ゴジェック
タイ	2013	2019
インドネシア	2014	2010
マレーシア	2012	未進出（注）
シンガポール	2013	2018
フィリピン	2013	未進出（注）
ベトナム	2014	2018
ミャンマー	2017	未進出
カンボジア	2017	未進出

（注）ゴジェックは，マレーシアおよびフィリピンへの事業展開を既に表明し，当局への申請手続きに入っている。
（出所）日経BP社各誌より筆者作成。

プリ」を展開し，段階的に利用できるサービスを増やして，今や東南アジアの人々の暮らしに欠かすことのできないプラットフォームとなりつつある[41]。両社が展開している主なサービスについて，表6－7にまとめた。このように，配車サービスを柱としながら，飲食店の宅配受託サービスなどの配達サービスをいくつかの国々で手掛けているライドシェア世界最大手のウーバーとはその事業構成を異にしており，今や東南アジア域内で最大規模の顧客と多くの接点を持つプラットフォーマーとなりつつあるのである。

両社の「スーパーアプリ」が東南アジアの人々に支持されている理由の1つとして，両社ともに情報技術を活用した革新的な金融事業，いわゆるフィンテック（fintech）を行っており，アプリ1つで全てが完了することがある[42]。域内主要国の金融大手と提携することで各国での金融事業の免許を取得し，QRコード決済や個人間送金などの電子決済を手掛けている。背景には，東南アジアには銀行口座を持っていない人も多かったことがあり，そうした人々に既存の金融セクターが提供してこなかった金融サービスを新たに提供することによって，両社の各種サービス利用者の裾野を広げている。

さらに注目すべきなのは，東南アジアの人々の生活に両社の提供する「スーパーアプリ」が浸透していくことが，潜在的な魅力を持つ東南アジア市場に関

表6－7　グラブとゴジェックの事業比較

		グラブ	ゴジェック
事業展開都市数		339	207
企業評価額（億米ドル）		140（2020.2）	100超（2020.3）
主な提供サービス	二輪・四輪ライドシェア	○	○
	タクシー配車サービス	○	○
	モバイル決済サービス	○	○
	宅配サービス	○	○
	レストランのフードデリバリー	○	○
	生鮮品の宅配	○	×
	最寄りの薬局から医薬品・サプリメントを宅配	×	○
	買物代行サービス	×	○
	映画，テレビ番組のサブスクリプション	×	○
	各種チケットの販売	○	○
	ホテルの予約	○	×

（注）提供サービスは，それぞれの本拠国（グラブ：シンガポール，ゴジェック：インドネシア）におけるものであり，全ての国において等しく展開しているわけではない。
（出所）『日経コンピュータ』2019年6月13日号および『FOURINアジア自動車調査月報』2020年5月号より筆者作成。

心を持つ日米などの自動車関連企業，IT企業，投資家らを魅了し，彼らから巨額の投資を受けることに成功していることである。そうして調達した資金を新規事業や地域のベンチャー支援などに積極的に投資している。

グラブには，創業後まだ間もない時期から継続的に投資を行っているソフトバンクグループの他，トヨタ自動車，本田技研工業，ヤマハ発動機，三菱UFJフィナンシャルグループといった日本の各業界を代表する企業が投資している。加えて，アメリカのマイクロソフトやウーバー，ブッキング・ホールディングス，韓国の現代自動車，中国の滴滴出行などが投資している[43)44)]。このうちトヨタ自動車は出資するだけでなく，トヨタ自動車の説明によると，第1章の図1－1で紹介したトヨタ自動車のモビリティサービス・プラットフォーム上でグラブと車両データを共有し，車両管理・保険・メンテナンスを一貫して行うライドシェア車両向けトータルケアサービスを開始したのだという。加えて，稼働率が高く頻繁にメンテナンスが必要となるMaaS車両の入庫時間を，トヨタ生産方式を活用することにより半減させたという[45]。

一方，ゴジェックには，三菱商事，三菱自動車工業，三菱UFJリースといった三菱グループの日本企業の他，アメリカのGoogle，中国のテンセント，インドネシアの自動車産業を牛耳っている華僑のアストラ財閥などが出資しているという。

グラブとトヨタ自動車との関係のように，単なる出資にとどまらずに業務提携をも伴うことが多く，それがさらに両社の業容拡大を後押ししている。

新型コロナウイルスのパンデミックの影響で，両社ともに祖業のライドシェア事業を中心に一定の打撃を被ったとみられる。ただ，一時的に業績が低迷することはあっても，すでに人々の生活の多様な場面で欠かせないプラットフォーム提供者となりつつある両社は，仮に祖業が立ち行かなくなったとしても，他の事業が生み出す収益で生き残るだろう。そして，中長期的には世界的に見ても有数の高いポテンシャルを持つ東南アジア地域において，ますます存在感を増すことは間違いなさそうである。

以上をまとめると，東南アジアにおいては，先進諸国と比較して，人々の生活のプラットフォームとなりうる金融サービスの普及度合いが低く，そこにフィンテックが急速に浸透しうる土壌が元来あった。そのビジネスチャンスに巧みに着目し，それまで地域の経済を牛耳ってきた華僑などに先んじて展開したことで，先進国が主要事業エリアであるために「ライドシェア一本足打法」を依然として余儀なくされているウーバーにはない強みを獲得したといえる[46]。

5．本章でふれてきた事例のまとめ

新興国の一角を占めているタイは，先進国や中国が主導して研究開発・事業化が進んでいる自動車産業のパラダイムシフトの流れ，すなわち「CASEを柱とする次世代モビリティ社会への漸進的な移行」を追認する一方で，関連する自前の技術的資源は極めて乏しいため，各種優遇策を用意することで，関連技術を持つ外国資本の対内直接投資を促し，パラダイムシフト後の自動車産業についても国内に取り込もうとしている。すなわち，内燃機関自動車について，いわゆる「国民車構想」に代表されるように地場資本の主体的な参画を徒に図ることなく外資をひたすら誘致し続けた結果，東南アジアでの車両生産のハブとして君臨するに至るなど一定の成功を収めた産業政策を，現在到来しつつある自動車産業のパラダイムシフトに際しても繰り返し，アセアン地域における電動車のハブとなってその成功を再現することを期待している。タイは，既に人口ボーナス期が終わり，日本と同様に少子高齢化社会へと移行しつつある。そのため，高付加価値産業への転換が国家としてまさに喫緊の課題であり，タクシン政権崩壊後の一連の流れを引き継いで政情はやや不安定ながら，同国自慢の優秀な官僚らが的確な産業政策を立案して，アセアン域内で一歩リードしている状況であると捉えられる。

なお，本書では紙幅の関係でふれなかった，タイ以外のアセアンにおける主要自動車生産国であるインドネシアおよびマレーシアにおいても，執筆時点ではタイよりもかなり取り組みが立ち遅れていて本章で解説できるようなステージには未だ到達してはいないが，電動車への移行を促す政策的な対応がようやく始まりつつある[47)48)]。両国ともに内燃機関自動車の際とは異なり，今のところ「国民車優遇政策」を採ろうとはしていないようである。折橋（2018）でも指摘した通り，アセアン最大の人口を擁して自動車市場の規模でも既にタイを上回っているインドネシアが，内燃機関自動車の際のように産業政策の方向性と機動性を誤ることさえなければ，その市場規模，人的資源の層の厚さなどから，潜在的にはアセアン地域における電動車のハブになる最有力候補と考える[49)]。現時点ではかなり先行しているタイと対比させつつ，今後の動向を注目していきたい。インドネシアはタイと同様に，自前の電動車関連技術も電動車を担いうる地場資本企業も共に持っていないため，国家として電動車について取りうる戦略もやはりタイと同様であろう。

一方，後発開発途上国であるミャンマーでは自動車産業のパラダイムシフトに対する政策的な対応は特には見られない。次世代モビリティについても自国経済成長の起爆剤としようといった意欲があるようには見えないのである。基盤技術，国富の蓄積が共に乏しいなど，国家資源が豊かとは決していえないことを勘案すると，ミャンマーがそうした意思決定をすることは致し方ない。ただ，タイと遜色ない人口規模を有し，潜在的にはモビリティへの需要は決して小さくはないことから，次世代モビリティの在り方について無関心であってはならない。「CASEを柱とする次世代モビリティ社会への漸進的な移行」について，とりわけその主役として考えられている電動車の受容可能性は第3節でも述べた通り，現時点では極めて乏しいと言わざるを得ない。また，自動運転も実現に至らしめるためには，車両・インフラ双方について莫大な投資が必要であり，後発開発途上国がその負担に堪えられるとはとても思えない。ミャンマーなど世界の人口の過半を占める後発開発途上国でも受け入れ可能で，かつ地球環境や天然資源の側面からも持続可能性のある移動手段をいかにして提供していくのかについて，関連技術を持ち，パラダイムシフトを主導している先進国や中国も，それらの国々の立場に立って共に考えていく必要があるのではないだろうか。その結果生み出されるモビリティの在り方は，「CASEを中心とする次世代モビリティ」よりもより優れたものになるかもしれない。もしそうであるとすると，次世代モビリティを後発開発途上国，すなわち多数派のニーズに立脚して検討・開発を進めることこそが，真の近道といえるかもしれない。その模索の「場」として，ミャンマーは自ら名乗り出てもよいのではないだろうか？

東南アジアにおける新興ライドシェア企業は，アメリカのウーバーが生み出して一定の実績を挙げつつあった「ライドシェア」というビジネスモデルを東南アジアに導入し，それを根付かせるべく現地適応した結果，独特な進化を遂げた。すなわち，情報技術の進歩と，元来固定電話網の整備が遅れてきたことがもたらした東南アジアにおけるスマートフォンの急速な普及とを追い風にしてフィンテックも手掛けることになり，それを足掛かりに生活に欠かせないプラットフォーム提供者へと進化してきたのであるが，まさにDXの寵児ともいえる両社のたどってきた軌跡は注目に値する。そして，プラットフォーマーとなったことがさらに世界中からの両社への投資や戦略的提携関係の構築のまさに呼び水となり，両社の成長を一層加速させているのである。

６．自動車産業基盤に乏しい日本国内地域へ与える示唆

「CASE を柱とする次世代モビリティ社会」に関連する自前技術を持つ地場資本の企業が存在しない点では，タイおよびミャンマーも，筆者の居住する東北地方に代表される自動車産業基盤に乏しい日本国内地域も共通している。では，本章で取り上げた諸事例から，そうした日本国内地域が得られる示唆にはどういったものがあるだろうか。ここでは，東北地方を例にとって考えてみる。

高度な技術シーズや多額の投資が求められる分野については，タイがまさに追求しているように外部資源の導入を推進していくほかないだろう。ただ，対内投資を促すに足る魅力をいかにして生み出すのか？ タイとは異なり，既に人口が減ってきている東北地方にとっては難題である。魅力があるとすれば，第１章で述べた通り，東北地方は少子高齢化では「世界最先端」を走っている事実がある。それをうまく活かすとすれば例えば，第１章でふれたトヨタ自動車の「Woven City」の取り組みについて，そこで完成した「都市 OS」を高齢者のモビリティの確保など，少子高齢化社会がいずれ共通して抱えることになる多様な課題の解決に活用するための実験場を，製造子会社の完成車工場が存在するなど，トヨタ自動車が現に一定の事業基盤を持っていることを呼び水として東北地方に誘致することが考えうる。高齢者が住民の大多数を占める限界集落あるいは太平洋沿岸部の集団移転地について特区認定を受け，実施するのはいかがだろうか。

なお，タイに無く，東北地方にはある強みとしては，一部の要素技術については東北大学をはじめとする域内に立地している研究機関に，世界的に見ても一流の技術シーズが存在するということがある。ただ，内燃機関自動車についても同様に，一部の要素技術について一流の研究成果を挙げる研究者がその研究の拠点を東北地方に置いていたのであるが，コラボレーションをできるだけの資源＆能力＆意欲を有する地場企業が存在せず，彼らはトヨタ自動車など域外の企業と共同研究を行ってきた。そのために，その果実は東北地方の外にて結実し収穫されてきた。このままでは，パラダイムシフトを経ても同様の残念

な結果になってしまう可能性が高い。もっとも，域内の研究機関は地域のニーズに応えるべく東北地方に自生的に誕生したわけではなく，全国主要都市に設置された帝国大学の１つとして20世紀初頭に宮城県仙台市に設置された東北大学（設立当時は東北帝国大学）を筆頭に，他地域と同様に東北地方にも国策で配置されただけであるので致し方ない面もある。せっかく立地してくれているので，本来は地域として活かさない手はないのだが。

本章後半で取り上げた東南アジアにおける新興ライドシェア企業が，「本家」であるウーバーを超える成功を収めつつある事実，そしてその要因からは，大いに学ぶ点があるのではないか。幾度も述べてきたように，東北地方は少子高齢化では「世界最先端」である。中山間地を含めた高齢者のモビリティをいかにして確保していくかという，地域の抱える難題に対するソリューションの１つとしてライドシェアがありうる場合，例えばウーバーのビジネスモデルをベースに，高齢者の情報リテラシーやニーズ，地域の金融や道路などのインフラの状況など諸々の条件を踏まえて，東南アジアの新興ライドシェア企業の戦略経路をベンチマークしながらそのビジネスモデルを適応・発展させていくと，高齢者の生活に無くてはならない総合プラットフォームを構築できるかもしれない。そうなると，現に共通の問題を抱える日本の地方，そしてやがては同じ課題を抱えていくことが確実である世界各地へと展開できる可能性さえもあるのではないか。潜在的に一定以上の規模になることが期待される市場においてプラットフォーマーとしての地位を確実にすることさえできれば，たとえ元は中小企業であったとしても，豊かな戦略構想力を以って外部から資源を取り込んで急成長することが可能であることは，東南アジアにおける新興ライドシェア企業が概ね実証済みである。東北の地場企業の奮起を期待したい。

【注】

1） 折橋（2018）も併せて参照されたい。

2） 日経BP社『日経オートモーティブテクノロジー』2014年７月号，72ページから75ページまで参照。

3） JETROバンコク提供資料（2015年10月）参照。

4） 他の５社は，各種報道によるとフォード，マツダ，GM，VW，上海汽車CP（中国の上海汽車とチャロン・ポカパン財閥の合弁会社であり，上海汽車傘下の英国スポーツカーブランドであるMGブランドで2017年からタイにおいて自動車を生産している）である。フォーイン（2015）によると，うちVWのみは2014年末現在未認可だという。GMは2020年にタイでの車両生産自体から撤退した（中国・長城汽車に工場を売却）。

5）タイで自動車を購入する際に消費者は，車両本体価格に加えて公租公課として物品税の他，付加価値税（VAT）7%，輸入車についてはこれらに加えてさらに関税も負担する必要がある。

6）エコカーについては前項において言及したとおり，従来から二酸化炭素排出量による規制が存在した。また，実際に適用される税率は，BOIによる恩典付与を受けているモデルの場合，さらに軽減される。

7）xEVとは，近年使われるようになった電動車を総称した呼称。ハイブリッド自動車（HEV），プラグインハイブリッド自動車（PHEV），電気自動車（BEV），燃料電池自動車（FCEV）が含まれる。

8）Bangkok Post “Thailand ‘to be regional EV hub’ in five years”, 2020年3月11日付記事，およびフォーイン『FOURIN アジア自動車調査月報』2020年7月号参照。

9）EVATホームページ http://www.evat.or.th/attachments/view/?attach_id=240213 参照（2020年9月3日アクセス）。なお，四輪車だけでなく，二輪車，バス，トラック，トゥクトゥク（三輪車）も含まれている。HEVとPHEVの内訳は，乗用車16万2,192台，2輪車5,573台，バスとトラックが各1台である。BEVの内訳は，二輪車が最も多くて2,301台，乗用車が1,731台，バス120台，トゥクトゥクが149台。ただし，2020年1月～6月に限ってみると，BEVの新規登録台数は乗用車（2,402台）が二輪車（658台）を大きく上回っている。HEVとPHEVの新規登録の傾向については，乗用車が大半を占めている状況に変わりない。

10）自動車業界からの要望を受けて，申請の受付を再開し，2019年末に再度締め切った。フォーイン『FOURIN アジア自動車調査月報』2020年7月号参照。

11）日本アセアンセンターホームページ参照 https://www.asean.or.jp/ja/wp-content/uploads/sites/2/2017/08/03-20170801-03-J-EV-FINAL.pdf（2020年7月19日アクセス）。

12）BOIホームページ掲載資料（2020年5月24日アクセス）を参照。https://www.boi.go.th/upload/content/2.%20［PPT］%20Thailand%27s%20Automotive%20Industry%20and%20Current%20EV%20Status_5c864c90761f6.pdf

13）BOIの支援スキームの適用を受けたHEVの物品税は乗用車で半額免除，ピックアップトラックおよびその派生車種で2%減免，そしてEVの物品税は4分の3免除となっている。

14）EVATホームページ http://www.evat.or.th/attachments/view/?attach_id=235983 参照（2020年8月11日アクセス）。

15）EVATホームページ http://www.evat.or.th/attachments/view/?attach_id=240213

参照（2020年8月11日および9月3日アクセス）。

16) トヨタ自動車株式会社「サステナビリティ データブック 2019」78ページ参照。

17) 日経電子版「トヨタ，タイで23年までにEV生産　現地政府が計画承認」2020年1月16日付。

18) 日経電子版「三菱自，21年にタイでPHV生産，海外で初」2019年7月31日付。

19) 日経電子版「三菱自，タイで23年からEV生産　180億円投資」2020年4月14日付。

20) フォーイン『FOURIN アジア自動車調査月報』2020年4月号参照。

21) フォーイン『FOURIN アジア自動車調査月報』2020年7月号参照。

22) フォーイン『FOURIN アジア自動車調査月報』2020年7月号参照。

23) トヨタ自動車株式会社ニュースリリース「タイトヨタ，チュラロンコン大学と協業し，Ha:mo カーシェアリングサービスをバンコクにて導入」2017年8月3日。

24) 超小型BEVについては，第5章のコラムに関連する情報がある。

25) トヨタ自動車株式会社「サステナビリティ データブック 2019」78ページ参照。

26) 本項は，日経産業新聞「水に浮くEV　タイで量産」2020年1月29日，および同新聞「超小型EV発売　電池交換式で挑む」2019年2月27日参照。

27) 鶴巻氏の略歴は，日経産業新聞，前掲2020年記事による。

28) シムドライブに関して，2014年に同社の田嶋伸博代表取締役社長（当時）が私どものシンポジウムにご登壇いただいた際の口述記録を『東北学院大学経営学論集』第6号に所収している。

29) 「Bangkok Post」2019年4月8日付記事「Car orders accelerate at Bangkok motor show」参照。https://www.bangkokpost.com/business/1658544/car-orders-accelerate-at-bangkok-motor-show（2020年6月2日アクセス）なお，タイのモーターショーは，自動車の展示即売会を兼ねている。

30) 日経産業新聞，前掲2020年記事による。

31) 日経産業新聞，前掲2019年記事による。

32) L7e規格は，非積載質量が400kg以下（電気自動車の場合にはバッテリーの質量を含まず，また，貨物の運搬を目的とする車両の場合は550kg以下）で，最大連続定格出力15kW以下の四輪車両と定義されている。国土交通省ホームページ https://www.mlit.go.jp/common/000217250.pdf 参照（2020年6月2日アクセス）。

33) 日経産業新聞，前掲2019年記事による。

34) 日経産業新聞，前掲2020年記事による。

35) 本節の記述は折橋（2019）に基づいているが，下記のように，その後得られた最新情報に基づいてアップデートを加えている。

36) スズキ株式会社ニュースリリース「スズキ，ミャンマーに四輪車の新工場を建設」2020年3月23日参照。

37) Tan chongグループは，1972年に設立された，マレーシアに本拠を持つ華人系の財閥。日産車をミャンマー以外ではマレーシアおよびベトナムでも組立生産している（Tan chongグループホームページなど参照）。なお，マレーシアではスバルなど，日産車以外のブランドの四輪車の組立を手掛けているほか，川崎重工業などの二輪車の組立も行っている。

38）ジェトロホームページ「タンチョンモーターの新工場が再稼働」（ビジネス短信 c5d837775f3202c6）参照。https://www.jetro.go.jp/biznews/2020/05/c5d837775f3202c6.html（2020 年 7 月 20 日アクセス）

39）トヨタ自動車株式会社ニュースリリース「トヨタ，ミャンマーでの新工場設立を決定－自動車市場の拡大が見込まれる同国で，ハイラックスを現地生産－」2019 年 5 月 30 日。

40）2018 年 3 月に実施した現地調査直後に，Uber の東南アジア事業を Grab が買収したため，現時点では Grab の独占となっているとみられる。

41）「世界の MaaS 最新報告－トップランナーの仰天戦略」「Nikkei XTREND」2020 年 1 月号参照。

42）FinTech（フィンテック）とは，金融（Finance）と技術（Technology）を組み合わせた造語で，金融サービスと情報技術を結びつけたさまざまな革新的な動きを指す。日本銀行 HP https://www.boj.or.jp/announcements/education/oshiete/kess/i25.htm/ 参照（2020 年 6 月 3 日アクセス）。

43）日経 BP 社各誌参照。後述するゴジェックの主な出資者についても同様。ウーバーは 2017 年に自社の東南アジア事業をグラブに譲渡したのと引き換えにグラブの株式を受け取った。

44）「知られざるグラブ－東南アジア最強デカコーンの正体」，日経 BP 社『日経コンピュータ』2019 年 6 月 13 日参照。

45）トヨタ自動車株式会社「第 116 回定時株主総会招集ご通知」26 ページより引用。

46）コロナ禍の影響で，同社が世界各地で展開しているフードデリバリーサービス「Uber Eats」が注目され，ライドシェア事業では岩盤規制のせいもあって，未だにタクシー配車サービス以外では事業展開をほとんど実現できているとはいえない日本国内を含めて売り上げを実際に伸ばしたが，そのビジネスモデルの魅力および将来性についてはかなりの疑問符が付く。実際，2020 年央時点でも黒字転換できていないという。

47）マレーシアにおいては，マハティール前政権が 2020 年 2 月に NAP2020 を策定し，次世代自動車（NxGV）の普及を進める方向性を示したが，自動運転のレベル 3（第 1 章表 1 － 2 参照）を満たすことを条件として明示した以外は次世代自動車が具体的にどういった電動車を包含した概念なのかなど，具体性に欠けている。2021 年までに策定し，2025 年までに施行するとしている。マレーシア国際通商産業省ホームページ https://www.miti.gov.my/miti/resources/NAP%202020/NAP2020_Booklet.pdf 参照（2020 年 8 月 13 日アクセス）。

48）インドネシアにおいては，2019 年 8 月に EV 促進に関する大統領令を公布し，EV の普及拡大に向けた全体方針を発表した。フォーイン『FOURIN アジア自動車調査月報』2020 年 7 月号参照。

49) インドネシアが内燃機関自動車の際にタイの後塵を拝したのは，長年スハルト独裁政権が続いていたことや，その崩壊後の政情不安も災いしたといえる。実際，トヨタは当初小型商用車の世界戦略車 IMV の中核拠点として，タイだけではなくインドネシアも考えていたという。

参考文献

太田志乃（2019）「タイの電動車奨励政策が同国の自動車産業に与える影響」，『機械振興協会経済研究所小論文 No.3』。

折橋伸哉（2008）『海外拠点の創発的事業展開：トヨタのオーストラリア・タイ・トルコの事例研究』白桃書房。

折橋伸哉（2018）「東南アジアにおける産業編成の転換：自動車産業を中心に」，河村哲二編『グローバル金融危機の衝撃と新興経済の変貌：中国，インド，ブラジル，メキシコ，東南アジア』ナカニシヤ出版，第 8 章。

折橋伸哉（2019）「後発開発途上国における自動車産業振興の可能性について：ミャンマーの事例を通じて考える」，『東北学院大学経営学論集』第 12 号，1 ～ 11 ページ。

フォーイン（2015）『ASEAN 自動車産業 2015』フォーイン。

編集を終えて

本書では,「自動車産業のパラダイムシフトと地域」と題して,自動車産業がまさに直面している100年に一度ともいわれるパラダイムシフトに,本書で分析対象とした地域がどう向き合っていこうとしているのかについて俯瞰しつつ分析を試みてきた。

編者自身が執筆した第1章では,自動車産業におけるパラダイムシフトの全体像を俯瞰した上で,筆者の居住する東北地方への影響および東北地方の貢献可能性について考察した。今後,多くの国々が直面することになる少子高齢化において世界最先端を行っていることを逆に活かして,少子高齢化社会のモビリティについての研究の場を呼び込むことで,貢献分野を見出せるという可能性に言及した。村山氏が執筆した第2章では,自動車産業のパラダイムシフトにあたって注目を集めている要素技術のいくつかについては東北地方にも研究者がおり,文部科学省の補助を受けて宮城県および岩手県において2010年代半ばに展開された次世代自動車プロジェクトで,そうした研究者も参画しながら産学がオープンに連携・交流する機会が提供された事実に注目し分析した。現行の自動車で後れをとる東北地方にとって,主要プレーヤーの入れ替えをも生み出す自動車産業のパラダイムシフトは1つの好機となる可能性がある。すなわち,現行の自動車に適応し過ぎている他地域の硬直性に対して,東北地方は自動車や移動体の変容に対して一定の柔軟性を有しているとも考えられる。しかし,その好機をうまく掴むためには,産学連携などによる他地域にはない要素技術の磨き上げに加え,地域全体で自動車産業のパラダイム変化について自由に意見を交わせるオープンかつフラットなネットワーク(すなわちソーシャルキャピタル)の維持が不可欠となろう。秋池氏と吉岡氏が執筆された第3章では,パラダイムシフトを経ても,自動車というハードウェアが存在し続ける以上,引き続き重要である自動車のデザイン創出活動に注目して分析がなされた。分析結果からは本国拠点と海外拠点の連携事例も見受けられるようになってきており，自動車デザイン創出活動自体のパラダイムシフトも想定されるものであった。目代氏と岩城氏が執筆した第4章では，パラダイムシフトに伴う種々の変化のうち，パワートレインの電動化に焦点を当てて分析した。その上で，地方の地場企業の取り組むべき課題は，電動化そのものに関連したシステムや部品ではなく，その周辺にあるシステムや部品，素材，およびその製造方法に関する研究開発や実用化であると指摘した。岩城氏が執筆した第5章においては，パラダイムシフトが漸進的に進行する過程における過渡的なシステムとして欧州を中心に注目が高まりつつある48 Vマイルドハイブリッド車に焦点を当てて解説した上で，パラダイムシフトの中でも生き残りを目指す中国地方の官民協働の取り組みについて紹介した。再び編者自身が執筆した第6章では，東南アジア諸国のうち，新興国を代表してタイ，後発開発途上国を代表してミャンマーについて，それぞれの被る影響や政策対応などについて概観した。さらにパラダイムシフトの波にうまく乗って急成長している東南アジアの新興デカコーン企業についても，その独特な成長戦略に注目しつつ言及した。

本書が，自動車産業のパラダイムシフト，そしてそれが地域にいかなる影響をもたらそうとしているかについて，読者各位の理解をいささかでも深めるお手伝いが出来たのであれば，望外の幸せである。

最後に，執筆時期にコロナ禍が重なり，実地調査が不可能になるという著しい制約を受けながら，また慣れないオンライン授業と苦闘しながらの執筆となったが，どうにか出版にこぎつけたのは，ひとえに執筆者諸氏のご尽力の賜物である。ここに御礼申し上げる。

2020年初秋

折橋伸哉

索　引

ナ

ハ

マ

ヤ

ラ

《著者紹介》（五十音順）※は編著者

秋池　篤（あきいけ・あつし）執筆：第3章

東北学院大学経営学部准教授

東京大学大学院経済学研究科博士後期課程修了・博士（経済学）

東北学院大学経営学部助教，同講師を歴任。

主要業績

The dilemma of design innovation. *Annals of Business Administrative Science*, 18(6), 209-222.（with Yoshioka-Kobayashi, T., & Katsumata, S.）2019.

「消費者知識とデザイン新奇性の関係：電気自動車の外観イメージ事例から」『組織科学』，49巻3号，47-59ページ，2016年。（勝又壮太郎氏と共著）

「技術も生み出せるデザイナー，デザインも生み出せるエンジニア　―デジタルカメラ分野におけるデザイン創出に対する効果の実証分析」『一橋ビジネスレビュー』62巻4号，62-78ページ，2015年。（吉岡（小林）徹氏と共著）

岩城　富士大（いわき・ふじお）執筆：第4章，第5章

広島大学大学院工学研究科客員准教授，(株)横田工業商会上席技術顧問

マツダ株式会社エレクトロニクス推進部長，公益財団法人ひろしま産業振興機構カーエレクトロニクス推進センター長，東京大学ものづくり経営研究センター特任研究員などを歴任。

主要業績

「電動化による次世代自動車の環境対応とサプライチェーン」古川澄明編JSPS科研費プロジェクト著『自動車メガ・プラットフォーム戦略の進化―「ものづくり」競争環境の変容』九州大学出版会，第8章，2018年。

「解説　欧州，中国の48V化（マイルドハイブリッド）と欧州企業動向」『色材協会誌』2018 NOV no.11。

「ハイレゾサウンドとその高齢者への応用」『電気設備学会誌』2017年9月号

「中国地方における自動車産業の課題と取り組み―モジュール化からエレクトロニクス化へ」，折橋伸哉・目代武史・村山貴俊編『東北地方と自動車産業―トヨタ国内第3の拠点をめぐって』創成社，9章，2013年。

※折橋　伸哉（おりはし・しんや）執筆：はしがき，第1章，第6章，編集を終えて

東北学院大学経営学部教授

東京大学大学院経済学研究科博士課程修了・博士（経済学）

東北学院大学経済学部専任講師，同助教授などを歴任。

主要業績

「東北地方と自動車産業―トヨタ国内第3の拠点をめぐって」創成社，2013年。（目代武史氏・村山貴俊氏と共編著）

「海外拠点の創発的事業展開―トヨタのオーストラリア・タイ・トルコの事例研究」白桃書房，2008年。

「海外拠点における環境変化と能力構築」，『日本経営学会誌』，第19号，39-50ページ，2007年。

村山　貴俊（むらやま・たかとし）執筆：第2章
東北学院大学経営学部教授
東北大学大学院経済学研究科博士課程前期2年修了・博士（経営学）
東北学院大学経済学部専任講師，同助教授などを歴任。

主要業績

『東北地方と自動車産業―トヨタ国内第3の拠点をめぐって』創成社，2013年。（折橋伸哉氏・目代武史氏と共編著）

『ビジネス・ダイナミックスの研究―戦後わが国の清涼飲料事業』まほろば書房，2007年。

『神話のマネジメント―コカ・コーラの経営史』まほろば書房，1997年。（河野昭三氏との共著）

目代　武史（もくだい・たけふみ）執筆：第4章
九州大学大学院経済学研究院（九州大学ビジネススクール）准教授
広島大学大学院国際協力研究科博士課程修了・博士（学術）
東北学院大学経営学部准教授，九州大学大学院工学研究院准教授などを歴任。

主要業績

「車両プラットフォームと戦略的柔軟性」『自動車技術』74巻9号，16-21ページ，2020年10月26日

"Strategic flexibility in shifting to electrification: A real options reasoning perspective on Toyota and Nissan," *International Journal of Automotive Technology and Management*, 20(2), 137-155, 2020.

『サプライチェーンのリスクマネジメントと組織能力："熊本地震"における「ものづくり企業」の生産復旧に学ぶ』同友館，2018年（西岡正氏，野村俊郎氏との共著）

吉岡（小林）　徹（よしおか・とおる）執筆：第3章
一橋大学イノベーション研究センター講師・東京大学未来ビジョン研究センター客員研究員
東京大学大学院工学系研究科博士課程修了・博士（工学）
一橋大学イノベーション研究センター特任講師，東京大学大学院工学系研究科技術経営戦略学専攻特任助教などを歴任。

主要業績

"Institutional factors for academic entrepreneurship in publicly-owned universities: The case of a transition from a conservative anti-industry university collaboration culture to a leading entrepreneurial university," *Science, Technology and Society*, 24(3), 423-445. 2019.

「イノベーション&マーケティングの経済学」中央経済社，2019年。（金間大介氏・山内勇氏と共著）

The validity of industrial design registrations and design patents as a measurement of "good" product design: A comparative empirical analysis. *World Patent Information*, 53 14-23. 2018. (with Fujimoto, T., Akiike, A.)

（検印省略）

2021年1月10日　初版発行　　　　略称―パラダイムシフト

自動車産業のパラダイムシフトと地域

編著者　折 橋 伸 哉
発行者　塚 田 尚 寛

発行所　東京都文京区
　　　　春日2－13－1　　株式会社 創 成 社

電　話 03（3868）3867　　F A X 03（5802）6802
出版部 03（3868）3857　　F A X 03（5802）6801
http://www.books-sosei.com　振　替 00150-9-191261

定価はカバーに表示してあります。

©2021 Shinya Orihashi
ISBN978-4-7944-3215-5　C3033
Printed in Japan

組版：ワードトップ　印刷：エーヴィスシステムズ
製本：エーヴィスシステムズ
落丁・乱丁本はお取り替えいたします。

経済学選書

自動車産業のパラダイムシフトと地域	折橋伸哉	編著	3,000円
東北地方と自動車産業 —トヨタ国内第3の拠点をめぐって—	折橋伸哉 目代武史 村山貴俊	編著	3,600円
テキストブック租税論	篠原正博	編著	3,200円
テキストブック地方財政	篠原正博 大澤俊一 山下耕治	編著	2,500円
財政学	望月正光 篠原正博 栗林隆 半谷俊彦	編著	3,100円
復興から学ぶ市民参加型のまちづくりII —ソーシャルビジネスと地域コミュニティ—	風見正三 佐々木秀之	編著	1,600円
復興から学ぶ市民参加型のまちづくり —中間支援とネットワーキング—	風見正三 佐々木秀之	編著	2,000円
地方創生 —これから何をなすべきか—	橋本行史	編著	2,500円
地方創生 —新たなモデルを目指して—	橋本行史	編著	3,000円
福祉の総合政策	駒村康平	編著	3,200円
環境経済学入門講義	浜本光紹	著	1,900円
入門経済学	飯田幸裕 岩田幸訓	著	1,700円
マクロ経済学のエッセンス	大野裕之	著	2,000円
国際公共経済学 —国際公共財の理論と実際—	飯田幸裕 大野裕之 寺崎克志	著	2,000円
国際経済学の基礎「100項目」	多和田眞 近藤健児	編著	2,500円
ファーストステップ経済数学	近藤健児	著	1,600円

（本体価格）

創成社